10.8　制作冰淇淋海报　189页

7.6　制作唯美艺术字　114页

4.9　小鱼品牌服饰 VI 设计　56页

8.5　制作线状艺术图形　144页

11.8　制作书法风格海报字　

7.8　制作山峦特效字　

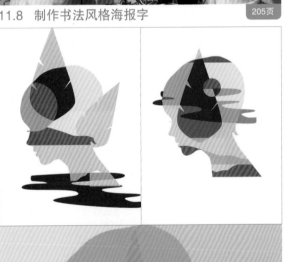

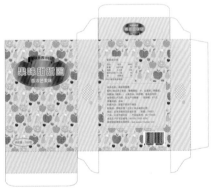

5.9　使用实时上色工具制作创意插画　

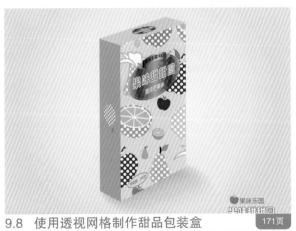

9.8　使用透视网格制作甜品包装盒

11.10　时装杂志封面设计　`207页`

11.11　马克笔效果时装画　`209页`

11.12　制作花样高跟鞋　`211页`

11.5　制作豹纹面料　`202页`

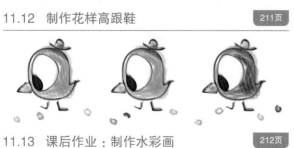

11.13　课后作业：制作水彩画　`212页`

11.9　制作丝织蝴蝶结　`206页`

3

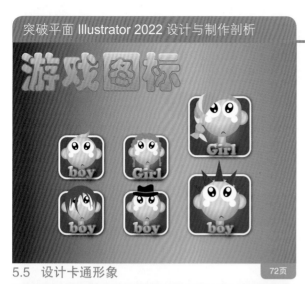

5.5 设计卡通形象 72页

4.14 课后作业：铅笔绘图练习 63页

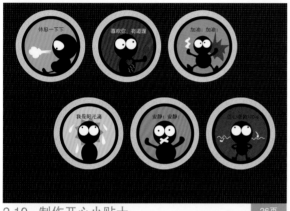

2.10 制作开心小贴士 26页

4.11 使用路径运算和复合路径制作 Logo 60页

6.4 使用文本绕排方法制作海报 90页

5.8 使用渐变网格制作蘑菇灯 76页

7.11　制作服装店 Banner

124页

7.14　制作心房特效字

134页

9.7　制作调味品商标及包装效果图

168页

11.7　制作四方连续图案

204页

7.10 制作宠物店广告 `122页`

7.7 制作线状特效字 `116页`

6.5 使用图像描摹方法制作名片 `92页`

8.6 制作彩色胶囊数字 `146页`

3.7 制作邮票齿孔效果 `39页`

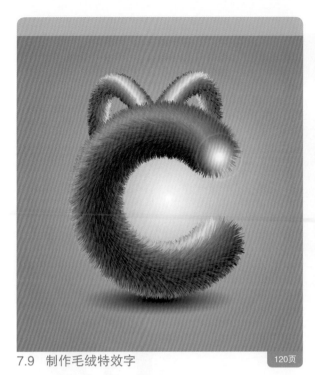

7.9　制作毛绒特效字　120页

5.6　制作抽象数字图标　74页

9.5　制作炫彩3D字　164页

7.15　制作艺术花瓶　136页

8.11　课后作业：模拟金属球反射效果　155页

9.9　课后作业：制作3D棒棒糖　177页

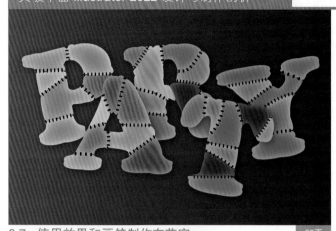

6.7　使用效果和画笔制作布艺字　95页

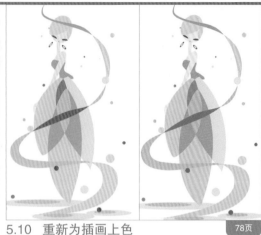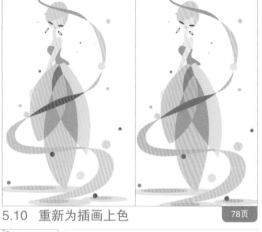

5.10　重新为插画上色　78页

6.6　使用图案色板制作图案字　94页

5.13　课后作业：甜橙广告　81页

4.8　使用钢笔工具和铅笔工具绘制小企鹅　56页

10.6　制作生锈金属字　185页

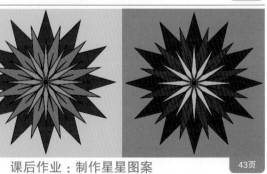

10.5　制作多重曝光效果　184页

3.11　课后作业：制作星星图案　43页

3.8 使用画笔描边路径方法制作条纹字 40页

9.6 制作3D饮料瓶 165页

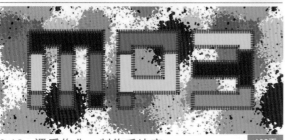

6.12 课后作业：制作毛边字 103页

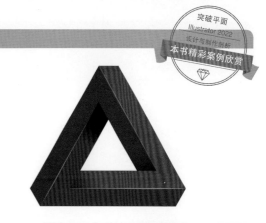

4.10 使用形状生成器工具制作边洛斯三角形 58页

4.13 课后作业：图形组合练习 63页

2.11 制作创意条码签 27页

10.10 课后作业：百变潮鞋 193页

2.12 课后作业：制作几何形纹样 `28页`

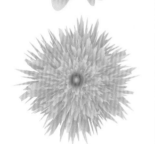

2.13 课后作业：妙手生花 `29页`

2.9 制作爱心图形 `25页`

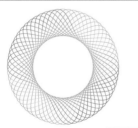

2.8 制作线状立体圆环 `24页`

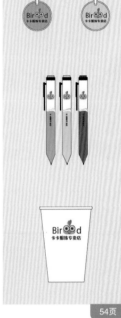

4.7 使用曲率工具设计小鸟文具Logo `54页`

10.7 制作装饰风格艺术字 `187页`

6.11 课后作业：制作瓶盖字 `103页`

11.6 制作单独纹样 `202页`

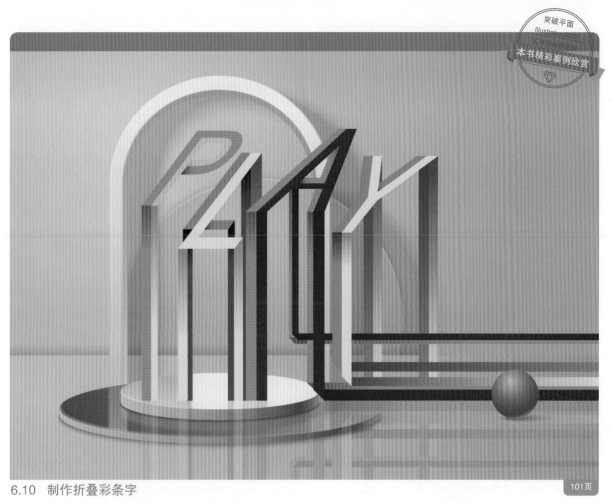

6.10　制作折叠彩条字　　101页

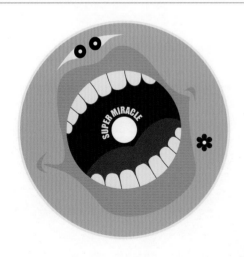

4.12　音乐工作室 Logo 设计　61页

6.8　使用多重描边方法制作罗马艺术字　97页

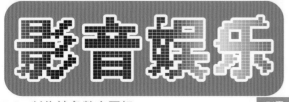

5.6　制作抽象数字图标　74页

8.8　编辑外观制作海报字　148页

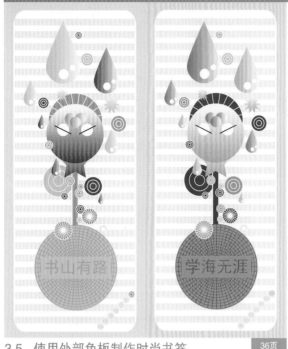

3.5 使用外部色板制作时尚书签　　36页

2.7 制作随机艺术纹样　　23页

3.9 制作表情包　　41页

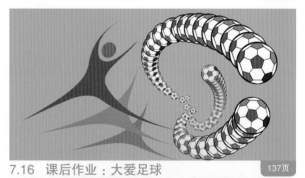

7.16 课后作业：大爱足球　　137页

2.6 制作趣味纸牌　　23页

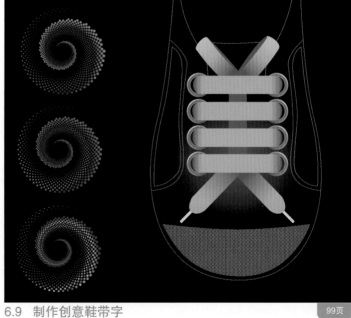

6.9 制作创意鞋带字　　99页

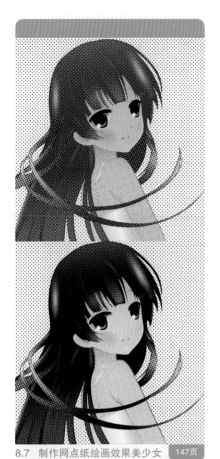

8.7 制作网点纸绘画效果美少女 `147页`

创意无限

GRAPHIC
DESIGN

85

本次大赛的主题为"创意无限",可以单件作品或系列作品的形式参赛。

第35届时报华文广告金像奖期待着每个无畏的广告人,催动心中念想,做思想和创作的联结者;做专业与生活的联结者;做行业与社会的联结者,让每一个创意都绚烂夺目!

第35届平面设计金像奖官方网站

10.4 制作艺术海报 `182页`

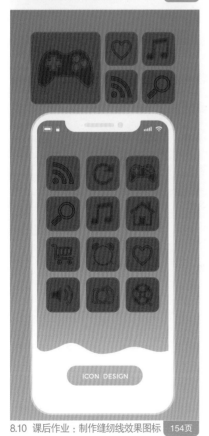

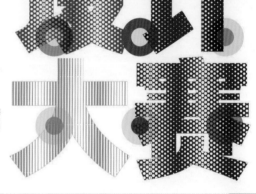

ICON DESIGN

8.10 课后作业:制作缝纫线效果图标 `154页`

3.6 制作纸艺特效 `38页`

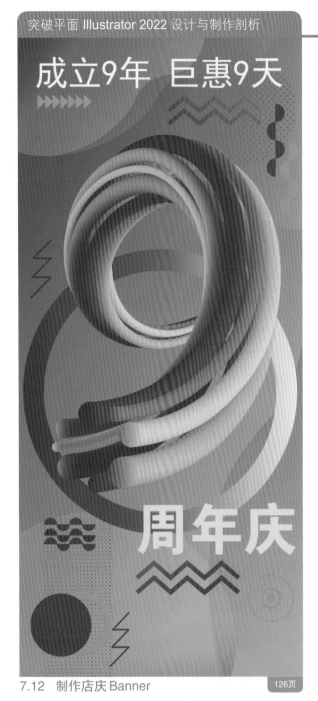

8.9　制作纽扣风格 ICON 图标　151页

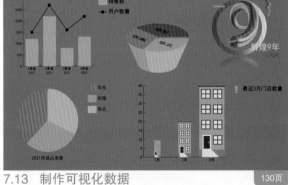

7.12　制作店庆 Banner　126页

7.13　制作可视化数据　130页

7.12.1　制作特效数字　126页

7.12.2　制作 App 启动页 Banner　126页

附赠
89个视频

■▼ 课后作业视频
■▼ 多媒体课堂——视频教学74讲

附赠
- 📖 AI格式素材
- 📖 EPS格式素材
- 📖 7本电子书

"形状库"文件夹中提供了几百种样式的矢量图形。

"画笔库"文件夹中提供了几百种样式的高清画笔。

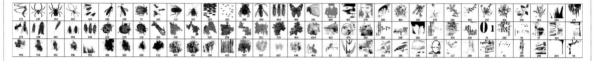

附赠《UI设计配色方案》《网店装修设计配色方案》《色彩设计》《图形设计》《创意法则》《CMYK色谱手册》《色谱表》7本电子书。

色谱表（电子书）

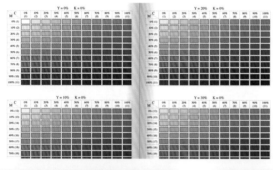

CMYK色谱手册（电子书）

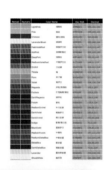
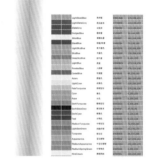

以上电子书为PDF格式，需要使用Adobe Reader观看。登录Adobe官方网站可以下载免费的Adobe Reader。

平面设计与制作

突破平面

Illustrator 2022

设计与制作剖析

李金蓉 / 编著

内容简介

本书是初学者快速学习Illustrator的经典实战教程，采用从设计理论到软件讲解，再到实例制作的渐进方式，将Illustrator各项功能与设计工作紧密结合。全书实例多达80个，其中既有绘图、网格、效果、3D、封套、符号等Illustrator功能学习型实例，也有VI、UI、App、ICON图标、Banner、POP、封面、海报、传单、产品包装、插画、动漫、特效字等设计项目实战型实例。本书技法全面、实例经典，具有较强的针对性和实用性。读者在动手实践的过程中，可以轻松掌握软件使用技巧，了解设计项目的制作流程，充分体验学习和使用Illustrator的乐趣，真正做到学以致用。

本书适合广大Illustrator爱好者，以及从事广告设计、平面创意、UI设计、包装设计、插画设计、网页设计和动画设计人员学习参考。配套资源中还提供了本书的教学课件，以方便相关院校和培训机构作为教材使用。

图书在版编目（CIP）数据

突破平面Illustrator 2022设计与制作剖析/李金蓉编著. -- 北京：清华大学出版社，2022.6（2024.1重印）
（平面设计与制作）

ISBN 978-7-302-60905-6

Ⅰ．①突… Ⅱ．①李… Ⅲ．①图形软件 Ⅳ．①TP391.41

中国版本图书馆CIP数据核字（2022）第078585号

责任编辑：陈绿春
封面设计：潘国文
责任校对：胡伟民
责任印制：曹婉颖

出版发行：清华大学出版社
   网 址：https：//www.tup.com.cn，https：//www.wqxuetang.com
   地 址：北京清华大学学研大厦A座   邮 编：100084
   社 总 机：010-83470000   邮 购：010-62786544
   投稿与读者服务：010-62776969，c-service@tup.tsinghua.edu.cn
   质 量 反 馈：010-62772015，zhiliang@tup.tsinghua.edu.cn
印 装 者：三河市天利华印刷装订有限公司
经 销：全国新华书店
开 本：188mm×260mm   印 张：14   插 页：8   字 数：535
版 次：2022年7月第1版   印 次：2024年1月第3次印刷
定 价：69.00元

产品编号：096152-01

PREFACE 前言

笔者非常乐于钻研 Illustrator。此软件就像阿拉丁神灯，可以帮助用户实现自己的设计梦想，因而学习和使用 Illustrator 是一件令人愉快的事。

任何一款软件，要想学会并不难，而要精通，却都不容易，对于 Illustrator 也是如此。最有效率的学习方法：一是培养兴趣，二是多多实践。没有兴趣，就无法体验学习的乐趣；没有实践，则不能将所学知识应用于设计工作。

本书力求在一种轻松、快乐的学习氛围中，带领读者逐步深入了解 Illustrator 软件的各项功能，通过实践掌握其在各个设计领域的应用。在内容的安排上，侧重于实用性强的功能；在技术的安排上，深入挖掘 Illustrator 的使用技巧，并突出软件功能之间的横向联系，即综合使用多种功能进行设计创作的方法；在实例的安排上，确保每一个实例不仅有技术含量，有趣味性，还能够与软件功能完美结合，使读者的学习过程轻松、愉快、有收获。

本书配套资源

本书各章的开始部分先介绍设计理论，并提供作品欣赏，然后讲解软件功能和实例，章末还布置了课后作业和复习题，用于自我测验。书中的实例都是针对软件功能的应用设计实例，读者在动手实践的过程中，可以轻松掌握软件的使用技巧，了解设计项目的制作流程。80 个不同类型的设计实例和 89 个视频教学文件，能够让读者充分体验 Illustrator 的学习和使用乐趣，真正做到学以致用。相信通过本书的学习，大家能够爱上 Illustrator！

附赠资源

本书的配套资源包含案例的素材文件、最终效果文件、部分案例的视频教学文件，并附赠精美的矢量素材、电子书、"多媒体课堂－视频教学 74 讲"，为方便老师教学，还制作了 PPT 课件。本书的配套资源请扫描右侧的二维码进行下载，如果在下载过程中碰到问题，请联系陈老师邮箱：chenlch@tup.tsinghua.edu.cn。

技术支持

希望本书能帮助读者更快地学会使用 Illustrator，了解相关设计知识，掌握必要的工作技能和经验。

由于作者水平有限，书中难免有疏漏之处。如果读者在学习中遇到问题，请扫描右侧的二维码，联系相关技术人员解决。

作者
2022 年 5 月

Contents 目录

新品

NEW

新品
第二件 **5**折

冰淇淋

活动日期 | 07/15-07/30
本活动不与其他优惠同享

全场5折起

新品速递

消夏之旅
出游套装

原创设计款

夏日专享

全场包邮
活动时间 | 6月20日-6月28日

第1章

旋转创意的魔方

Illustrator基本操作

本章简介

计算机图形图像领域有两大类软件：一类是编辑图像的位图软件（如 Photoshop）；另一类是绘制矢量图的软件（如 Illustrator）。数码照片、视频中的图像、网络上的图像、扫描的图片等都属于位图。位图由像素构成，其优点是可以记录和再现真实的世界，缺点是进行放大时，由于原始像素数量有限，新的像素是软件生成的，就会导致图像的清晰度变差。矢量图是由被称作矢量的数学对象定义的直线和曲线段构成的，与像素无关，可以无损缩放、无损编辑。Adobe 公司的 Illustrator 是最常用的矢量软件之一，也是矢量绘图行业的标准软件，在平面、包装、出版、UI、网页、书籍、插画等设计领域都有着广泛的应用。本章介绍其基本操作方法。

1.1　创意方法

广告大师威廉·伯恩巴克曾经说过："当全部人都向左转，而你向右转，那便是创意"。 创意离不开创造性思维和独特的创意方法。

● 夸张：夸张是表达上的需要，故意言过其实，对客观的人和事物尽力做扩大或缩小的描述。图1-1为生命阳光牛初乳广告——不可思议的力量。该作品获得过戛纳广告节铜狮奖。

● 幽默：对于幽默的力量，广告大师波迪斯有独到的见解，他说："巧妙地运用幽默，就没有卖不出去的东西。"幽默的创意具有很强的戏剧性、故事性和趣味性，能令人会心一笑，让人感到轻松愉快。图1-2为VUEGO SCAN扫描仪广告。图1-3为LG洗衣机广告（有些生活情趣是不方便让外人知道的，LG洗衣机可以帮你。不用再使用晾衣绳，自然也不用为生活中的某些情趣感到不好意思了）。

 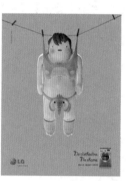

图 1-1　　　　　图 1-2　　　　　图 1-3

● 悬念：以悬疑的手法或猜谜的方式调动和刺激受众，使其产生疑惑、紧张、渴望、揣测、担忧、期待、欢乐等一系列心理，并持续和延伸，以达到释疑团而寻根究底的效果。图1-4为感冒药广告——没有任何疾病能够威胁到你。

● 比较：通常情况下，人们在做出决定之前，会习惯性地进行事物间的比较，以帮助自己做出正确的判断。通过比较得出的结论往往更加令人信服。图1-5为Ziploc保鲜膜广告。

图 1-4　　　　　　　　　图 1-5

● 拟人：将自然界的事物进行拟人化处理，赋予其人格和生命力，能够让受众迅速地在心里产生共鸣，如图1-6所示。

● 比喻/象征：比喻和象征属于"婉转曲达"的艺术表现手法，给人以无穷的想象。比喻需要创作者借题发挥，进行延伸和转化。象征可以使抽象的概念形象化，使复杂的事理浅显化，引起人们的联想，提升作品的艺术感染力和审美价值。图1-7为Hall音乐厅海报——一个阉伶的故事。

● 联想：联想表现法也是一种婉转的艺术表现方法，通过两个在本质上不同、但在某些方面有相似性的事物，给人以想象的空间，进而产生"由此及彼"的联想效果，意味深远。图1-8为消化药广告——快速帮助你的胃进行消化。

图1-6

图1-7

图1-8

1.2　Illustrator 2022 工作界面

Adobe公司的大部分软件都采用与Illustrator相同的工作界面，因此，会使用Illustrator，其他Adobe软件也能轻松操作。

1.2.1　主屏幕

运行Illustrator 2022时，首先显示的是主屏幕，如图1-9所示。在主屏幕中可以创建文档、打开计算机中的文件，查看Illustrator 2022新增功能，以及在线观看Adobe提供的Illustrator学习教程。

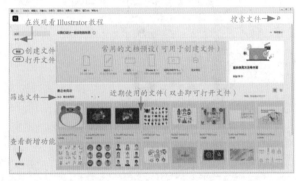
图1-9

1.2.2　文档窗口

在主屏幕中新建或打开文件，或者按Esc键关闭主屏幕之后，就会进入Illustrator的工作界面，如图1-10所示。如果想改变工作界面的亮度，可以执行"编辑"|"首选项"|"用户界面"命令来调整。

每新建或打开一个文件，便会创建一个文档窗口。如果同时打开了多个文件，可单击需要编辑的文件的文件名，将其设置为当前操作窗口，如图1-11所示。按Ctrl+Tab快捷键，可循环切换各个窗口。

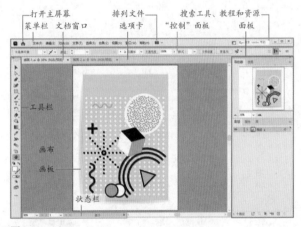
图1-10

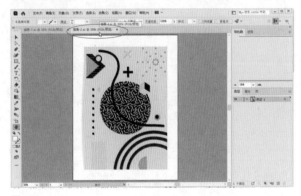
图1-11

将一个文档窗口从选项卡中拖出即成为浮动窗口，此时拖曳顶部的标题栏，便可将其移动，也可将其拖回选项卡中。如果要关闭一个窗口，可以单击右上角的■按钮；如果要关闭所有窗口，可在选项卡上右击，在弹出的快捷菜单中选择"关闭全部"命令。

> **tip** 文档窗口底部是状态栏，其左侧文本框中的百分比值显示了文档窗口的视图比例。在此输入数值并按Enter键确认，可以调整视图比例。单击状态栏右侧的 ▶ 按钮，打开下拉列表，在"显示"级联菜单中可以选择状态栏中显示的具体信息。

1.2.3 使用工具栏

Illustrator 中的工具按照用途可以分为6大类，如图1-12所示。需要使用某一个工具时，在工具栏中单击此工具即可。常用工具还可通过快捷键来选取，例如，按P键，便可选择钢笔工具 ✐ ，这样不仅提高效率，也可减轻频繁使用鼠标给手造成的疲劳。如果觉得工具栏占用的空间有点大，可以单击顶部的 ◀◀ 按钮，让工具以单排显示，如图1-13所示。单击 ▶▶ 按钮，则可恢复为双排，如图1-14所示。此外，拖曳顶部的标题栏，还可将其移动到其他位置。

选择		
▶ 选择工具	V	
▷ 直接选择工具	A	
▷ 编组选择工具		
✦ 魔棒工具	Y	
◌ 套索工具	Q	
▯ 画板工具	Shift+O	

绘制		
✐ 钢笔工具	P	
✦ 添加锚点工具	+	
✦ 删除锚点工具	-	
▷ 锚点工具	Shift+C	
✐ 曲率工具	Shift+~	
╱ 直线段工具	\	
◠ 弧形工具		
◎ 螺旋线工具		
▦ 矩形网格工具		
◉ 极坐标网格工具		
▢ 矩形工具	M	
▢ 圆角矩形工具		
◯ 椭圆工具	L	
◯ 多边形工具		
☆ 星形工具		
◈ 光晕工具		
✐ 画笔工具	B	
✦ 斑点画笔工具	Shift+B	
✧ Shaper 工具	Shift+N	
✐ 铅笔工具	N	
✐ 平滑工具		
✐ 路径橡皮擦工具		
⋈ 连接工具		

📶 符号喷枪工具	Shift+S	
📶 符号移位器工具		
📶 符号紧缩器工具		
📶 符号缩放器工具		
📶 符号旋转器工具		
📶 符号着色器工具		
📶 符号滤色器工具		
📶 符号样式器工具		

╷╷ 柱形图工具	J	
╷╷ 堆积柱形图工具		
▤ 条形图工具		
▤ 堆积条形图工具		
╱ 折线图工具		
◺ 面积图工具		
⋰ 散点图工具		
◐ 饼图工具		
◎ 雷达图工具		
◪ 切片工具	Shift+K	
◪ 切片选择工具		
▨ 透视网格工具	Shift+P	
▨ 透视选区工具	Shift+V	

文字		
T 文字工具	T	
▯ 区域文字工具		
✓ 路径文字工具		
⌐T 直排文字工具		
▯T 直排区域文字工具		
✓ 直排路径文字工具		
◫ 修饰文字工具	Shift+T	

上色		
▨ 渐变工具	G	

▦ 网格工具	U	
◤ 形状生成器工具	Shift+M	
📶 实时上色工具	K	
📶 实时上色选择工具	Shift+L	

修改		
↻ 旋转工具	R	
▷◁ 镜像工具	O	
▯ 比例缩放工具	S	
▱ 倾斜工具		
╲ 整形工具		
◫ 宽度工具	Shift+W	
◫ 变形工具	Shift+R	
◎ 旋转扭曲工具		
◎ 缩拢工具		
◎ 膨胀工具		
◎ 扇贝工具		
◎ 晶格化工具		
◎ 皱褶工具		
◫ 操控变形工具		
▨ 自由变换工具	E	
✐ 吸管工具	I	
✐ 度量工具		
◉ 混合工具	W	
◇ 橡皮擦工具	Shift+E	
✂ 剪刀工具	C	
✐ 刻刀		

导航		
✋ 抓手工具	H	
▯ 打印拼贴工具		
🔍 缩放工具	Z	

Illustrator 工具（工具名称右侧是快捷键）

图1-12

单排工具栏　　双排工具栏

图1-13　　图1-14

将鼠标指针停放在某工具上方，会显示该工具的名称和快捷键。右下角有三角形图标的是工具组，单击并按住鼠标不放，可以显示其中隐藏的工具，如图1-15所示。移动鼠标指针至其中一个工具上方，释放鼠标后，便可选取该工具，如图1-16所示。如果按住Alt键的同时单击一个工具组，则可循环切换其中的各个工具。

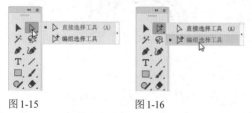

图1-15　　　　图1-16

单击工具组右侧的 按钮，如图1-17所示，可以弹出一个包含该工具组的独立面板，如图1-18所示。在这种状态下，可将该面板拖曳到其他位置；也可将鼠标指针放在面板的标题栏上，向工具栏边界拖曳，当出现蓝色提示线时，如图1-19所示，释放鼠标，便将工具组面板与工具栏停放在一起了（水平和垂直方向均可停放），如图1-20所示。

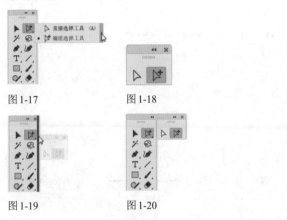

图1-17　　　　　　　图1-18

图1-19　　　　　　　图1-20

1.2.4　修改工具栏

在默认状态下，工具栏中只显示常用工具，这其中可能缺少当时需要的工具。执行"窗口"|"工具栏"|"高级"命令，可显示所有工具。但工具太多，查找起来又比较麻烦。如何协调这二者的矛盾呢？最好的方法是根据自己的需要对工具栏进行配置。

操作时首先单击工具栏底部的"编辑工具栏"按钮 •••，此时会显示一个面板，其包含了所有工具，如图1-21所示。其中显示为灰色的表示已经在工具栏中，其他非灰色工具可以拖曳到工具栏中，如图1-22和图1-23所示。

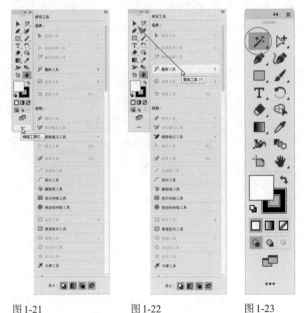

图1-21　　　　　　图1-22　　　　　　图1-23

如果将工具栏中的一个工具拖曳到该面板中，则可将其从工具栏中剔除出去，如图1-24和图1-25所

示。掌握这个方法，即可自由配置工具栏。

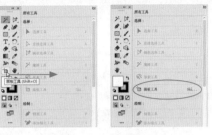

图1-24　　　　　　　图1-25

如果不想破坏Illustrator默认的工具栏，可以执行"窗口"|"工具栏"|"新建工具栏"命令，新建一个工具栏，如图1-26所示；之后单击底部的 ••• 按钮显示面板后，将需要的工具拖曳到该工具栏中即可，如图1-27和图1-28所示。拖曳工具时，如果将其拖曳到一个工具的上方，释放鼠标后，二者便组成为一个工具组，如图1-29和图1-30所示；拖曳到工具下方，如图1-31所示，则可生成单独的工具组，如图1-32所示。

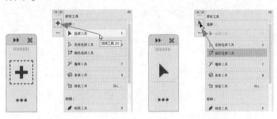

图1-26　图1-27　　　　　图1-28　图1-29

图1-30　　　　　　图1-31　　　　　图1-32

> **tip**　如果想删除自定义的工具栏，可以使用"窗口"|"工具栏"|"管理工具栏"命令。

1.2.5　使用菜单

Illustrator有9个主菜单，如图1-33所示。单击可将其打开，如图1-34所示。可以看到，不同用途的命令被分隔线隔开了。其中有一些命令有黑色的箭头标记，将鼠标指针放在其上方，可以打开级联菜单，如图1-35所示。单击一个命令，便可执行该命令。命令右侧有"..."符号的，表示在执行时会弹出一个对话框。如果命令是灰色的，则说明在当前状态下不能使用。

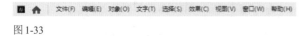

图 1-33

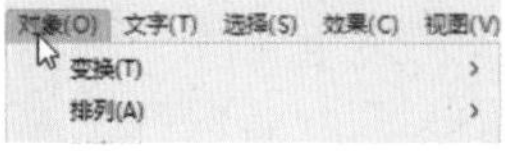

图 1-34

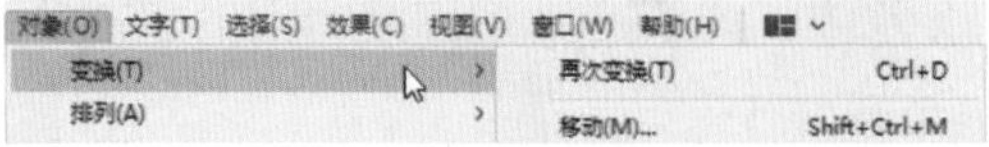

图 1-35

在菜单中，命令右侧的英文字母、数字和符号组合是其快捷键。例如，"选择"|"全部"命令的快捷键是 Ctrl+A，如图 1-36 所示。在使用的时候，先按住 Ctrl 键不放，之后再按一下 A 键即可。

有些快捷键是由 3 个按键组成的。例如，"选择"|"取消选择"命令的快捷键为 Shift+Ctrl+A。操作时，需要先按住前面的两个键，再按一下最后那个键，即同时按住 Shift 键和 Ctrl 键不放，再按一下 A 键。

图 1-36

有些命令名称右侧有一个字母，例如"选择"|"存储所选对象"命令右侧有一个 S，其代表的是一种快捷方法，操作方法为：首先按住 Alt 键不放，之后按一下主菜单名称右侧的字母对应的按键 S，这样可将"选择"菜单打开，之后再按一下 S 键即可。

技巧放送 | **macOS 系统如何使用快捷键**

本书给出的是 Windows 快捷键，macOS 用户需要进行转换——将 Alt 键转换为 Opt 键，将 Ctrl 键转换为 Cmd 键。例如，如果书中给出的快捷键是 Alt+Ctrl+O，那么 macOS 用户应使用 Opt+Cmd+O 快捷键来操作。

除主菜单外，在文档窗口、面板或选取的对象上右击，还可打开快捷菜单，如图 1-37 和图 1-38 所示。快捷菜单中包含了与当前操作有关的命令，使用起来比到主菜单中选取更方便一些。

图 1-37

图 1-38

1.2.6　使用"控制"面板

主菜单下方是"控制"面板，如图 1-39 所示，其会随着当前工具和所选对象的不同而改变选项。

图 1-39

"控制"面板中内嵌了"画笔""描边"和"图形样式"等常用面板，单击带有虚线的文字，或者单击 ⌄ 按钮，都能打开下拉面板，如图 1-40 和图 1-41 所示，即可在"控制"面板中使用这些下拉面板完成相应的操作。在空白区域单击，则可将其关闭。

图 1-40

图 1-41

"控制"面板中也包含菜单，单击 ⌄ 按钮，可将其展开，如图 1-42 所示。

图 1-42

"控制"面板中包含数值的选项可以通过 3 种方法来进行调整。第 1 种方法是在数值上双击，将其选中，如图 1-43 所示，之后输入新数值并按 Enter 键，如图 1-44 所示；第 2 种方法是在文本框内单击，当出现闪烁的"|"形光标时，如图 1-45 所示，向前或向后滚动鼠标滚轮，可对数值进行动态调整；第 3 种方法是单击 ⟩ 按钮，显示滑块后，拖曳滑块来进行调整，如图 1-46 所示。

图 1-43　　　　　　　　　图 1-44

图 1-45　　　　　　　　　图 1-46

tip 如果需要多次尝试才能确定最终数值，可以双击数值，将其选中，然后按"↑"键和"↓"键，会以1为单位增大或减小数值，或者同时按住Shift键，会以10为单位进行调整。按Tab键，则可切换到下一个选项。

1.2.7 使用其他面板

在Illustrator中，很多编辑操作需要借助相应的面板才能完成。需要使用一个面板时，可以到"窗口"菜单中将其打开。

● 展开面板：默认状态下，面板被分成若干个组，停靠在工作界面右侧，如图1-47所示。每个面板组中只显示一个面板。如果要使用其他面板，在其名称上单击即可，如图1-48所示。

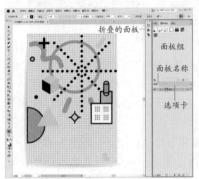

图1-47　　　　　　　　　　　图1-48

● 折叠/拉宽面板：最上方的面板组中有一个 ▶▶ 按钮，单击该按钮，可以将面板组折叠起来，如图1-49所示，这样会有更多的空间显示。在折叠状态下，可通过单击面板或图标的方法展开面板，如图1-50所示；再次单击，可将其重新折叠。如果觉得面板只显示图标，没有名称不太好辨认，可拖曳其左边界，将面板组拉宽，这样就能让面板名称显示出来，如图1-51所示。

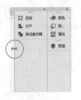

图1-49　　　　图1-50　　　　　图1-51

● 打开面板菜单：单击面板右上角的 ≡ 按钮，可以打开面板菜单，如图1-52所示。

● 关闭面板/面板组：在面板的名称或选项卡上右击，可以打开快捷菜单，如图1-53所示。选择其中的"关闭"命令，可以关闭当前面板；选择"关闭选项卡组"命令，可关闭当前面板组。

● 浮动面板：将鼠标指针放在面板的名称上，向外拖曳，如图1-54所示，可将其从组中拖出，成为浮动面板，如图1-55所示。如果要关闭浮动面板，单击右上角的 ✖ 按钮即可。

图1-52　　　　　　　　　　　图1-53

图1-54　　　　　　　　　　　图1-55

● 组合浮动面板：将其他面板拖曳到浮动面板的选项卡上，可以将浮动面板组合成一个面板组，如图1-56所示。

图1-56

● 连接面板：将一个面板拖曳到另一个面板下方，出现蓝色提示线时，如图1-57所示，释放鼠标，可将其连接在一起，如图1-58所示。连接完成后，拖曳面板的标题栏，可以移动所有连接的面板，如图1-59所示。单击面板顶部的 ◇ 按钮，可逐级隐藏或显示面板选项，如图1-60和图1-61所示。双击面板的名称，可将其最小化，如图1-62所示；再次双击，可重新展开面板。

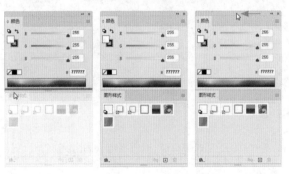

图1-57　　　　　图1-58　　　　　图1-59

图1-60　　　　　图1-61　　　　　图1-62

1.3 查看图稿

在观察和处理图稿细节时，我们会将视图比例调大，以便让图稿以更大的比例显示；而需要查看整体效果时，又需要将视图比例调小。下面介绍如何调整视图比例，以及怎样移动画面。

1.3.1 使用工具查看图稿

选择缩放工具 ，将鼠标指针放在需要放大显示的图稿上方，连续单击（或在其上方拖曳鼠标），即可放大视图比例，如图1-63和图1-64所示。

图1-63　　　　　　　　图1-64

当文档窗口中不能显示全部图稿时，可以选择抓手工具 或按住空格键并拖曳鼠标移动画面，以查看不同区域，如图1-65所示。

需要缩小视图比例时，可以选择缩放工具 ，按住Alt键连续单击，如图1-66所示，或按住Alt键拖曳鼠标。

图1-65　　　　　　　　图1-66

> **tip** "视图"菜单中有专门用于调整视图比例的命令，并配备了快捷键，使用时非常方便。例如，按住Ctrl键的同时连续按+键，视图就会逐级放大。

1.3.2 使用"导航器"面板

当文档窗口的放大倍率特别高时，使用抓手工具 移动画面需要多次操作才能到达指定区域，非常麻烦。在这种情况下，用"导航器"面板操作最为方便，只需在该面板中的对象缩览图上单击，便能将单击点定位到画面的中心，如图1-67和图1-68所示。拖曳红色

的矩形框（称为"代理预览区域"），则可快速移动画面。

图1-67　　　　　　　　图1-68

1.3.3 存储视图

编辑图稿时，如果某个区域的细节需要多次修改，可以用保存视图的方法来减少缩放视图、定位图稿等重复性操作。

首先放大视图并定位画面中心，如图1-69所示。执行"视图"|"新建视图"命令，在打开的对话框中输入视图名称，以便于查找，如图1-70所示，单击"确定"按钮关闭对话框。此后不论视图怎样调整，如图1-71所示，只要在"视图"菜单底部找到新创建的视图并单击，便可切换到这一视图状态，如图1-72所示。并且创建的视图还会随文件一同保存。

图1-69　　　　　　　　图1-70

图1-71　　　　　　　　图1-72

> **tip** 按Shift+Tab快捷键，可以将工作界面右侧的面板隐藏；按Tab键，可以将工具栏、"控制"面板和工作界面右侧的所有面板全都隐藏。再次按相应的按键，能让面板重新显示。

1.4　使用画板

画板即图稿中的可打印区域，既用于存放图稿，也能帮助我们简化设计过程、减少重复性工作，提高效率。

1.4.1　画板的主要用途

位于画板上的图稿可以打印和导出。画板外则是画布，如图1-73所示。

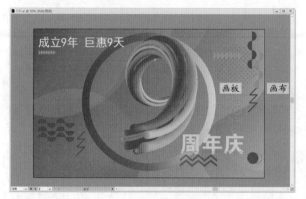

图1-73

Illustrator的文档最多可以容纳1000个画板，这给设计工作提供了极大的便利。例如，做UI设计时，设计师需要为不同比例的显示器、各种屏幕尺寸的手机和平板电脑等制作图稿，即同一个设计方案要制作不同尺寸的图稿，以满足各种输出设备的需要。如果文档中只能包含一个画板，那么每种尺寸的图稿都需要一个文件来存储，而创建多个画板，便可将所有方案放在一个文档中，如图1-74所示，这样既便于编辑和存储，也可以在不同的画板上复制和修改图稿，特别方便。

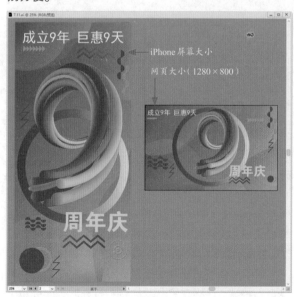

图1-74

1.4.2　创建和编辑画板

执行"文件"|"新建"命令创建文档时，可以设置文档中画板的数量。在编辑图稿的过程中，则可使用画板工具 来添加和修改画板。

● 创建画板：选择画板工具 ，在画布上拖曳鼠标，可自由定义画板的位置和大小。

● 复制画板：使用画板工具 单击一个画板，如图1-75所示，之后单击"控制"面板中的 按钮，可以复制出同样大小，但不包含图稿的画板，如图1-76所示。如果想复制出包含图稿的画板，可以单击"控制"面板中的 按钮，之后按住Alt键拖曳画板，如图1-77所示。

图1-75　　　　　　　　　图1-76

图1-77

● 移动画板：使用画板工具 拖曳画板，即可将其移动。

● 调整画板大小：使用画板工具 单击一个画板，之后拖曳定界框上的控制点，即可调整画板大小。如果要精确定义画板尺寸，可以在"控制"面板或"属性"面板中的"宽"和"高"选项中输入数值并按Enter键确认。

● 适合图稿边界/适合选中的图稿：执行"对象"|"画板"|"适合图稿边界"命令，可以将画板边界调整到所有图稿的边界处，即涵盖所有图稿。如果选择了一个图稿，执行"对象"|"画板"|"适合选中的图稿"命令，则可将画板边界调整到选中的图稿的边界处。

● 删除画板：使用画板工具 单击一个画板，按Del键即可将其删除。

1.5 创建、打开和保存文件

　　使用 Illustrator 时，既可以从一个空白文档开始，一步一步地绘图和创作，也可以打开一个现有的素材，对其进行修改。图稿编辑完成之后，还可根据用途存储为不同的格式，以便与其他软件交换使用。

1.5.1 创建空白文档

　　执行"文件" | "新建"命令（快捷键为 Ctrl+N），打开"新建文档"对话框，输入文件名称，设置大小和颜色模式等选项，单击"确定"按钮，即可按照设定的参数创建一个空白文档。

　　在设计工作中，印刷、移动设备、UI、网页、视频媒体等不同的项目对文档尺寸、分辨率、颜色模式的要求也各不相同。在"新建文档"对话框的各个选项卡中，Illustrator 提供了大量的预设，可快速创建符合某个设计要求的文档。例如，如果想做一个 A4 大小的海报，可以单击"打印"选项卡，在弹出的面板中选择"A4"预设，Illustrator 会将所有参数自动填好，如图1-78 所示，这时只要单击"创建"按钮即可。

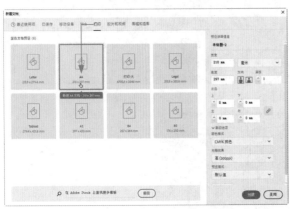

图1-78

1.5.2 打开文件

　　如果要打开一个文件，可以执行"文件" | "打开"命令（快捷键为 Ctrl+O），在弹出的对话框中选择文件（按住 Ctrl 键单击可多选），如图 1-79 所示，之后单击"打开"按钮或按 Enter 键即可将其打开。Illustrator 是一款矢量

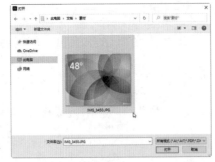

图1-79

软件，其不仅可以打开和编辑 AI、CDR、EPS、DWG 等矢量格式的文件，也支持 JPEG、TIFF、PSD、PNG、SVG 等位图格式。

1.5.3 保存文件

　　在 Illustrator 中创建文档或打开文件并进行编辑时，在编辑初期应该先保存一次文件，之后，每完成重要操作，还应通过按 Ctrl+S 快捷键，将当前编辑效果存储起来，以防止因 Illustrator 意外闪退，断电或计算机卡顿等丢失工作成果。

　　执行"文件" | "存储"命令（快捷键为 Ctrl+S）即可保存文件。如果想将当前文档保存为另外的名称或格式，或者想在其他位置保存一份同样的文件，可以执行"文件" | "存储为"命令，打开"存储为"对话框，如图1-80 所示，选项设置完成后，单击"保存"按钮即可。

图1-80

1.5.4 怎样选择文件格式

　　在 Illustrator 中创建和编辑的图稿可以存储为 AI、PDF、EPS、FXG 和 SVG 格式，这些是 Illustrator 本机格式，即能存储所有 Illustrator 数据。

　　AI 格式是 Illustrator 中最重要的文件格式，其意义与 Photoshop 中的 PSD 格式类似。将文件存储为这种格式后，任何时候打开文件，都可以修改其中的图形、色板、图案、渐变、文字等内容。

　　如果文件要用于其他矢量软件，可将其保存为 AI 或 EPS 格式，这样在另一款软件中打开时，Illustrator

创建的所有图形元素都会得以保留。

如果要在 Photoshop 中对文件进行处理，可以保存为 PSD 格式，这样做的好处在于：将文件导入 Photoshop 时，图层、文字、蒙版等都可以继续编辑。

除以上格式外，比较常用的还有：

PDF 格式，其可以保留字体、图像和版面，而且文件很小，任何人都可以使用免费的 Adobe Reader 软件查看、共享和打印 PDF 文件；

TIFF 格式，几乎所有的扫描仪和绘图软件都支持该格式；

JPEG 格式，主要用于存储图像，可以压缩文件（有损压缩）；

GIF 格式，无损压缩格式，主要应用于网页文档。

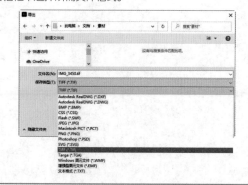

技巧放送｜导出文件

如果要以其他文件格式导出图稿，以便在其他程序中使用，可以执行"文件"|"导出"|"导出为"命令，并在打开的对话框中选择所需文件格式。

1.6 还原操作及系统崩溃解决办法

下面介绍编辑失误如何还原，以及 Illustrator 出现意外崩溃、闪退等情况时，如何恢复文件，避免损失。

1.6.1 还原与重做

在编辑图稿的过程中，如果操作失误或对当前效果不满意，可以执行"编辑"|"还原"命令（快捷键为 Ctrl+Z）撤销操作。重复按 Ctrl+Z 快捷键，可连续撤销操作。

如果想恢复被撤销的操作，可以执行"编辑"|"重做"命令（快捷键为 Shift+Ctrl+Z）。连续按 Shift+Ctrl+Z 快捷键，可依次进行恢复。

如果想将文件恢复到最后一次保存时的状态，可以执行"文件"|"恢复"命令。

1.6.2 后台自动存储

在 Illustrator 中编辑图稿的初期，就应该将文件以 AI 格式保存。除了前面介绍的几种优点外，AI 格式还有一个特别的好处：将文件存储为该格式后，Illustrator 会备份一份文件，并在编辑图稿的过程中每隔 2 分钟就自动保存一次。当出现意外情况导致 Illustrator 崩溃时，再次运行 Illustrator 时，可自动加载文件并将其恢复到最后一次存储时的状态。

1.7 课后作业：修改工作区

请按照自己的使用习惯对 Illustrator 的工作区做出调整，即关闭不常用的面板，将常用的面板摆放到顺手的位置，以方便使用，之后执行"窗口"|"工作区"|"新建工作区"命令，将当前工作区保存。这样以后不论移动、还是关闭了面板，都可在"窗口"|"工作区"子菜单中找到该工作区，轻松地将所有面板恢复到原位。

1.8 复习题

1. 请描述位图与矢量图的特点及主要用途。
2. 如果编辑图稿时需要使用多个面板，将这些面板全部打开后会遮挡图稿，给编辑带来不便。有哪些方法可以减少面板对图稿的遮挡？
3. 创建文档时，怎样根据文档的用途选择配置文件？
4. 什么是 Illustrator 本机格式？包含哪几种文件格式？
5. 图稿保存为哪种文件格式便于以后修改？与 Photoshop 交换文件时，用哪几种格式最为方便？

第2章

图形设计

绘图、变换和对齐

本章简介

在我们的生活中，任何复杂的对象都可以简化为最基本的几何形状。反过来同理，看似简单的图形，只要稍加编辑，便能组合成复杂的形状。学习绘图，也要从最简单的图形入手。本章介绍 Illustrator 中与之相关的绘图工具，以及图形的变换方法。此外，还会讲解怎样按照一定的规则对图形进行对齐和分布。这些方法在版面设计、UI 设计、Logo 制作等工作中经常使用。

2.1 图形的创意方法

图形是一种说明性的视觉符号，是介于文字和绘画艺术之间的视觉语言形式。人们常把图形喻为"世界语"，因为它能普遍被人们看懂。其原因在于，图形比文字更形象，更具体，更直接，甚至超越了地域和国家，无须翻译，便能实现广泛的传播效应。

1. 同构图形

所谓同构图形，指的是两个或两个以上的图形组合在一起，共同构成一个新图形。这个新图形并不是原图形的简单相加，而是一种超越或突变，可以造成强烈的视觉冲击力，如图2-1所示。

2. 置换同构图形

置换同构图形是将对象的某一特定元素与另一不属于其的元素进行非现实的构造（类似偷梁换柱），产生一个有新意的、奇特的图形，如图2-2所示。

3. 异影同构图形

客观物体在光的作用下，会产生与之对应的投影，如果投影产生异常的变化，呈现出与原物不同的对应物，就叫作异影同构图形，如图2-3所示。

wella美发连锁店广告　　evian矿泉水广告　　乐高玩具广告
图2-1　　　　　　　　图2-2　　　　　　　图2-3

4. 肖形同构图形

所谓"肖"即为相像、相似的意思。肖形同构图形是以一种或几种物形的形态去模拟另一种物形的形态，如图2-4所示。

5. 解构图形

解构图形是指将物象分割、拆解，使其化整为零，再进行重新排列组合，产生新的图形，如图2-5所示。

6. 减缺图形

减缺图形是指用单一的视觉形象去创作的图形，使图形在减缺形态下，仍能充分体现其造型特点，并利用图形的缺失、不完整，来强化想要突出的特征，如图2-6所示。

7. 正负图形

正负图形是指正形与负形相互借用，造成在一个大图形结构中隐含着其他小图形的情况，如图2-7所示。

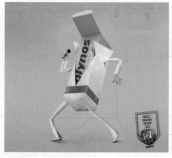

Journal of Popular 广告

图2-4

音乐厅海报：一个阉伶的故事

图2-5

法国公益广告

图2-6

二手书交换中心广告

图2-7

8. 双关图形

双关图形是指一个图形可以解读为两种不同的物形，并通过这两种物形的直接联系产生意义，传递高度简化的视觉信息，如图2-8所示。

9. 文字图形

文字图形是指分析文字的结构，进行形态的重组与变化，以点、线、面的方式让文字构成抽象或具象的有某种意义的图形，使其产生新的含义，如图2-9所示。

10. 叠加图形

将两个或多个图形以不同的形式进行叠合处理，产生不同效果的手法称为叠加，如图2-10所示。经过叠合后的图形能彻底打破现实视觉与想象图形间的沟通障碍，让人们在对图形的理性辨识中去理解其所表现的含义。

11. 矛盾空间图形

矛盾空间是创作者刻意违背透视原理，利用平面的局限性及视觉的错觉，制造出的实际空间中无法存在的空间形式。在矛盾空间中出现的、同视觉空间毫不相干的矛盾图形，称为矛盾空间图形，如图2-11所示。

Arte & Som 音乐学院广告

图2-8

Japengo 餐厅广告

图2-9

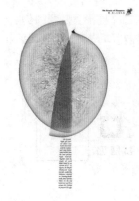

双立人刀具广告

图2-10

Pepsodent 牙刷广告

图2-11

> **技巧放送 | 矛盾空间的构成方法**
>
> 矛盾空间的构成方法主要有共用面、矛盾连接、交错式幻象图和边洛斯三角形等。
>
> 共用面　　　　　矛盾连接
>
> 交错式幻象图　　边洛斯三角形

2.2 绘制基本图形

学习 Illustrator 绘图要先从简单的图形开始。因为生活中任何复杂的东西都可以简化为最基本的几何图形，如矩形、圆形、三角形、多边形等。同样道理，看似简单的几何图形，组合起来也可以构成复杂的对象。

2.2.1 基本绘图工具使用方法

矩形工具 ▣、圆角矩形工具 ▣、椭圆工具 ◯、多边形工具 ⬡ 等是 Illustrator 中最基础的绘图工具。这些工具可以通过两种方法使用。

第一种方法：在画板上拖曳鼠标，创建图形并自由调整其大小。在操作时，鼠标指针旁边会出现提示，如图2-12所示，其是智能参考线的一部分，提供了当前对象的宽度、高度、角度和位置等信息，释放鼠标左键，即可创建对象。默认状态下，图形类对象内部填充白色（线类对象无填色），轮廓以黑色描边，如图2-13所示。

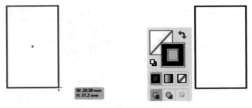

图2-12　　　　　　　　　图2-13

第二种方法：如果要按照精确的参数创建图形，可以在画板上单击，此时会弹出相应的对话框，在对话框中设置参数，如图2-14所示，之后按Enter键即可，如图2-15所示。使用 Illustrator 中的绘图工具创建的是矢量对象，矢量对象由一段段路径段构成，并通过锚点连接起来。

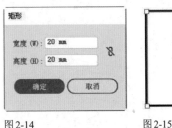

图2-14　　　　　　　　　图2-15

2.2.2 绘制矩形、圆角矩形和椭圆

矩形工具 ▣、圆角矩形工具 ▣ 和椭圆工具 ◯ 分别用于创建矩形、圆角矩形和椭圆，如图2-16所示。使用矩形工具 ▣ 和圆角矩形工具 ▣ 时，按住Shift键并拖曳鼠标，还可以创建正方形和圆形。

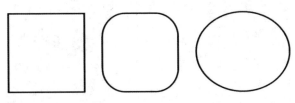

图2-16

2.2.3 绘制多边形和星形

多边形工具 ⬡ 用于创建三边及三边以上的多边形图形，如图2-17所示。星形工具 ☆ 则用于创建星状图形，操作时可通过相应的按键调整边数和角度等，如图2-18和图2-19所示。

分别为多边形、星形（按住Shift键）和五角形（按住Shift+Alt快捷键）

图2-17　　　　　　图2-18　　　　　　图2-19

2.2.4 绘制线段、弧线和螺旋线

直线段工具 ╱ 用于创建线段，如图2-20所示。弧形工具 ╱ 用于创建弧线，拖曳鼠标时，可以按X键切换弧线的凹凸方向，如图2-21和图2-22所示；按C键，可以在开放式图形与闭合图形之间切换。图2-23所示为创建的闭合图形。

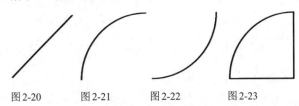

图2-20　　　　图2-21　　　　图2-22　　　　图2-23

螺旋线工具 ◎ 用于创建螺旋线。在画板上单击，可以打开"螺旋线"对话框，如图2-24所示。此对话框的选项比较特殊，其中，"衰减"选项用来指定螺旋线的每一螺旋相对于上一螺旋应减少的量，该值越小，螺旋的间距越小，如图2-25和图2-26所示；"段数"选项决定了螺旋线路径段的数量，如图2-27所示。

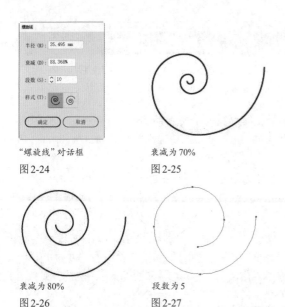

"螺旋线"对话框
图 2-24

衰减为 70%
图 2-25

衰减为 80%
图 2-26

段数为 5
图 2-27

> **技巧放送｜绘图工具使用技巧**
>
> ● 矩形工具 ▢：按住 Alt 键（鼠标指针变为 ⊹ 状）并拖曳鼠标，会以单击点为中心开始绘制矩形；按住 Shift+Alt 快捷键单击并拖曳鼠标，则以单击点为中心开始绘制正方形。
> ● 圆角矩形工具 ▢：拖曳鼠标时，可通过按 ↑ 键增加圆角半径直至成为圆形；按 ↓ 键则减少圆角半径直至成为方形；按 ← 键和 → 键，可以在方形与圆形之间切换。
> ● 椭圆工具 ○：按住 Alt 键并拖曳鼠标，可由单击点为中心向外绘制椭圆形；按住 Shift+Alt 快捷键，则由单击点为中心向外绘制圆形。
> ● 多边形工具 ○：拖曳鼠标时按 ↑ 键和 ↓ 键，可增加和减少边数；移动鼠标指针，可以旋转图形（如果想固定图形的角度，可以按住 Shift 键操作）。
> ● 星形工具 ☆：拖曳鼠标时按 ↑ 键和 ↓ 键可增加和减少星形的角点数；移动鼠标指针，可以旋转星形（如果想固定角度，可按住 Shift 键）；按 Alt 键，可以调整星形拐角的角度。
> ● 直线段工具 ╱：拖曳鼠标时按住 Shift 键，可创建水平、垂直或以 45° 方向为增量的线段；按住 Alt 键，则线段会以单击点为中心向两侧延伸。
> ● 弧线工具 ╭：拖曳鼠标时按住 Shift 键，可以保持固定的角度；按 ↑ 键和 ↓ 键，可以调整弧线的斜率。
> ● 螺旋线工具 ◎：拖曳鼠标时移动鼠标指针，可以旋转图形；按 R 键，可以调整螺旋线的方向；按 Ctrl 键拖曳，可以调整螺旋线的紧密程度；按 ↑ 键会增加螺旋线；按下 ↓ 键则减少螺旋线。

2.2.5　编辑实时形状

使用矩形工具 ▢、圆角矩形工具 ▢、椭圆工具 ○、多边形工具 ○、直线段工具 ╱、Shape 工具 ✎ 等创建

的图形均为实时形状，包含控制构件，拖曳控制构件时，可对图形的宽度、高度、旋转角度、圆角半径等进行调整，而无须切换其他工具，如图 2-28 所示。

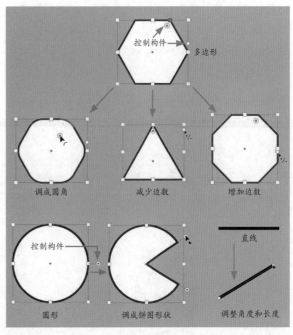

图 2-28

> **tip** 单击 "控制" 面板中的 ▣ 按钮，可以隐藏或重新显示控制构件。

2.2.6　绘制光晕图形

光晕工具 ☀ 用于创建由射线、光晕、光环等组件组成的光晕图形，如图 2-29 所示。图 2-30 所示为一张图片素材，图 2-31 所示为添加光晕图形后的效果。

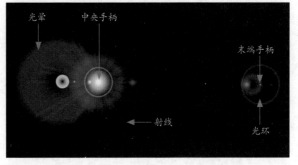

图 2-29

图 2-30　　　　　　　　图 2-31

操作时，使用光晕工具 在画板上单击并拖曳鼠标设置中央手柄，同时设置光晕范围，射线会随着鼠标指针的移动而发生旋转，如果想固定射线角度，可以按住Shift键；如果想增加或减少射线，可以按↑键或↓键。在画板的另一处单击，设置末端手柄并添加光环，拖曳鼠标可以移动光环；按↑键或↓键可增加或减少光环；按 ~ 键可随机放置光环。

> **tip** 创建光晕图形后，可以使用光晕工具 拖曳中央手柄和末端手柄，对图形进行移动。

2.2.7　绘制极坐标网格

极坐标网格工具 可以创建同心圆，并可在其中添加分隔线，如图2-32所示。

图2-32

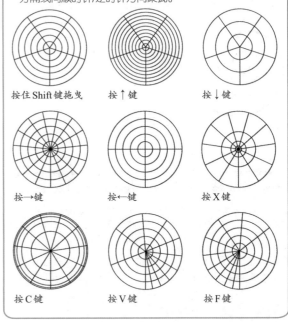

> **技巧放送** | **极坐标网格工具 使用技巧**
>
> 拖曳鼠标，可自定义网格大小。按住Shift键拖曳鼠标，可绘制圆形网格（按住Alt键，则以鼠标单击处为中心向外绘制圆形极坐标网格）；按↑键/↓键，可增加/减少同心圆；按→键/←键，可增加/减少分隔线；按X键，同心圆向网格中心聚拢；按C键，同心圆向边缘扩散；按V键/F键，分隔线向顺时针/逆时针方向聚拢。
>
> 按住Shift键拖曳　按↑键　按↓键
>
> 按→键　按←键　按X键
>
> 按C键　按V键　按F键

2.3　图层、选择与编组

在 Illustrator 中创建图形或置入文件后，进行编辑之前，要先选择对象。选择多个对象后，还可将其编为一组，以便于管理，也可同时进行变换、变形等操作。

2.3.1　"图层"面板

在 Illustrator 中新建文档时，会在"图层"面板自动创建一个图层，如图2-33所示。开始绘图后，则会在该图层中添加子图层，用以承载对象，如图2-34所示。后创建对象所在的图层依次向上堆叠，如图2-35所示。

图2-33　　　图2-34　　　图2-35

"图层"面板用于创建和管理图层。在该面板中，每个图层都有名称和各种标记，如图2-36所示。最左侧是眼睛图标 ，控制所在图层是否显示；其右侧的

颜色条，代表了图层的颜色；图层缩览图显示了图层中包含的图稿内容；此外还有图层名称、各种标记和按钮。其中被刷了底色的图层是当前图层，即当前创建的对象，或被选取的对象所在的图层。

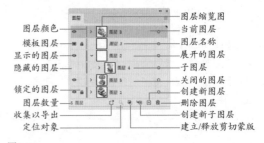

图2-36

2.3.2　图层的基本操作

图稿越复杂，图层和子图层就越多。将子图层做

好分类，放在不同的图层中，可以方便查找图层和管理对象，如图2-37和图2-38所示。单击图层前方的 > 按钮，关闭图层，整个图层列表结构也会得以简化，如图2-39所示，图层的操作方法如下。

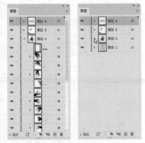

图2-37   图2-38   图2-39

● 选择图层：单击一个图层，即可将其选择，如图2-40所示，所选图层称为"当前图层"。按住Ctrl键并单击多个图层，可将其一同选取，如图2-41所示。

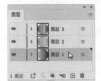
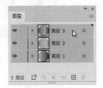

图2-40   图2-41

● 新建图层/子图层：单击"图层"面板中的 ⊞ 按钮，可以新建一个图层，如图2-42所示。单击 ⊞ 按钮，则可在当前图层中新建子图层，如图2-43所示。

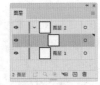

图2-42   图2-43

● 修改名称：在图层或子图层的名称上双击，显示文本框后输入新名称并按Enter键，可以修改图层名称，让图层或子图层更易识别。

● 调整堆叠顺序：向上或向下拖曳图层，可以调整图层的堆叠顺序，如图2-44和图2-45所示。通过拖曳的方法，还可将一个图层或子图层移入其他图层。

● 锁定图层：如果想保护某个对象不被选择和修改，可以在眼睛图标 ◉ 右侧单击，将图层锁定，如图2-46所示。需要编辑对象时，单击 🔒 图标可解除锁定。

图2-44   图2-45   图2-46

● 隐藏/显示图层：当对象上下堆叠时，会互相遮挡，下方的对象不容易选择。单击上方对象所在的子图层的眼睛图标 ◉，可以将对象隐藏，如图2-47和图2-48所示，这样下方对象就容易选择了。如果单击图层左侧的眼睛图标 ◉，则可隐藏该图层中的所有对象，同时，这些对象的眼睛图标会变为灰色 ◉，如图2-49所示。需要重新显示图层和子图层时，在原眼睛图标处单击即可。

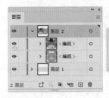

图2-47

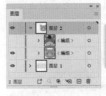

图2-48

图2-49

● 删除图层和子图层：单击一个图层或子图层，之后单击 🗑 按钮，可将其删除。此外，也可将其拖曳到 🗑 按钮上直接删除。

2.3.3　用工具和命令选择对象

　　Illustrator可以创建和编辑不同类型的对象，因此，在选择对象时，需要根据其特征和选择要求来确定使用哪种工具或方法。

● 选择一个对象：使用选择工具 ▶，将鼠标指针放在对象上方(鼠标指针变为 ▶ 状)，如图2-50所示，单击即可将其选择，所选对象周围会出现一个定界框，如图2-51所示。单击并拖出选框，可将选框内的所有对象一同选取，如图2-52所示。

图2-50   图2-51   图2-52

● 选择多个对象：使用选择工具 ▶，按住Shift键的同时单击多个对象，可将其逐一选取，如图2-53所示。如果要取消选择其中的某个对象，按住Shift键单击此对象即可。

图 2-53

● 基于堆叠顺序选择对象：当多个对象堆叠在一起时，使用选择工具 ▶ 并按住 Ctrl 键在对象的重叠区域单击，可以选择最上方的对象，如图 2-54 所示；按住 Ctrl 键不放并重复单击操作，可以循环选中鼠标指针下方的各个对象，如图 2-55 所示。

图 2-54　　　　　　　图 2-55

● 选择具有相同属性的对象：双击魔棒工具 ✦ 选择该工具并打开"魔棒"面板，选取相应的选项，例如勾选"填充颜色"复选框，如图 2-56 所示，将鼠标指针移动到一个图形上，如图 2-57 所示，单击，可将其及具有相同填充颜色的其他对象一同选取，如图 2-58 所示。

图 2-56　　　　　图 2-57　　　　　图 2-58

tip　"容差"值决定了选择范围的大小。"容差"值越低，所选对象与单击的对象就越相似；"容差"值高，可以选择范围更广的对象。

● 选择特定类型的对象：执行"选择"|"对象"级联菜单中的命令，可以自动选择文档中某种类型的对象。

● 全选/反选/取消选择/重新选择：执行"选择"|"全部"命令，可以将文档中的所有对象全都选取。选择部分对象后，执行"选择"|"反向"命令，可以将之前未被选取的对象选中，取消原有对象的选择。在所选对象之外的空白处单击，可以取消选择。取消选择后，如果要恢复上一次的选择，可以执行"选择"|"重新选择"命令。

2.3.4　用"图层"面板选择对象

当图稿比较复杂时，如果能在"图层"面板找到对象，则通过该面板来选取会更加高效、方便。

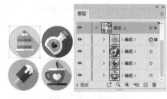

图 2-59

在一个对象的选择列（ ◎ 状图标处）单击，即可将其选取（ ◎ 图标在选择后会变为 ◎■状），如图 2-59 所示。按住 Shift 键并在其他对象的选择列单击，可以将这些对象一同选取，如图 2-60 所示。在一个图层的选择列单击，则可以选择该图层上的所有对象，如图 2-61 所示。

图 2-60

图 2-61

2.3.5　编组

图稿效果越复杂，包含的对象越多，如图 2-62 和图 2-63 所示。为了便于选择和管理，可以将类型或用途相同的多个对象一同选取，然后执行"对象"|"编组"命令（快捷键为 Ctrl+G），将其编为一组，这样可以同时进行移动、旋转、缩放和变形等操作，如图 2-64 所示；也可添加相同的效果和混合模式等。编组之后，不会影响各自的属性，每个对象仍可单独编辑。

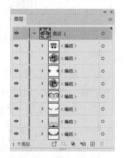

图 2-62　　　　　　　　　　　图 2-63

tip　编组后的对象还可以与其他对象再次编组，这样的组称为嵌套结构的组。编组有时会改变图形的堆叠顺序，例如，将位于不同图层的对象编为一个组时，这些图形会调整到同一个图层中。

图 2-64

使用选择工具▶单击组中的任意一个对象，都可以选择整个组。使用编组选择工具▶可以选择组中的各个对象，如图2-65和图2-66所示。双击可以选择对象所在的组。如果该组为多级嵌套结构（即组中还包含组），则每多单击一次，便会多选择一个组。

图2-65　　　　　　图2-66

如果要取消编组，可以选择组对象，执行"对象"|"取消编组"命令（快捷键为Shift+Ctrl+G）。对于包含多个组的编组对象，则需要多次执行该命令才能解散所有的组。

2.3.6　在隔离模式下编辑对象和组

使用选择工具▶双击对象或编组的对象，如图

2-67所示，可以切换到隔离模式，如图2-68所示。在这种模式下，其他对象会被锁定，因此，进行编辑时不会影响到其他对象，并且被锁定对象的颜色会变淡，与当前对象有着非常明显的区分。

图2-67　　　　　　图2-68

编辑完成后，需要退出隔离模式时，可以单击文档窗口左上角的◁按钮，也可按Esc键或在画板的空白处双击。

2.4　变换

变换是指对图稿进行移动、旋转、缩放、镜像等操作。在操作时，可以拖曳图稿的定界框和控制点，进行自由变换；也可双击各个变换工具，打开相应的选项对话框并输入参数，进行精确变换。

2.4.1　定界框、控制点、中心点和参考点

在学习变换操作前，需要厘清几个概念，即定界框、控制点、中心点和参考点。

使用选择工具▶选择对象后，其周围出现的是定界框。定界框上的小方块是控制点，如图2-69所示，拖曳控制点可进行变换操作。

如果使用旋转工具↻、镜像工具▷、比例缩放工具◳和倾斜工具◿等进行变换操作，对象中心显示的是参考点⊕，如图2-70所示，这是变换的基准点，在其他区域单击，可重新定义参考点的位置。图2-71和图2-72所示分别为参考点⊕在默认位置及画面左下角时的缩放效果。

定界框　控制点

图2-69　　　　　　图2-70

参考点

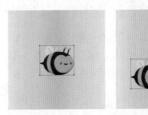

图2-71　　　　　　图2-72

如果想将参考点⊕恢复到对象中心，可双击旋转工具↻等变换工具，弹出对话框后，单击"取消"按钮即可。

技巧放送　修改图层及定界框颜色

所选对象位于哪个图层，其定界框就使用与所在图层相同的颜色，这既有利于区分各个对象，也便于通过定界框颜色判断出对象在哪一个图层上。如果要修改定界框的颜色，可以双击图层，打开"图层选项"对话框进行设置。

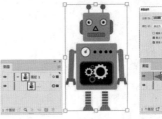 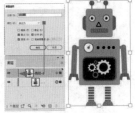

图层和定界框同为蓝色　　　双击图层，修改颜色

2.4.2 移动

使用选择工具 ▶ 拖曳对象，即可将其移动，如图 2-73 和图 2-74 所示。按住 Shift 键拖曳，可沿水平、垂直或 45° 的整数倍方向移动；按住 Alt 键（鼠标指针变为 ▶ 状）拖曳，则可复制对象，如图 2-75 所示。

图 2-73　　　图 2-74　　　图 2-75

> **tip** 选择对象后，按 →、←、↑、↓ 键，对象会沿相应的方向轻微移动 1 点的距离（即 0.3528 毫米）。如果同时按方向键和 Shift 键操作，则可移动 10 点的距离。

如果打开了多个文档，在对象上单击并按住鼠标左键不放，将鼠标指针移动到另一个文档的标题栏上，如图 2-76 所示；停留片刻，可切换到这一文档；之后将鼠标指针移动到画板上，如图 2-77 所示；释放鼠标左键，可将对象拖入该文档，如图 2-78 所示。

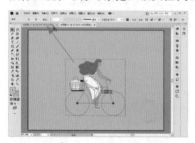

图 2-76

图 2-77

图 2-78

> **tip** 如果要移动组中的对象，可以使用编组选择工具 ▶ 操作。

2.4.3 旋转

使用选择工具 ▶ 选择对象，如图 2-79 所示，将鼠标指针放在定界框外，当鼠标指针变为 ↻ 状时进行拖曳，可旋转对象，如图 2-80 所示。

图 2-79　　　　　　　图 2-80

选择对象后，使用旋转工具 ↻ 进行拖曳，也可以旋转对象。按住 Shift 键操作，可以将旋转角度限制为 45° 的整数倍。如果要进行小角度的旋转，应在远离参考点的位置拖曳鼠标。

2.4.4 拉伸和缩放

使用选择工具 ▶ 单击对象，如图 2-81 所示，将鼠标指针放在定界框边角的控制点上，当鼠标指针变为 ↔、↕、↗、↘ 状时进行拖曳，可以拉伸对象；按住 Shift 键拖曳，可进行等比缩放，如图 2-82 所示。

图 2-81　　　　　　　图 2-82

选择对象后，也可使用比例缩放工具 ▦ 拉伸对象。要进行等比缩放，可按住 Shift 键操作。

2.4.5 镜像

使用选择工具 ▶ 单击对象，将鼠标指针放在定界框中央的参考点上，单击并向图形另一侧拖曳鼠标，可以镜像对象。

镜像操作也可使用镜像工具 ▷◁ 来完成，即选择对象后，使用镜像工具 ▷◁ 在画板上单击，指定镜像轴上的一点（不可见），如图 2-83 所示，释放鼠标左键，在另一处位置单击，确定镜像轴的第二个点，此时所选对象便会基于镜像轴进行翻转。此外，按住 Alt 键操作还可镜像复制的对象，再用透明度蒙版加以遮挡，便可制作出倒影效果，如图 2-84 所示。按住 Shift 键并拖曳鼠标，可以将旋转角度限制为 45° 的整数倍。

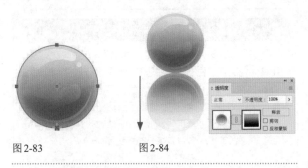

图2-83　　　　　图2-84

2.4.6　使用"变换"面板

"变换"面板可以进行移动、旋转、缩放和倾斜操作，如图2-85所示。操作时，首先选择对象，然后在面板选项中输入数值，之后按Enter键即可。选取面板

菜单中的命令，如图2-86所示，可以对图案、描边等单独应用变换。

水平移动（X）/垂直移动（Y）

图2-85　　　　　　　　　　　图2-86

2.5　对齐与分布

做版面设计、UI设计，或者想对称、均匀地放置图形时，能否将各个要素对齐格外重要。如果要素没有对齐，就会显得松散无序、杂乱无章。下面介绍Illustrator中的对齐与分布功能。

2.5.1　标尺和参考线

参考线可以帮助用户精确地放置对象，以及进行测量。

创建参考线时，执行"视图"|"标尺"|"显示标尺"命令，让标尺显示出来，如图2-87所示，再将鼠标指针放在水平标尺或垂直标尺上，向下拖曳鼠标，便可拖出参考线，如图2-88所示。按住Shift键拖曳鼠标，则参考线会与标尺上的刻度对齐。

图2-87　　　　　图2-88

tip　创建参考线后，拖曳参考线可进行移动。单击参考线后按Del键，可将其删除。如果要隐藏参考线和标尺，可以执行"视图"|"参考线"|"隐藏参考线"命令和"视图"|"标尺"|"隐藏标尺"命令。

2.5.2　智能参考线

智能参考线能够在创建图形和编辑对象时自动出现，可以帮助用户参照其他对象来进行对齐、编辑和

变换。例如，使用选择工具移动对象时，借助智能参考线，可以很容易地将对象与其他对象、路径和画板对齐，如图2-89所示。此外，进行旋转、缩放等变换操作时，鼠标指针右侧会显示相应的变换参数，这也是智能参考线的一部分。

图2-89

tip　默认情况下，智能参考线是自动开启的。如果"窗口"|"智能参考线"命令前方没有"√"标记，可执行该命令将智能参考线开启。

2.5.3　对齐与分布对象

"对齐"面板和"控制"面板中包含图2-90和图2-91所示的按钮，可进行对齐和分布操作。对齐类按钮分别是：水平左对齐，水平居中对齐，水平右对齐，垂直顶对齐，垂直居中对齐和垂直底对齐。分布类按钮分别是：垂直顶分布，垂直居中分布，垂直底分布，水平左分布，水平居中分布和水平右分布。

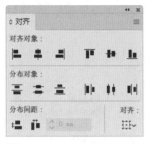

图 2-90

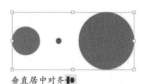

图 2-91

选取多个对象后，单击对齐类按钮，可以让对象沿指定的轴对齐，如图2-92所示。

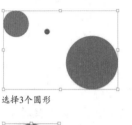

选择3个圆形　　　　　　水平左对齐

水平居中对齐　　　　　　垂直居中对齐

图 2-92

单击分布类按钮，则对象会基于一定的规则以相同的距离均匀分布，如图2-93所示。

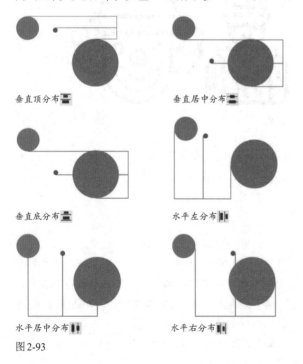

垂直顶分布　　　　　　垂直居中分布

垂直底分布　　　　　　水平左分布

水平居中分布　　　　　水平右分布

图 2-93

2.5.4　按照设定的间距分布对象

选择多个对象后，单击"对齐"面板中的 ▦▾ 按钮，打开菜单，选择"对齐关键对象"命令，如图2-94所示，之后单击关键对象，如图2-95所示；在"分布间距"选项中输入数值，如图2-96所示；单击水平分布间距按钮 ▥（或垂直分布间距按钮 ▤），可让所选对象以关键对象为基准（即关键对象原地不动），按照设定的数值均匀分布，如图2-97所示。

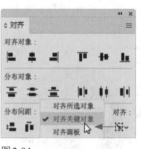
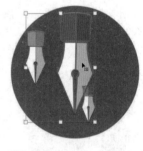

图 2-94　　　　　　　图 2-95

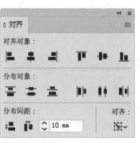
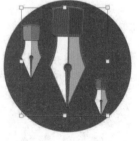

图 2-96　　　　　　　图 2-97

2.6 制作趣味纸牌

01 打开素材。使用选择工具 ▶ 选取纸牌中的图案，如图2-98所示。执行"视图"|"参考线"|"显示参考线"命令，显示参考线。选择旋转工具 ○，将鼠标指针放在纸牌中心的参考线上，如图2-99所示。按住Alt键并单击，弹出"旋转"对话框，设置"角度"为180°，单击"复制"按钮，旋转并复制图案，如图2-100和图2-101所示。

02 使用选择工具 ▶ 双击该图案，进入隔离模式。选取背景中的火焰图形，填充深棕色，再将天空填充为蓝色，如图2-102所示。图2-103中颜色较多的图形（猪八戒的皮肤部分），可以使用魔棒工具 ✎ 在其上单击，将所有皮肤色图形一同选取，之后修改颜色，如图2-104所示。调整完颜色后，单击文档窗口左上角的 ◀ 按钮，退出隔离模式，效果如图2-105所示。

图2-98

图2-99

图2-102

图2-103

图2-100

图2-101

图2-104

图2-105

2.7 制作随机艺术纹样

01 按Ctrl+N快捷键，新建一个文档。选择多边形工具 ◎，先拖曳鼠标创建一个六边形（可按 ↑ 键和 ↓ 键增、减边数），如图2-106所示；不要释放鼠标，按~键，然后迅速向外侧及下方拖曳鼠标（鼠标轨迹为一条弧线），随着鼠标的移动会生成更多的六边形，如图2-107所示；继续拖曳鼠标，使鼠标的移动轨迹呈螺旋状向外延伸，这样就可以制作出图2-108所示的图形，按Ctrl+G快捷键编组。

02 将描边的宽度设置为0.2pt，如图2-109所示。

图2-106

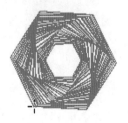

图2-107

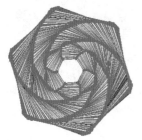

图2-108　　　　　　　　　　图2-109

图2-110　　　　　　　　　　图2-111

03 使用相同的方法制作另一种效果。选择椭圆工具◯，先创建一个椭圆形，如图2-110所示；按~键向左上方拖曳鼠标，鼠标的移动轨迹类似菱形，可生成图2-111所示的图形（鼠标的移动速度越慢，生成的图形越多）；再向右上方拖曳鼠标，如图2-112所示；之后向右下方拖曳鼠标，如图2-113所示；再向左下方拖曳鼠标，这样就回到了起点，如图2-114所示，最终效果如图2-115所示。也可以尝试用三角形、螺旋线等不同的对象来制作图案。

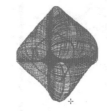

图2-112　　　　　　　　　　图2-113

图2-114　　　　　　　　　　图2-115

2.8　制作线状立体圆环

01 选择椭圆工具◯，按住Shift键并拖曳鼠标，创建一个椭圆形，无填色，用渐变色描边，如图2-116和图2-117所示。

图2-116　　　　　　　　　　图2-117

02 执行"效果"|"扭曲和变换"|"波纹效果"命令，参数设置如图2-118所示，通过扭曲让图形生成波纹外观，如图2-119所示。

图2-118　　　　　　　　　　图2-119

03 执行"对象"|"扩展外观"命令，将效果扩展为图形，如图2-120所示。双击旋转工具◯，在打开的"旋转"对话框中设置角度为﹣6°，单击"复制"按钮，旋转并复制出一个图形，如图2-121和图2-122所示。

图2-120　　　　　图2-121　　　　　图2-122

04 保持该图形的选取状态，连续按13次Ctrl+D快捷键，重复旋转并复制图形操作，制作出立体圆环，如图2-123所示。

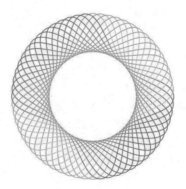

图2-123

2.9 制作爱心图形

01 选择矩形工具 ▢，在画板上单击，弹出"矩形"对话框，设置宽度和高度均为50mm，如图2-124所示，单击"确定"按钮，创建一个矩形，如图2-125所示。

图2-124 　　　　　　图2-125

02 选择椭圆工具 ◯，用同样的方法创建一个大小为50mm的圆形，如图2-126和图2-127所示。

 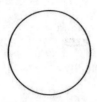

图2-126 　　　　　　图2-127

03 执行"视图"|"智能参考线"命令，启用智能参考线功能，以帮助更好地对齐图形。使用选择工具 ▶ 将圆形拖曳到矩形上，当圆形的中心点与矩形边缘相交时，如图2-128所示，松开鼠标。按Ctrl+A快捷键全选，如图2-129所示。

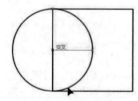 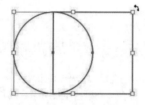

图2-128 　　　　　　图2-129

04 将光标放在定界框外，按住Shift键向右拖曳鼠标，旋转图形，当智能参考线提示旋转角度为315°时，如图2-130所示，释放鼠标左键。在空白处单击，取消图形的选择。

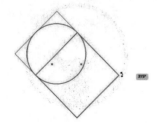

图2-130

05 使用选择工具 ▶ 选取圆形，如图2-131所示，按住Alt键向右拖曳，进行复制，在此过程中按住Shift键，可锁

定水平方向，如图2-132所示。

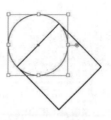 

图2-131 　　　　　　图2-132

06 按Ctrl+A快捷键全选，如图2-133所示。单击"路径查找器"面板中的 ▣ 按钮，将图形合并，得到一个完整的心形，如图2-134和图2-135所示。

图2-133 　　　　图2-134 　　　　图2-135

07 选择椭圆工具 ◯，创建一个直径为4mm的圆形，填充颜色为粉红色，无描边，如图2-136和图2-137所示。

图2-136 　　　　　　图2-137

08 按住Alt+Shift键向右拖曳圆形并进行复制，如图2-138所示。保持圆形的选取状态，连续按17次Ctrl+D快捷键，重复以上操作（移动+复制），如图2-139所示。

图2-138 　　　　图2-139

09 使用选择工具 ▶ 拖曳出一个选框，选取所有粉红色圆形，按Ctrl+G快捷键编组。用同样的方法将这一组圆形向下移动并复制，如图2-140所示。连续按17次Ctrl+D快捷键，制作出一组圆形图案，如图2-141所示。

图2-140 　　　　　　图2-141

⑩ 将心形拖曳到图案上，按Shift+Ctrl+] 快捷键，将心形移至顶层，如图2-142所示，按Ctrl+A快捷键全选，按Ctrl+7快捷键建立剪切蒙版，将心形以外的图案隐藏，如图2-143所示。

图2-142

图2-143

⑪ 单击"路径查找器"面板中的 ▣ 按钮，将对象扩展，如图2-144和图2-145所示。

图2-144

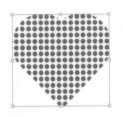

图2-145

⑫ 使用编组选择工具 ▷ 选取右侧的图形，如图2-146所示，按Del键删除，如图2-147所示。

⑬ 心形边缘有一些不完整的图形，将其选取并删除，如图2-148所示。双击镜像工具 ▷◁，在打开的"镜像"对话框中选择"垂直"选项，单击"复制"按钮，如图2-149

所示，镜像并复制心形。将复制后的图形向右移动，与左侧的心形对齐，形成一个完整的心形，如图2-150所示。最后，将心形最上边缺失的部分补齐（复制旁边的圆形即可），如图2-151和图2-152所示。

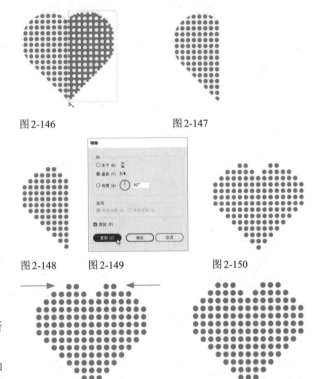

图2-146

图2-147

图2-148
图2-149

图2-150

图2-151

图2-152

2.10　制作开心小贴士

① 选择极坐标网格工具 ◉，在画板上拖曳鼠标，创建网格图形。在拖曳过程中，按←键可以减少径向分隔线，按↑键可以增加同心圆分隔线，直至呈现如图2-153所示的外观。不要释放鼠标左键，按住Shift键，让网格图形成为圆形后再释放鼠标左键。在"控制"面板中设置描边粗细为0.525pt，如图2-154所示。单击"路径查找器"面板中的 ▣ 按钮，对图形进行分割。

一个圆形，填充为黄色，设置描边的粗细为7pt，颜色为黑色，如图2-155所示。按Ctrl+A快捷键，选取这两个图形，单击"控制"面板中的 ▤ 按钮和 ▤ 按钮，让两个图形在水平和垂直方向上居中对齐。使用文字工具 T 输入文字，再分别使用椭圆工具 ◯、铅笔工具 ✎ 根据主题绘制有趣的图形，效果如图2-156所示。

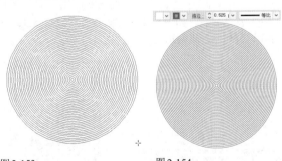

图2-153

图2-154

② 选择椭圆工具 ◯，按住Shift键的同时拖曳鼠标，创建

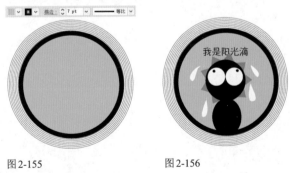

图2-155

图2-156

③ 用相同的方法制作出不同主题的小贴示，效果如图2-157所示。

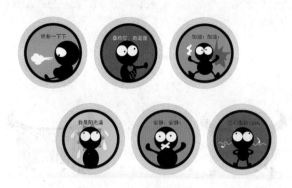

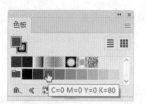

图 2-158

图 2-157

04 选择矩形网格工具▦，拖曳鼠标创建网格，在拖曳的过程中按↑键以增加水平分隔线，按→键以增加垂直分隔线。为网格填充黑色，然后在"色板"中拾取深灰色作为描边颜色，如图2-158所示。按Shift+Ctrl+[快捷键，将网格图形移至底层作为背景，如图2-159所示。

图 2-159

2.11 制作创意条码签

01 使用矩形工具▫创建一个矩形。单击"控制"面板中的✓按钮，打开下拉面板，将填充颜色设置为黑色，无描边，如图2-160和图2-161所示。选择选择工具▶，按住Alt+Shift快捷键沿水平方向拖曳图形，进行复制，如图2-162所示。按Ctrl+D快捷键再复制出一个图形，拖曳控制点，调整宽度，如图2-163所示。

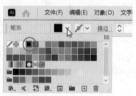

图 2-160　图 2-161　　　　图 2-162　图 2-163

02 使用相同的方法制作出一组矩形，如图2-164所示。选择椭圆工具◯，创建椭圆形。在"控制"面板中设置填充颜色为白色，无描边，如图2-165所示。

图 2-164　　　　　　图 2-165

03 按住Shift键拖曳鼠标，创建一个圆形，作为小牛的眼睛。设置填充颜色为白色，描边颜色为黑色，描边粗细为1pt，如图2-166所示。再创建一个圆形作为小牛鼻

孔，填充黑色，无描边，如图2-167所示。

图 2-166　　　　　　　　图 2-167

04 创建一个圆形，如图2-168所示。将鼠标指针移动到形状构件上，拖曳形状构件，将圆形调出一个缺口，如图2-169和图2-170所示。

图 2-168　　　　　图 2-169　　　　　图 2-170

05 将其拖曳到条码上，作为小牛的眼珠，如图2-171所示。使用选择工具▶的同时按住Ctrl键并单击眼睛和鼻孔图形，将其选取，如图2-172所示；按住Shift+Alt快捷键并沿水平方向拖曳，进行复制，如图2-173所示。

图 2-171　　　　　图 2-172　　　　　图 2-173

06 使用椭圆工具◯创建两个椭圆形，设置填充颜色为白色，描边颜色为黑色，如图2-174所示。使用选择工具▶将其选取，单击"路径查找器"面板中的▣按钮，得到牛角状图形，设置填充颜色为黑色，无描边，如图2-175所示，使用选择工具▶将其拖曳到条码上方。

图2-174　　　　　　　　图2-175

07 使用弧形工具╱创建一条弧线作为眼眉，如图2-176所示。按住Ctrl键（临时切换为选择工具▶并显示定界框），在定界框外拖曳，旋转弧线，如图2-177所示。

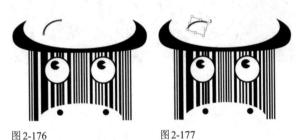

图2-176　　　　　　　　图2-177

08 保持眼眉的选取状态。选择镜像工具◁，将鼠标指针放在牛角路径上，并沿路径移动，当移动到路径中心时

会显示"锚点"二字，如图2-178所示；此时按住Alt键并单击，弹出"镜像"对话框，选择"垂直"选项，单击"复制"按钮，如图2-179所示，在右侧对称位置复制出一条弧线，如图2-180所示。

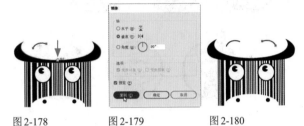

图2-178　　　　图2-179　　　　图2-180

09 选择文字工具**T**。打开"字符"面板，选择"黑体"字体，设置大小为9.5pt，如图2-181所示，在条码底部输入一行数字，如图2-182所示。

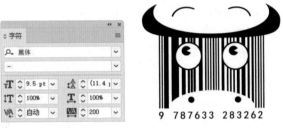

图2-181　　　　　　　　图2-182

2.12　课后作业：制作几何形纹样

进行变换操作后，执行"对象"|"变换"|"再次变换"命令（快捷键为Ctrl+D），可以再一次应用相同的变换。这个方法稍加改变，可快速生成几何形纹样，如图2-183所示。制作这个纹样时，先使用极坐标网格工具◉在画板中单击，弹出"极坐标网格工具选项"对话框后设置参数，创建网格图形，如图2-184和图2-185所示。选择旋转工具↻，将鼠标指针放在网格图形的底边，如图2-186所示，按住Alt键并单击，弹出"旋转"对话框，设置"角度"为45°，单击"复制"按钮，旋转并复制图形。关闭对话框，然后连续按Ctrl+D快捷键即可。如有不清楚的地方，可以看一看教学视频。

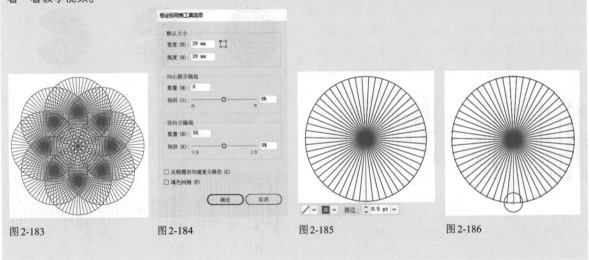

图2-183　　　　　　图2-184　　　　　　图2-185　　　　　　图2-186

"再次变换"命令与不透明度和混合模式结合使用，可以让各个图形互相叠透，如图2-187所示。该效果的制作方法与前一个花纹有所不同。操作时先使用椭圆工具○创建一个圆形，如图2-188所示；然后在"透明度"面板中调整不透明度和混合模式，如图2-189所示；再使用"分别变换"命令复制图形，当图形堆叠在一起时，就会呈现特殊的叠加效果。还可以修改花纹颜色，如图2-190所示。

图2-187   图2-188   图2-189   图2-190

2.13 课后作业：妙手生花

执行"对象"|"变换"|"分别变换"命令可以对所选对象同时进行移动、旋转和缩放，并可复制对象。这种方法在制作特效时比较常用。"分别变换"命令也常与效果配合使用，打开如图2-191所示的素材，选择后用"分别变换"命令进行旋转及缩小，连续按Ctrl+D快捷键，就能得到一个完整的花朵图形，如图2-192～图2-194所示，对其应用效果，可以制作出其他外观的花朵，如图2-195和图2-196所示。

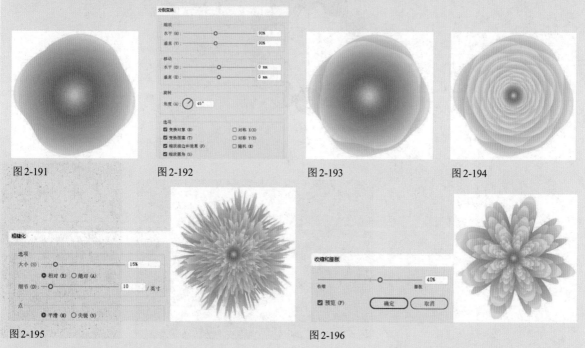

图2-191   图2-192   图2-193   图2-194

图2-195   图2-196

2.14 复习题

1. 图层与子图层是怎样的关系？
2. 如果一个对象位于其他对象下方并被完全遮挡，该如何选择。
3. 怎样在不解散编组的情况下选取组中的对象？
4. 请说明定界框、控制点、中心点和参考点的用途。
5. 怎样操作能让对象按照指定的距离移动，基于设定的角度旋转，或者以精确的比例缩放？

第3章

色彩设计
填色与描边

本章简介

使用毛笔、水彩笔等写字或画画
时，需要蘸上颜料，否则不会留
下痕迹。在Illustrator中绘图也是
同样道理。我们绘制的是矢量图
形，如果不添加颜色，取消编辑
时，图形就会"隐身"，无法观看
和打印。本章介绍如何为图形添
加颜色及设置描边。

在Illustrator中可以使用颜色、渐
变和图案对路径进行填色和描
边。本章讲解颜色的选取方法，
关于颜色的更多编辑技巧将在第
5章中详细解读。

3.1 配色技巧

想从无限多的色彩中搭配出完美协调的颜色，需要遵循能够让颜色显得协调的规则。

3.1.1 和谐的配色

德国心理学家费希纳提出，"美是复杂中的秩序"。和谐的配色便具备这样的特点——能够让多种颜色有秩序而协调地组合，其基本原则是色调统一或色相差别小，如图3-1~图3-3所示。例如，同类色和邻近色由于色相差别小，具有天然的统一感，能使人产生愉悦、舒适的感觉。但是由于色调接近或色相差别小，颜色的强弱区分不明显、不易辨识，所以颜色要有足够的亮度差别，这是需要注意的。

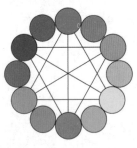
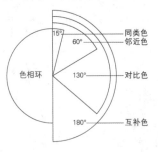

12色色相环及色相环对比基调示意图
图3-1

颜色和谐的近似色搭配
图3-2

明度一致的配色
图3-3

3.1.2 色彩的对比现象及应用

古希腊哲学家柏拉图认为，"美是变化中表现统一"。色彩过于协调，就会缺少变化，很难给人留下深刻印象。要想让色彩醒目，需要运用对比的手法。

色彩对比是指将一种颜色放在其他颜色上，受到周围颜色的影

响，使其看起来像发生了明显的改变，包括色相对比、明度对比、饱和度对比和面积对比几种方式，如图
3-4 ~ 图3-7所示。

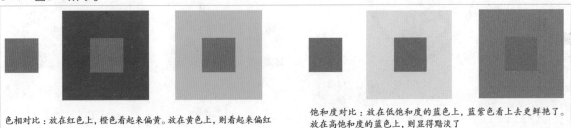

色相对比：放在红色上，橙色看起来偏黄。放在黄色上，则看起来偏红

饱和度对比：放在低饱和度的蓝色上，蓝紫色看上去更鲜艳了。
放在高饱和度的蓝色上，则显得黯淡了

图3-4

邻近色对比

图3-5

对比色对比

图3-6

互补色对比

图3-7

　　色相对比是把不同色相的色彩组合在一起，对比强弱取决于颜色在色相环上的位置。明度对比则通过增强
色彩的明度差异来提高图形的辨识度以及文字的可读性，设计商标、图标、Logo时常用这种手法。饱和度高的
颜色更容易吸引人的目光，给人带来欢快的感觉；饱和度低的颜色则会让人产生怀旧感和平和的情感。通过饱
和度对比，可以为设计内容添加戏剧性。面积对比是指色与色之间大与小或多与少的对比，大面积的色彩稳定
性较高，对视觉的刺激力强，反之则较弱。

<h2>3.2　填色与描边选项</h2>

　　对图稿填色和描边，是使其可见并创建效果的常用方法。在编辑时，可以使用Illustrator中预设的色板，也
可以创建自定义的色板。

<h3>3.2.1　为什么要填色和描边</h3>

　　矢量图形是由被称作矢量的数学对象定义的直线
和曲线构成的，如果不进行填色或描边，则未选取对
象时，无法观看和打印。

　　填色就是在矢量图形内部填充颜色、渐变或图
案。描边则是用以上3种对象描绘图形的轮廓。在操
作时，首先应选取对象，如图3-8所示，然后单击
工具栏或"色板""颜色""渐变"等面板中的
图标，将填色设置为当前可编辑状态，之后在"控
制""颜色""色板"和"渐变"面板中进行设置即
可，如图3-9所示。为路径添加描边或修改描边时，也
是用同样方法操作，如图3-10所示。

图3-8

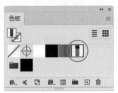

为图形填充图案

图3-9

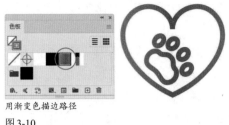

用渐变色描边路径

图3-10

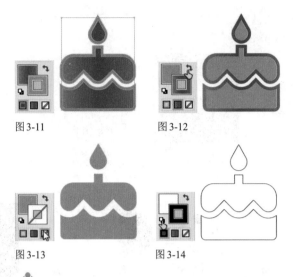

图3-11　　　　　　图3-12

图3-13　　　　　　图3-14

3.2.2　切换/删除/恢复填色与描边

　　选取对象，如图3-11所示，单击工具栏中的↰按钮，可以互换填色和描边，如图3-12所示；单击□按钮或■按钮，可以使用单色或渐变进行填色和描边；单击☑按钮，则删除填色或描边，如图3-13所示；单击🔲按钮，可以使用默认的白色和黑色进行填色和描边，如图3-14所示。

tip 按X键，可以将填色或描边切换为当前可编辑状态。
按Shift+X快捷键，可以互换填色和描边。

3.3　设置颜色

使用颜色进行填色和描边时，可以在"颜色"面板中选取颜色，也可使用"色板"中的预设色板。

3.3.1　"色板"面板

　　"色板"面板中包含Illustrator预置的颜色、渐变和图案，如图3-15所示，这些统称为色板。

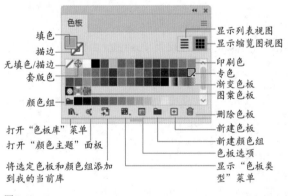

图3-15

　　选择对象，单击色板中的某个色块，即可将其应用到对象的填色或描边中。单击🔲按钮，则可将当前对象的填色或描边保存到"色板"面板。如果要删除某个色板，将其拖曳到🗑按钮上即可。

　　单击"色板"面板底部的🔣按钮，打开下拉列表，列表中是Illustrator提供的各种颜色、渐变和图案库，选择其中的一个便可将其打开，如图3-16和图3-17

所示。单击面板底部的◀按钮和▶按钮，可切换到相邻的色板库中。

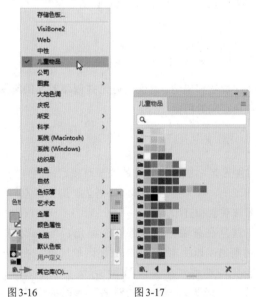

图3-16　　　　　　图3-17

3.3.2　"颜色"面板

　　选取对象，将填色或描边设置为当前可编辑状态，拖曳"颜色"面板中的滑块，即可为其上色，或者对当前颜色做出调整，如图3-18～图3-21所示。

图3-18   图3-19

图3-20   图3-21

按住Shift键拖曳一个滑块，可同时移动与之关联的其他滑块（HSB滑块除外），如图3-22所示。通过这种方法可以将颜色调深（或调浅），如图3-23所示。

图3-22   图3-23

如果知道所需颜色的色值，可以在文本框中单击并输入数值，之后按Enter键来精确定义颜色，如图3-24所示。此外，也可在色谱上拖曳鼠标拾取颜色，如图3-25所示。

图3-24   图3-25

3.3.3 色彩三要素与HSB模型

色相、明度和饱和度是色彩的三要素，如图3-26所示。色相是指色彩的相貌，如红色、橙色、黄色等；明度指色彩的明亮程度，明度越高，越接近白色；饱和度是指色彩的鲜艳程度，饱和度最高的色彩没有混杂其他颜色，称为纯色。

色相变化(从蓝色到浅红色)

明度从高到低变化(红色)

饱和度从高到低变化(红色)

图3-26

计算机中的色彩是由颜色模型生成的。HSB模型以人类对颜色的感觉为基础描述了色彩的3种基本特性。使用Illustrator中的"颜色"面板设置颜色时，如果在HSB模型下操作，便可对色相、明度和饱和度进行单独调整，如图3-27 ~ 图3-29所示。

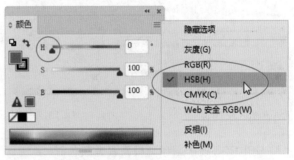

在"颜色"面板菜单中选取"HSB"模型并调出红色

图3-27

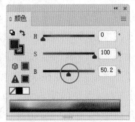

调整红色的明度   调整红色的饱和度

图3-28   图3-29

3.3.4 光的三原色与RGB模型

我们能看到色彩，是因为有光，没有光的地方漆黑一片，不存在颜色。早在1666年，物理学家牛顿便用分解太阳光的色散实验，证明了阳光（白光）是由一组单色光混合而成的，其中，红（Red）、绿（Green）、蓝（Blue）是光的三原色，三原色之间相互混合可以生成其他颜色，如图3-30所示，这是RGB模型呈现颜色的方法，也称加色混合。能发光的对象，如舞台灯光、霓虹灯、幻灯片、显示器、手机屏幕、电视机等都采用这种方法显示颜色。

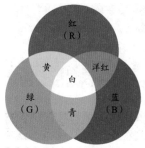

青：由绿、蓝混合而成

洋红：由红、蓝混合而成

黄：由红、绿混合而成

R、G、B 3种色光的取值范围都是0～255。R、G、B均为0时生成黑色。R、G、B都达到最大值（255）时生成白色。

色光混合原理（RGB模型）

图3-30

在RGB模型中，数值代表的是红（R）、绿（G）、蓝（B）3种光的强度，如图3-31和图3-32所示。3种光最强时生成白色（数值均为255）；3种光强度相同时（除0和255）可得到纯灰色（无彩色）；3种光全都关闭（数值均为0）时生成黑色。

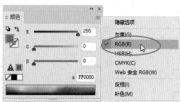

红光最强，其他两种光关闭

图3-31

红光+绿光生成黄色

图3-32

使用RGB或HSB颜色模型设置颜色时，要注意观察有没有警告信息，如图3-33所示。例如，当颜色超出CMYK色域范围，CMYK模型中没有与之等同的颜色时，便会显示溢色警告 ⚠。单击该警告右侧的小方块，可以将溢色替换为CMYK色域中与其最为接近的颜色（即印刷色）。如果颜色超出Web安全颜色的色域范围，则不能在浏览器上正确显示，此时会出现超出Web颜色的警告 ⬡。单击右侧的颜色块，可以用颜色块中的颜色（Illustrator提供的与当前颜色最为接近的Web安全颜色）替换当前颜色。

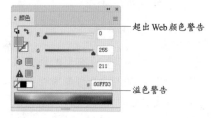

超出Web颜色警告

溢色警告

图3-33

3.3.5 减色混合与CMYK模型

在我们生活的世界里，通过发光呈现颜色的只是少数，其他对象必须经太阳光或照明设备照射之后，将一部分波长的光吸收，再将余下的光反射到眼中，

才能被看到。这种现象称为减色混合。也是CMYK模型生成色彩的原理。

CMYK是指用青色（Cyan）、洋红色（Magenta）黄色（Yellow）和黑色（Black）油墨混合来调配颜色的印刷模式，如图3-34所示。例如，青色和黄色油墨混合成绿色油墨以后，会将红光和蓝光吸收，只反射绿光，这样就能在纸上看到绿色，如图3-35所示。由于纯度达不到理论上的最佳状态，青色、洋红色、黄色油墨无法混合出纯黑色，因此，黑色要用黑色油墨才能印出来。

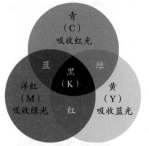

红：由洋红、黄混合而成

绿：由青、黄混合而成

蓝：由青、洋红混合而成

油墨混合原理（CMYK模型）

图3-34

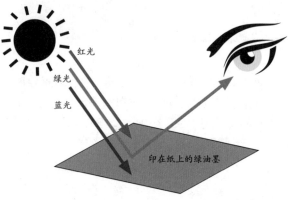

图3-35

在CMYK模型下调色时，百分比值越高，油墨的颜色越深。当所有油墨均为0%时，生成白色；K值最高而其他值为0%时生成黑色。K值还可用于调整颜色深浅。例如，选取青色，如图3-36所示，增加黑色，便可得到深青色，如图3-37所示。

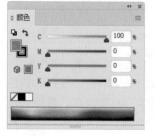
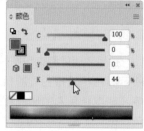

图3-36

图3-37

3.4 设置描边

在Illustrator中，颜色、渐变和图案可用于对路径进行描边。添加描边之后，可以在"描边"面板中设置描边的粗细、对齐方式、端点类型和边角样式等属性。

3.4.1 "描边"面板

执行"窗口"|"描边"命令，可以打开"描边"面板，如图3-38所示。

● 粗细：该值越大，描边越粗。

● 端点：设置开放式路径两个端点的形状。单击"平头端点"按钮，路径在终端锚点处结束（适合对齐路径），如图3-39所示；单击"圆头端点"按钮，路径末端呈半圆形，如图3-40所示；单击"方头端点"按钮，描边向外延长至描边"粗细"值一半的距离结束，如图3-41所示。

图3-38 图3-39

图3-40 图3-41

● 边角/限制：用来设置直线路径中边角的连接方式，包括"斜接连接"按钮、"圆角连接"按钮、"斜角连接"按钮，如图3-42所示。使用斜接方式时，可通过"限制"选项设置在何种情况下由"斜接连接"切换成"斜角连接"。

斜接连接 圆角连接 斜角连接
图3-42

● 对齐描边：为封闭的路径添加描边时，可设置描边与路径对齐的方式，包括"使描边居中对齐"按钮、"使描边内侧对齐"按钮、"使描边外侧对齐"按钮，如图3-43所示。

使描边居中对齐 使描边内侧对齐 使描边外侧对齐
图3-43

● 配置文件：如果想让描边的粗细发生改变，可以选择一种配置文件，然后单击按钮，描边会纵向翻转，单击按钮，可以进行横向翻转。

3.4.2 用虚线描边

选取路径，如图3-44所示，勾选"描边"面板中的"虚线"复选框，并在"虚线"文本框中设置线段的长度、在"间隙"文本框中设置线段的间距，如图3-45所示，即可创建虚线描边。如果要创建方形端点的虚线，可单击按钮，如图3-46所示；单击按钮，可创建圆形虚线，如图3-47所示；单击按钮，可以扩展虚线的端点，如图3-48所示。

图3-44 图3-45

图3-46 图3-47 图3-48

单击"虚线"选项右侧的按钮，可以让虚线的间隙以选项中设置的参数为准；单击按钮，则会自动调整虚线长度，使其与边角及路径的端点对齐。

3.4.3 为路径端点添加箭头

对路径进行描边后，可以在"箭头"选项中为路径的起点和终点添加箭头，如图3-49所示。单击 → 按钮，箭头会超出路径的末端，如图3-50所示。如果想将其放置于路径的终点，可单击 → 按钮，如图3-51所示。如果箭头过大或太小，可以通过"缩放"选项进行调整。单击 ⇄ 按钮，可互换路径起点和终点箭头。如果要删除箭头，可以在"箭头"下拉列表中选择"无"选项。

图 3-49

图 3-50   图 3-51

3.4.4 自由调整描边粗细

使用宽度工具 可以自由调整描边宽度，让描边呈现粗细变化。

选择该工具后，将鼠标指针放在路径上，如图3-52所示，拖曳鼠标即可将描边拉宽或调细，如图3-53和图3-54所示。操作时，路径上会自动添加宽度点。拖曳宽度点，可以移动其位置，如图3-55所示。按住Alt键并拖曳宽度点，则可对路径进行非对称调整，即调整一侧描边时不会影响另一侧。如果要删除宽度点，单击Del键即可。

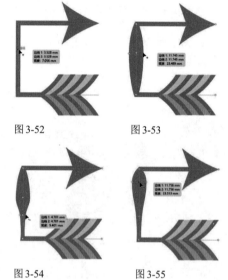

图 3-52   图 3-53

图 3-54   图 3-55

3.5 使用外部色板制作时尚书签

01 按Ctrl+N快捷键，新建一个文档。执行"窗口"|"色板库"|"其他库"命令，打开本实例的素材，如图3-56所示，其使用的色板会自动加载到一个新的面板中。使用矩形工具 创建矩形，用该面板中的浅绿色进行填充，如图3-57和图3-58所示。下面绘制的其他图形使用的色板都来源于该面板。

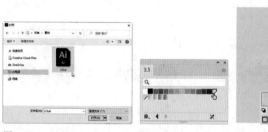

图 3-56   图 3-57   图 3-58

02 使用圆角矩形工具 创建一个白色的圆角矩形（可按↑键和↓键调整圆角），如图3-59所示。使用矩形网格

工具 创建网格图形，拖曳鼠标并按←键，删除垂直网格线；按↑键，增加水平网格线。在"控制"面板中修改描边粗细和颜色，如图3-60和图3-61所示。

图 3-59   图 3-60   图 3-61

03 使用极坐标网格工具 创建一个极坐标网格，拖曳鼠标并按↓键，将同心圆全都删除；按→键，增加分隔线。设置填充颜色为蓝色，如图3-62所示，在其下方再创建一个极坐标网格图形，填充绿色，如图3-63所示。

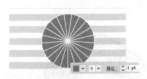
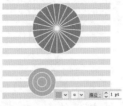

图3-62　　　　　　图3-63

04 选择钢笔工具 ✒，绘制水滴状图形，无描边。将填色设置为当前可编辑状态，如图3-64所示，单击如图3-65所示的渐变色板，为图形填充线性渐变，如图3-66所示。选择椭圆工具 ◯，按住Shift键并拖曳鼠标，创建两个圆形，作为水滴的高光，如图3-67所示。

图3-64　图3-65　　　图3-66　　　图3-67

05 使用选择工具 ▶ 并按住Shift键单击这3个图形，将它们选取，如图3-68所示，按Ctrl+G快捷键编组。按住Alt键拖曳图形，进行复制。使用编组选择工具 ▶ 单击水滴图形，将其选取并填充如图3-69所示的渐变。按住Shift键并拖曳定界框边角控制点，对图形进行缩放，如图3-70所示。

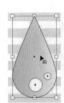

图3-68　　　图3-69　　　　　图3-70

06 选择圆角矩形工具 ▢，创建圆角矩形，如图3-71所示。选择星形工具 ☆，创建一个星形，填充与水滴相同的线性渐变，如图3-72所示。

图3-71　　　　　　图3-72

07 绘制几个圆形，作为卡通人的头和眼睛，如图3-73所示。使用直线段工具 ╱ 创建两条直线，作为眼眉，如图3-74所示。

图3-73　　　　　　图3-74

08 使用极坐标网格工具 ⊛ 在画面下方创建网格，如图3-75所示。使用矩形工具 ▢ 创建矩形。选择文字工具 T，在画板空白处单击并输入文字。使用选择工具 ▶ 将文字拖曳到矩形中的合适位置，如图3-76所示。

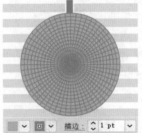
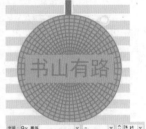

图3-75　　　　　　图3-76

09 使用极坐标网格工具 ⊛ 和星形工具 ☆ 创建图形（用极坐标网格工具 ⊛ 创建极坐标网格时，可按↓键和→键，删除同心圆并增加分隔线的数量），如图3-77所示。如图3-78所示为用同样方法制作的另一个书签。

图3-77　　　　　　图3-78

3.6 制作纸艺特效

01 打开素材，如图3-79和图3-80所示。居家图形位于两个图层中，以方便选择，如图3-81所示。下面通过调整图形的描边粗细，以及添加效果来制作精美的纸艺特效。

图 3-79

 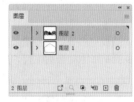

图 3-80　　　　　　　图 3-81

02 使用选择工具 ▶ 单击房子图形，设置描边粗细为140pt，颜色为橙色，如图3-82和图3-83所示。

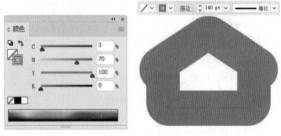

图 3-82　　　　　　　图 3-83

03 执行"效果"|"风格化"|"内发光"命令，为图形添加深棕色发光效果，如图3-84和图3-85所示。

图 3-84　　　　　　　图 3-85

04 按Ctrl+C快捷键复制图形，按Ctrl+F快捷键粘贴到前面。修改描边粗细和颜色，如图3-86和图3-87所示。

05 按Ctrl+F快捷键再次将图形粘贴到前面，设置描边粗细为100pt，颜色为深蓝色，如图3-88所示。重复以上操作，即粘贴路径并调整描边粗细及颜色，制作出具有立体感的层叠效果，如图3-89～图3-92所示。制作最后一个图形时将填充颜色设置为绿色，无描边，如图3-93所示。

图 3-86　　　　　　　图 3-87

图 3-88　　　　　　　图 3-89

图 3-90　　　　　　　图 3-91

图 3-92　　　　　　　图 3-93

06 使用矩形工具 ▢ 创建一个矩形，设置填充颜色为浅灰色，按Shift+Ctrl+[快捷键将其移至底层。选择钢笔工具 ✍，在屋顶绘制一条路径，设置描边的粗细为3pt，颜色为白色，如图3-94和图3-95所示。

图 3-94　　　　　　　图 3-95

07 使用选择工具 ▶ 将书柜、书架、装饰画及挂钟等图形拖曳到房子内并调整颜色，图形的黑色部分用深绿色填充（与第7层路径颜色相同），灰色部分用浅黄绿色填充，如图3-96所示。将沙发和台灯放在屋子左侧，底边与第6层路径重叠，将图形填充为豆绿色（与第6层路径颜色相同），如图3-97所示。

08 依次将吊灯、桌椅和礼物移入画面，根据层叠路径的颜色进行填色，这样平面化的图形便营造出了空间感，如图3-98和图3-99所示。

图3-96

图3-97

图3-98

图3-99

3.7 制作邮票齿孔效果

01 按Ctrl+N快捷键，打开"新建文档"对话框，单击"打印"选项卡，使用其中的预设创建一个A4大小的文档。选择矩形工具 □，创建一个与画板大小相同的矩形，设置填充颜色为蓝色，如图3-100和图3-101所示。

图3-100

图3-101

02 在画板上单击，弹出"矩形"对话框，参数设置如图3-102所示，单击"确定"按钮，创建一个矩形。设置填充颜色为白色，描边粗细为18pt，描边颜色与背景色相同，如图3-103所示。

图3-102

图3-103

03 单击"描边"面板中的"圆头端点"按钮 ⊂，勾选"虚线"复选框并设置"间隙"值，生成邮票状齿孔，如图3-104和图3-105所示。

04 在当前状态下，齿孔并不均匀，而且有些地方还不太完整，如图3-106所示。单击 ⊏⊐ 按钮，如图3-107所示，Illustrator会自动调整齿孔间距，让边角与路径的端点对齐，这样齿孔就完整了，如图3-108所示。

图3-104

图3-105

图3-106　　　　图3-107　　　　　　图3-108

05 打开素材，如图3-109所示，这是本书的一个实例。使用选择工具 ▶ 单击图形，之后将其拖曳到上一个文档中，也可按Ctrl+C快捷键复制，切换文档后，按Ctrl+V快捷键粘贴，效果如图3-110所示。

图3-109

图3-110

3.8　使用画笔描边路径方法制作条纹字

01 按Ctrl+O快捷键，打开素材，如图3-111所示，这是使用钢笔工具 ✐ 和椭圆工具 ⬭ 绘制的文字路径。

图3-111

02 选择矩形工具 ▭，在画板上单击，弹出"矩形"对话框，参数设置如图3-112所示，单击"确定"按钮，创建矩形。设置填充颜色为灰色，无描边，如图3-113所示。

图3-112　　　　　图3-113

03 保持矩形的选取状态，右击，在弹出的快捷菜单中选择"变换"|"移动"命令，弹出"移动"对话框，参数设置如图3-114所示，单击"复制"按钮，在该矩形下方复制出一个矩形，修改填充颜色，如图3-115所示。

图3-114　　　　　图3-115

04 连续按3次Ctrl+D快捷键复制图形，修改填充颜色，如图3-116所示。使用选择工具 ▶ 拖曳出一个选框，将这几个矩形选取，如图3-117所示。单击"画笔"面板中的 ⊞ 按钮，在弹出的"新建画笔"对话框中选择"图案画笔"单选按钮，如图3-118所示，单击"确定"按钮，弹出"图案画笔选项"对话框，为各个拼贴位置指定图案，如图3-119所示，单击"确定"按钮，将所选图形定义为画笔。按Del键，将所选图形删除。

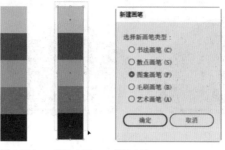

图3-116　　图3-117　　图3-118

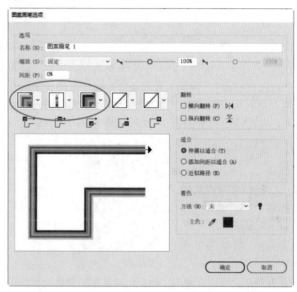

图3-119

tip 画笔可以为路径添加描边，使路径呈现不同样式的外观，也可用来模拟毛笔、钢笔和油画笔等笔触效果。

05 单击文字图形，将其选取，单击新创建的画笔，用来描边路径，如图3-120和图3-121所示。

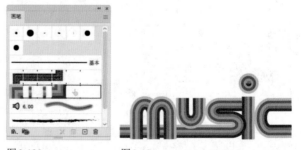

图3-120　　　　　图3-121

06 将描边粗细调整为1.2pt，使描边变粗，如图3-122所示。按Ctrl+A快捷键全选，按Ctrl+C快捷键复制，打开素材，如图3-123所示，按Ctrl+V快捷键将复制的条纹字粘贴到文档中，效果如图3-124所示。

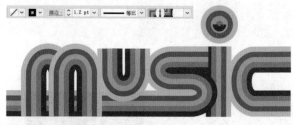

图3-122

图3-123

图3-124

3.9　制作表情包

01 选择椭圆工具 ，创建一个椭圆形，填充为白色，设置描边的粗细为1pt，颜色为深棕色，如图3-125所示。按住Shift键拖曳鼠标，创建一个圆形，作为眼睛，填充皮肤色，设置描边的粗细为2pt，如图3-126所示。

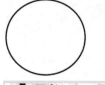

图3-125　　　　　　　　　　图3-126

02 创建一个小一点的圆形，作为眼珠，如图3-127所示。使用选择工具 ▶，按住Shift键的同时单击眼睛图形，将它与眼珠一同选取。按住Alt键的同时向右拖曳鼠标，复制图形，在放开鼠标前，按Shift键以锁定水平方向，如图3-128所示。使用钢笔工具 ✎，绘制出嘴巴和头发，如图3-129所示。

图3-127　　　　图3-128　　　　图3-129

03 绘制帽子。帽子由两个图形组成，分别是帽顶和帽沿，如图3-130、图3-131所示。选择帽沿图形，按Shift+Ctrl+[快捷键，将其移至底层，如图3-132所示。

图3-130　　　　图3-131　　　　图3-132

04 使用铅笔工具 ✎，分别绘制出手臂和身体，如图3-133所示。

05 执行"窗口"|"字符"命令，打开"字符"面板，设置字体、大小及字间距，如图3-134所示。选择文字工具 T，在画板中单击并输入文字，如图3-135所示。

图3-133　　　　图3-134　　　　图3-135

06 双击"工具"面板中的旋转工具 ↻，打开"旋转"对话框，设置"角度"为15°，如图3-136所示。单击"确定"按钮，将文字旋转，显得更活泼一些，如图3-137所示。用同样的方法，绘制出其他表情，有乖萌、惊讶、愤怒等，如图3-138所示。

图3-136　　　　　　　　　图3-137

图3-138

3.10　使用宽度配置文件和效果制作分形图案

01 按Ctrl+N快捷键，创建一个文档。使用矩形工具▢创建一个与画板大小相同的矩形，填充为黑色。选择椭圆工具◯，在画板上单击，打开"椭圆"对话框，参数设置如图3-139所示，单击"确定"按钮，创建一个圆形，设置描边为1pt，无填色，如图3-140所示。

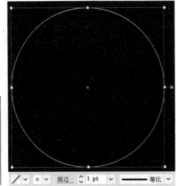

图3-139　　　　　图3-140

> **tip** 分形艺术（Fractal Art）是数学、计算机与艺术的完美结合，可以展现数学世界的瑰丽景象。

02 在"描边"面板中勾选"虚线"复选框，调整"虚线"和"间隙"参数，如图3-141和图3-142所示。将"粗细"设置为13pt，单击"圆头端点"按钮 C，让虚线变成圆点，如图3-143和图3-144所示。

图3-141

图3-142

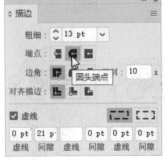

图3-143

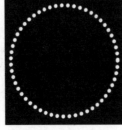

图3-144

03 在"控制"面板中选取一个宽度配置文件，改变虚线描边的粗细，让圆点由大逐渐变小，如图3-145所示。

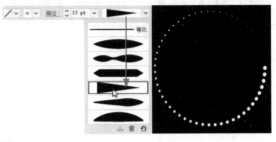

图3-145

04 执行"效果"|"扭曲和变换"|"变换"命令，弹出"变换效果"对话框，设置"副本"为31，对图形进行复制；将"缩放"参数设置为95%，这表示每复制出一个圆形，其大小都是上一个圆形的95%；将"角度"设置为16°，让圆形呈螺旋形旋转，如图3-146所示。单击"确定"按钮，为圆形添加变换效果，如图3-147所示。

图3-146　　　　　图3-147

05 执行"窗口"|"色板库"|"渐变"|"季节"命令，打开"季节"面板。在工具栏中将描边设置为当前状态，如图3-148所示。单击如图3-149所示的渐变来进行描边，如图3-150所示。图3-151所示为使用其他渐变颜色描边时得到的效果。

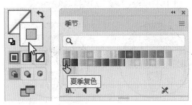

图3-148　　图3-149

图 3-150

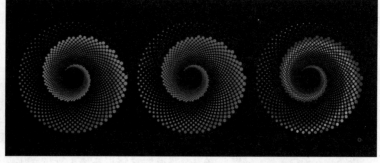

图 3-151

3.11 课后作业：制作星星图案

本章学习了色彩的基础知识，以及填色与描边的设置方法。色彩作用于人的视觉器官以后，会促使大脑形成各种各样的反应，如冷暖感、空间感、大小感、轻重感等。因此，改变颜色，便可以为图稿增加无穷的变化，如图3-152所示。

在制作该图形时，首先选择极坐标工具 ⊛，在画板上单击，弹出"极坐标网格工具选项"对话框，参数设置如图3-153所示，创建一个圆环状图形，如图3-154所示。使用编组选择工具 ⱡ 选取圆环并填色，如图3-155所示。执行"效果"|"扭曲和变换"|"波纹效果"命令，进行变形处理，即可制作出星星图案，如图3-156和图3-157所示。有不清楚的地方，可以看一看教学视频。

图 3-152

图 3-153

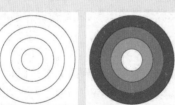

图 3-154 　　 图 3-155

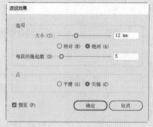

图 3-156

图 3-157

3.12 复习题

1. 矢量图形如果不填色和描边，将会是什么情况？

2. 怎样将现有的颜色调深或调浅？

3. 怎样保存颜色？

4. 对路径进行描边时，哪些方法能改变描边粗细？

5. 用虚线描边路径时，如果路径的拐角处出现不齐的情况，如图3-158所示，应该如何处理，才能让虚线均匀分布，如图3-159所示。

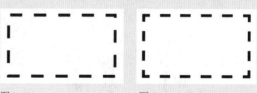

图 3-158 　　　　　　 图 3-159

第4章

钢笔绘图、图形组合

VI设计

本章简介

本章介绍钢笔工具的使用方法，以及怎样通过组合图形构建新的图形。

钢笔工具是 Illustrator 中最重要的绘图工具，其绘制的曲线叫作贝塞尔曲线，是由法国的计算机图形学大师皮埃尔·贝塞尔于 1962 年开发出来的。贝塞尔曲线是电脑图形学领域重要的参数曲线，它的出现让直线和曲线都能够在数学上予以描述，从而奠定了矢量图形学的基础。贝塞尔曲线具有精确和易于修改的特点并得到了广泛的应用，例如 Photoshop、CorelDRAW、FreeHand、3ds Max 等软件中都有可以绘制贝塞尔曲线的工具。

4.1　VI设计

VI（企业视觉识别系统）是 CIS（企业识别系统）的重要组成部分，其以标志、标准字和标准色为核心，如图 4-1 所示，将企业理念、企业文化、服务内容和企业规范等抽象概念转化为具体符号，从而塑造出独特的企业形象。

VI 由基础设计系统和应用设计系统两部分组成。基础设计系统包括标志、企业机构简称、标准字体、标准色、辅助图形（企业造型、象征图案和版面编排）、象征造型符号和宣传标语口号等基础设计要素。应用设计系统是基础设计系统在视觉项目中的应用设计开发，包括办公事务用品、产品、包装、标识、环境、交通运输工具、广告、公关礼品、制服、展示陈列设计等。

图 4-1

> **tip** 标准色是企业为塑造独特的企业形象而确定的某一特定的色彩或一组色彩系统。在应用上，通常会设定标准的色彩数值并提供色样。

4.2　使用铅笔工具绘图

使用铅笔工具✏绘制路径就像用铅笔在纸上画画一样，比较简单，适合绘制比较随意的图形，不能绘制流畅的曲线。

4.2.1　绘制路径

选择铅笔工具✏，在画板上拖曳鼠标即可绘制路径，如图 4-2 所示。拖曳鼠标时按住 Alt 键，可以绘制出直线；按住 Shift 键，可绘制以 45° 整数倍的斜线；如果要绘制闭合的路径，可以将鼠标指针移动到路径的起点处，然后释放鼠标左键即可，如图 4-3 所示。

图 4-2

图 4-3

4.2.2　使用铅笔工具编辑路径

双击铅笔工具 ✐，打开"铅笔工具选项"对话框，勾选"编辑所选路径"复选框，如图4-4所示，此后便可使用铅笔工具 ✐ 修改路径。

● 改变路径形状：选择一条开放式路径，将鼠标指针移动到路径上（当鼠标指针右侧的"＊"状符号消失时，表示工具与路径足够接近了），如图4-5所示，此时拖曳鼠标，便可改变路径的形状，如图4-6和图4-7所示。

图4-4

图4-5

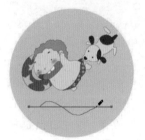

图4-6

图4-7

● 延长/封闭路径：在路径的端点拖曳鼠标，可以延长路径，如图4-8和图4-9所示。如果拖至路径的另一个端点，则可以封闭路径。

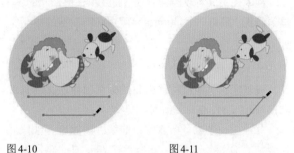

图4-8　　　　　　　　　　　图4-9

● 连接路径：选择两条开放式路径，选择铅笔工具 ✐，将鼠标指针放在一条路径的端点，如图4-10所示，单击并拖曳鼠标至另一条路径的端点，即可将两条路径连接在一起，如图4-11所示。

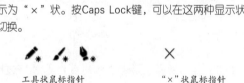

图4-10　　　　　　　　　　图4-11

> **技巧放送｜鼠标指针的显示状态**
>
> 使用铅笔工具 ✐、画笔工具 ✐、钢笔工具 ✐ 等绘图时，鼠标指针在画板中有两种显示状态：一是显示为工具的形状；二是显示为"×"状。按Caps Lock键，可以在这两种显示状态间切换。
>
> 工具状鼠标指针　　　　　　"×"状鼠标指针

4.3　使用曲率工具绘图

Illustrator中的钢笔工具 ✐ 是最重要的绘图工具，在使用时有一定的难度，需要经过大量练习才能用好。曲率工具 ✐ 与钢笔工具 ✐ 类似，可以创建、编辑、添加和删除锚点，以及转换锚点类型。由于功能相对钢笔工具 ✐ 简单一些，因此，使用起来也更加容易。

● 创建角点：在画板上双击，或按住Alt键单击，可以创建角点。

● 创建平滑点：在画板的不同区域单击以创建两个点，再移动鼠标指针时会出现橡皮筋预览，如图4-12所示，此时单击可以根据预览生成曲线，如图4-13所示。

图4-12

图4-13

- 转换锚点：双击一个角点，可以将其转换为平滑点；双击一个平滑点，则可将其转换为角点。
- 添加锚点：在路径上单击，可以添加锚点。
- 删除锚点：单击一个锚点，按 Del 键可将其删除，曲线不会断开。
- 移动锚点：将鼠标指针放在一个锚点上，如图 4-14 所示，拖曳鼠标即可将其移动，如图 4-15 所示。
- 结束绘制：按 Esc 键，可结束路径的绘制。

图 4-14

图 4-15

4.4 使用钢笔工具绘图

钢笔工具 可以绘制直线、曲线和任何形状的图形。尽管初学会有些困难，但能够灵活、熟练地使用钢笔工具 绘图，是每一个 Illustrator 用户必须掌握的技能。

4.4.1 认识锚点和路径

矢量图形是由被称作矢量的数学对象定义的直线和曲线构成的，在 Illustrator 中叫作路径。

路径由一条或多条直线或曲线线段组成，线段间通过锚点连接，如图 4-16 所示。在开放的路径上，锚点还标记了路径的起点和终点，如图 4-17 所示。

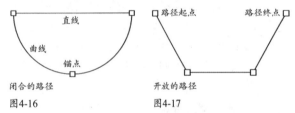

闭合的路径
图 4-16

开放的路径
图 4-17

锚点分为两种：平滑点和角点。平滑点连接起来可以创建平滑的曲线，如图 4-18 所示；角点可连接直线和转角曲线，如图 4-19 和图 4-20 所示。

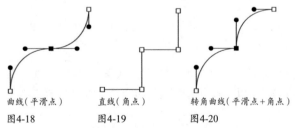

曲线（平滑点）
图 4-18

直线（角点）
图 4-19

转角曲线（平滑点+角点）
图 4-20

Illustrator 中的曲线是贝塞尔曲线，由法国工程师皮埃尔·贝塞尔于 1962 年开发，被广泛地应用在计算机图形领域。这种曲线的锚点上会有一到两条方向线，方向线的端点是方向点，如图 4-21 所示。拖曳方向点，可以调整方向线的角度，进而影响曲线的形状，如图 4-22 所示。

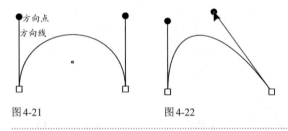

图 4-21

图 4-22

4.4.2 绘制直线

选择钢笔工具 ，在画板上单击（不要拖曳鼠标），创建锚点，如图 4-23 所示，之后在另一处位置单击，即可创建直线路径，如图 4-24 所示。按住 Shift 键操作，可以创建水平、垂直或为 45° 倍数的斜线。继续在其他位置单击，可继续绘制直线，如图 4-25 所示。

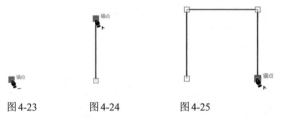

图 4-23

图 4-24

图 4-25

按住 Ctrl 键在远离图形的位置单击，或者选择其他工具，可结束绘制，得到开放的路径，如图 4-26 所示。如果要闭合路径，可以将鼠标指针放在第一个锚点上，当鼠标指针变为 状时单击即可，如图 4-27 和图 4-28 所示。

图 4-26

图 4-27

图 4-28

4.4.3 绘制曲线和转角曲线

选择钢笔工具 ✐，在画板上拖曳鼠标，创建平滑点，如图4-29所示；在另一处位置拖曳鼠标，便可生成一段曲线。如果拖曳方向与前一条方向线相同，可以创建"s"形曲线，如图4-30所示；如果方向相反，则创建的是"c"形曲线，如图4-31所示。

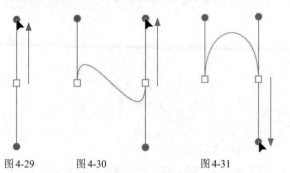

图4-29　　　　图4-30　　　　　　　图4-31

转角曲线是方向发生了转折的曲线，需要调整方向线的走向才能绘制出来。以"m"形转角曲线为例，首先绘制出"c"形曲线，然后将鼠标指针移动到端点处的方向点上，如图4-32所示；按住Alt键向相反方向拖曳，如图4-33所示（经过这样操作，平滑点就转换成角点，而且下一段曲线会沿着此时方向线的指向展开），释放Alt键和鼠标左键，在下一处位置拖曳鼠标创建平滑点，即可绘制出"m"形曲线，如图4-34所示。

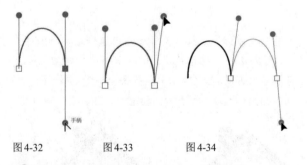

图4-32　　　　　图4-33　　　　　图4-34

tip 使用钢笔工具 ✐ 和曲率工具 ✐ 绘制曲线时，会显示橡皮筋预览，即前一个锚点到鼠标指针当前位置会显示一段路径，此时单击，可以按照当前预览绘制路径；拖曳鼠标，则可以根据需要改变路径形状。

4.4.4 在直线后面绘制曲线

使用钢笔工具 ✐ 绘制一段直线路径后，将鼠标指针放在最后一个锚点上，当鼠标指针变为 ✐ 状时，如图4-35所示，拖曳出一条方向线，如图4-36所示；在其他位置拖曳鼠标，可在直线后面绘制"c"形或"s"形曲线，如图4-37和图4-38所示。

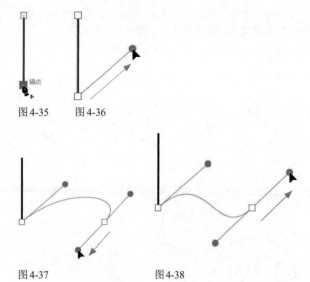

图4-35　　　　图4-36

图4-37　　　　　　　　图4-38

4.4.5 在曲线后面绘制直线

使用钢笔工具 ✐ 绘制曲线路径后，将鼠标指针移动到最后一个锚点上，当鼠标指针变为 ✐ 状时，如图4-39所示，单击，可将平滑点转换为角点，如图4-40所示；在其他位置单击（不要拖曳），即可在曲线后面绘制出直线，如图4-41所示。

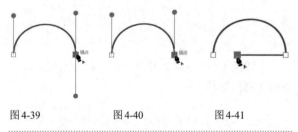

图4-39　　　　　图4-40　　　　　图4-41

4.4.6 钢笔工具使用技巧

使用钢笔工具 ✐ 时，按住Ctrl键可临时切换为直接选择工具 ▷，此时可选择和移动锚点，以及调整方向线；按住Alt键，则可临时切换为锚点工具 ⌐，此时可修改路径形状。放开按键后，则恢复为钢笔工具 ✐，可继续绘制图形，掌握这些技巧，能在绘制路径的同时编辑路径，而不必中断操作。

● 按住Alt键在平滑点上单击，可将其转换为角点，如图4-42和图4-43所示；在角点上拖曳鼠标，可以将其转换为平滑点，如图4-44所示。

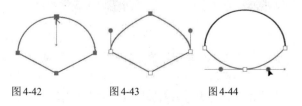

图4-42　　　　　图4-43　　　　　图4-44

● 按住Alt键拖曳曲线的方向点，可以调整方向线一侧的曲线的形状，如图4-45所示；按住Ctrl键操作，则可同时调整方向线两侧的曲线，如图4-46所示。

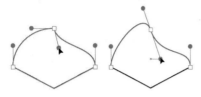

图4-45　　　　　　图4-46

● 将鼠标指针放在路径段上，按住Alt键（鼠标指针变为▶状）拖曳，可以将直线转换为曲线，如图4-47所示。该方法也可用于调整曲线的形状，如图4-48所示。

图4-47　　　　　　图4-48

● 选择一条开放式路径，使用钢笔工具 ✎ 在两个端点单击，可以封闭路径。

● 绘制路径的过程中，将鼠标指针放在另外一条开放式路径的端点上，鼠标指针变为▶状时，如图4-49所示，单

击，可连接这两条路径，如图4-50所示。

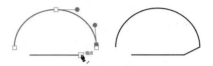

图4-49　　　　　　图4-50

● 在一条开放式路径的端点上，当鼠标指针变为▶状时，如图4-51所示，单击，便可继续绘制该路径，如图4-52所示。

图4-51　　　　　　图4-52

● 在画板上单击以后，不释放鼠标左键，按住空格键并进行拖曳，可以重新定位锚点的位置。

● 按住Ctrl键单击锚点可以选择锚点；按住Ctrl键拖曳锚点，可移动其位置。

● 在默认情况下，绘制平滑点时，方向线的长度始终相等，按住Ctrl键并拖曳一侧的方向点，可以创建长度不等的方向线。

4.5　编辑锚点和路径

　　矢量图形可以无限次修改，但在编辑之前，需要先选择相应的锚点或路径段。另外，修改锚点和路径，可以改变图形的形状。

4.5.1　选择与移动锚点

　　选择直接选择工具 ▷，将鼠标指针移动到锚点上方，当鼠标指针变为▶状时，如图4-53所示，单击可以选择锚点（选中的锚点变为实心方块），如图4-54所示。拖曳出一个矩形选框，则可将选框内的所有锚点同时选取。

图4-53　　　　　　图4-54

　　在锚点上单击并按住鼠标左键拖曳，可移动锚点，如图4-55所示。

　　当图形重叠时，想要选取其中的多个锚点时，就

不能用直接选择工具 ▷ 拖曳出矩形选框这种方法操作了，因为这会移动锚点。这种情况下使用套索工具 ⦰ 选取最为方便。操作时，只要拖曳出一个选框，便可将其中的锚点选取，而不会移动锚点，如图4-56所示。

图4-55　　　　　　图4-56

> **tip** 使用直接选择工具 ▷ 和套索工具 ⦰ 时，如果要添加选择其他锚点，可以按住Shift键并单击（套索工具 ⦰ 为绘制选框）。如果要取消选择其中的部分锚点，使用同样的方法操作即可。

　　使用直接选择工具 ▷ 选择锚点后，如图4-57所示，将鼠标指针放在其中的一个锚点上方并进行拖曳，

形状的改变会比较大，如图4-58所示。如果想要最大限度地保持原有形状，可在选取锚点后，使用整形工具▷调整锚点的位置，如图4-59所示。

图4-57　　　　图4-58　　　　图4-59

tip 如果对路径进行了填色，则使用直接选择工具▷在路径内部单击，可以选取所有锚点。选择锚点或路径后，按→、←、↑、↓键，可轻移所选对象；如果同时按方向键和Shift键，会以原来10倍的距离移动对象。按Del键，可删除所选锚点或路径。

技巧放送｜巧用预览模式和轮廓模式

需要选择锚点或编辑路径时，可以执行"视图"|"轮廓"命令，让图形只显示轮廓，隐藏填色和描边，这样操作就容易多了。另外，当图形堆叠在一起时，会互相遮挡，位于下方的对象很难被选择到。在轮廓模式下，没有因填色造成的遮挡，因而非常容易选择和编辑。当需要图稿以实际效果显示时，执行"视图"|"预览"命令即可。

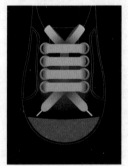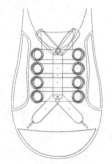

默认的预览模式　　　　切换为轮廓模式

此外，在"图层"面板中，按住Ctrl键单击无关图层左侧的眼睛图标●，可将其中的对象切换为轮廓模式，而正在编辑的对象还是以实际效果显示。当需要切换回预览模式时，按住Ctrl键再次单击该图标即可。

按住Ctrl键单击●图标　　只让鞋带以轮廓模式显示

4.5.2　选择与移动路径段

使用直接选择工具▷在路径上单击，可以选择路径段，如图4-60所示。单击路径段并按住鼠标左键拖曳，可以移动路径，如图4-61所示。

图4-60　　　　　　　　图4-61

4.5.3　修改曲线

选择曲线上的锚点时，会显示方向线和方向点，拖曳方向点可以调整方向线的方向和长度。方向线的方向决定了曲线的形状，如图4-62和图4-63所示；方向线的长度则决定了曲线的弧度，方向线较短时，曲线的弧度越小，如图4-64所示，方向线越长，曲线的弧度也越大，如图4-65所示。

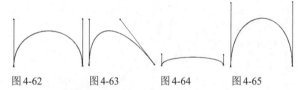

图4-62　　　　图4-63　　　　图4-64　　　　图4-65

使用直接选择工具▷拖曳平滑点上的方向点时，会同时调整该点两侧的路径段，如图4-66和图4-67所示。使用锚点工具▷操作，则只调整与该方向线同侧的路径段，如图4-68所示。

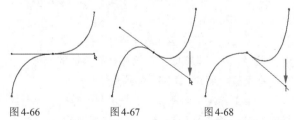

图4-66　　　　　　图4-67　　　　　　图4-68

平滑点始终有两条方向线，而角点可以有两条、一条或者没有方向线，具体取决于其连接两条、一条还是没有连接曲线路径段。

角点的方向点无论使用直接选择工具▷还是锚点工具▷拖曳，都只影响与方向线同侧的路径段，如图4-69~图4-71所示。

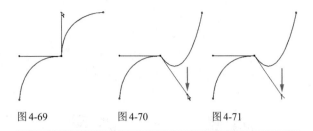

图 4-69   图 4-70   图 4-71

4.5.4   实时转角

如果要将路径的尖角处理成圆角，最简单的方法是使用直接选择工具 ▷ 单击角上的锚点，此时会显示实时转角构件，如图 4-72 所示，之后再拖曳即可，如图 4-73 所示。

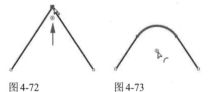

图 4-72   图 4-73

双击实时转角构件，可以打开"边角"对话框，如图 4-74 所示。单击 ⌐ 按钮，可以将转角改为反向圆角，如图 4-75 所示。单击 ⌐ 按钮，可以将转角改为倒角，如图 4-76 所示。

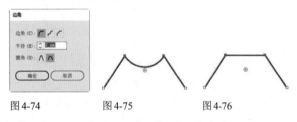

图 4-74   图 4-75   图 4-76

tip 使用直接选择工具 ▷ 时，如果不想查看实时转角构件，可以执行"视图"|"隐藏边角构件"命令，将其隐藏。

4.5.5   连接路径

连接工具 ✐ 可以连接两条路径，并且操作时不必选择路径，只要将鼠标指针放在一条路径的端点，单击并拖曳鼠标至另一条路径的端点即可。

连接工具 ✐ 可以在 3 种情况下连接路径，一是连接路径并删除重叠的部分，如图 4-77 所示；二是连接路径并扩展缺失的部分，如图 4-78 所示；三是删除多余的路径并扩展另一条路径，然后建立连接，如图 4-79 所示。

图 4-77   图 4-78

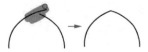

图 4-79

tip 使用连接工具 ✐ 创建的连接都是角点。

4.5.6   添加与删除锚点

选择路径，如图 4-80 所示，使用钢笔工具 ✐ 在路径上单击，可添加一个锚点。如果这是一条直线路径，添加的是角点，如图 4-81 所示；如果是曲线路径，则添加的是平滑点，如图 4-82 所示。如果要在所有路径段的中间位置添加锚点，可以执行"对象"|"路径"|"添加锚点"命令。使用钢笔工具 ✐ 单击锚点，可将其删除。

图 4-80   图 4-81   图 4-82

tip 绘图时，操作不当会产生一些没有用处的独立的锚点，这样的锚点称为游离点。例如，使用钢笔工具 ✐ 在画板中单击，然后又切换为其他工具，就会留下单个锚点。另外，删除路径和锚点时，如果没有完全删除对象，也会残留一些锚点。游离点会影响对图形的编辑且很难选择，执行"对象"|"路径"|"清理"命令，可将其清除。

4.5.7   偏移路径

选择一条路径，执行"对象"|"路径"|"偏移路径"命令，可基于此路径偏移出一条新的路径，当要创建同心圆或制作相互之间保持固定间距的多个对象时，可以使用这种方法。如图 4-83 所示为"偏移路径"对话框，"连接"选项用来设置拐角的连接方式，如图 4-84 所示。"斜接限制"用来设置拐角的变化范围。

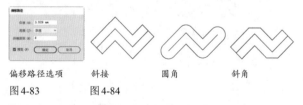

偏移路径选项   斜接   圆角   斜角
图 4-83   图 4-84

4.5.8   简化路径

曲线路径上的锚点越多，路径的平滑度越差。执行"对象"|"路径"|"简化"命令可以减少锚点，使路径变得平滑，同时也能加快图稿的显示和打印速度。

选择对象，如图 4-85 所示，执行"简化"命令时，画板上会显示组件，拖曳圆形滑块，可以调整锚点数量，如图 4-86 所示。单击 ✿ 按钮，则自动进行简化处理。单击•••按钮，可以打开"简化"对话框。

图4-85　　　　　　图4-86

4.5.9　平滑路径

想让路径更加平滑，除了使用"简化"命令外，还可以使用平滑工具 🖉 来进行处理。

选择一条路径，如图4-87所示，使用平滑工具 🖉 在路径上单击并反复拖曳鼠标，路径就会变得越来越平滑，如图4-88所示。双击该工具，可以打开"平滑工具选项"对话框，如图4-89所示。"保真度"滑块越靠近"平滑"一端，平滑效果越明显，但路径形状的改变也会越大。

图4-87　　　　　　图4-88　　　　　　图4-89

4.5.10　裁剪路径

使用裁剪工具 ✂ 在路径上单击，可以将路径一分为二，如图4-90和图4-91所示。断开处会生成两个重叠的锚点，可以使用直接选择工具 ▷ 将其移开，如图4-92所示。

图4-90　　　　　　图4-91　　　　　　图4-92

想让路径在某个锚点（也可以是多个锚点）处断开，也可以使用直接选择工具 ▷ 选取锚点，之后单击"控制"面板中的 ✂ 按钮即可。

4.5.11　分割对象

如果想将图形分割开，可以使用美工刀工具 🖊 在其上方拖曳鼠标。开放的路径经过分割后会变成闭合

的路径，如图4-93和图4-94所示。

图4-93　　　　　　图4-94

使用美工刀工具 🖊 时，是沿着鼠标的移动轨迹进行切割的，因此，分割后的图形往往不够规整。如果想得到整齐的图形，可以使用钢笔工具 🖊 或其他绘图工具在对象上方绘制出图形，如图4-95所示，然后执行"对象"|"路径"|"分割下方对象"命令来分割下方的对象，如图4-96所示。

图4-95　　　　　　图4-96

4.5.12　擦除路径和图形

选择一个图形，如图4-97所示，使用路径橡皮擦工具 🖊 在路径上拖曳鼠标，可以擦除路径，如图4-98和图4-99所示。

图4-97　　　　　　图4-98　　　　　　图4-99

需要进行大面积擦除时，可以使用橡皮擦工具 ◆ 在图形上拖曳鼠标进行擦除，这样更加方便，如图4-100所示。按住Shift键操作，可以将擦除方向限制为水平、垂直或45°的整数倍方向；按住Alt键操作，可以创建一个矩形，选取并擦除选框内的图形，如图4-101和图4-102所示。

图4-100　　　　　　图4-101　　　　　　图4-102

tip 使用路径橡皮擦工具 🖊 和橡皮擦工具 ◆ 时，如果要将擦除的范围限定为一个路径段或某个图形，可先将其选择，再进行擦除。

4.6 组合图形

使用钢笔工具 ✐、矩形工具 ▭、椭圆工具 ⬭、多边形工具 ⬡ 等创建图形后，可以通过组合的方法，构建新的的图形。下面介绍图形的组合方法。

4.6.1 "路径查找器"面板

"路径查找器"面板中包含了可以组合对象的按钮，如图4-103所示。在操作时，先选择两个或多个图形，然后单击该面板中的按钮，即可进行组合或分割。

- 联集 ▣：将选中的多个图形合并为一个图形。合并后，轮廓线及其重叠的部分融合在一起，最前面对象的颜色决定了合并后对象的颜色，如图4-104和图4-105所示。

图4-103　　　　　图4-104　　　　图4-105

- 减去顶层 ▣：用最后面的图形减去前面的所有图形，可保留后面图形的填色和描边，如图4-106和图4-107所示。

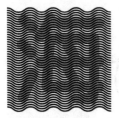

图4-106　　　　　　图4-107

- 交集 ▣：只保留图形的重叠部分，并显示为最前面图形的填色和描边，如图4-108和图4-109所示。

图4-108　　　　　　图4-109

- 差集 ▣：只保留图形的非重叠部分，重叠部分被挖空，最终的图形显示为最前面图形的填色和描边，如图4-110和图4-111所示。

图4-110　　　　　　图4-111

- 分割 ▣：对图形的重叠区域进行分割，使之成为单独的图形，分割后的图形可保留原图形的填色和描边，并自动编组。如图4-112所示为在图形上创建的多条路径，如图4-113所示为分割后填充不同颜色后的效果。

图4-112　　　　　　图4-113

- 修边 ▣：将后面图形与前面图形的重叠部分删除，保留对象的填色，无描边，如图4-114和图4-115所示。

图4-114　　　　　　图4-115

- 合并 ▣：不同颜色的图形合并后，最前面图形的形状不变，与后面图形重叠的部分会被删除。如图4-116为原图形，如图4-117为合并后将图形移开的效果。

图4-116　　　　　　图4-117

- 裁剪 ▣：只保留图形的重叠部分，最终图形无描边，并显示最后面图形的颜色，如图4-118和图4-119所示。

图4-118　　　　　　　　　　　图4-119

● 轮廓 回：只保留图形的轮廓，轮廓的颜色为其自身的填色，如图4-120和图4-121所示。

图4-120　　　　　　　　　　图4-121

● 减去后方对象 □：用最前面的图形减去后面的所有图形，保留最前面图形的非重叠部分及描边和填色，如图4-122和图4-123所示。

图4-122　　　　　　　　　图4-123

4.6.2　复合形状

　　使用"路径查找器"面板组合对象时，按住Alt键单击"形状模式"选项组中的按钮，可以创建复合形状，这是一种不破坏图形的编辑方法，即不会破坏原始图形。例如，打开一个文件，如图4-124所示，选择所有图形，按住Alt键并单击"联集"按钮 ▣ 进行组合，原始图形都得以保留，如图4-125和图4-126所示。如果单击"联集"按钮 ▣ 时没有按住Alt键，则合并成一个图形，如图4-127所示。

图4-124　　　　　　　图4-125

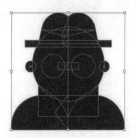

图4-126　　　　　　　　　　图4-127

　　如果想将原始图形释放出来，可以选择对象，打开"路径查找器"面板菜单，选择其中的"释放复合形状"命令。

> **tip**　创建复合形状后，会采用最底层对象的填色和透明度属性。使用直接选择工具 ▷ 或编组选择工具 ▷ 选取其中的各个对象后，还可以按住Alt键并单击"形状模式"选项组的其他按钮，修改形状模式；也可修改对象的填色、样式或透明度属性，或者通过编辑锚点来修改路径。

4.6.3　复合路径

　　如果只是想在图形内部挖出孔洞，可以用创建复合路径的方法操作，这是一种非破坏性功能。如图4-128所示为一个矩形和文字图形，选取后执行"对象"|"复合路径"|"建立"命令，即可创建复合路径并在文字上生成孔洞，所有对象会编为一组，并应用最后方对象的填充内容和样式，如图4-129所示。当使用直接选择工具 ▷ 或编组选择工具 ▷ 选择其中的文字进行移动时，孔洞的位置也会随之改变，如图4-130所示。

图4-128　　　　　　　　　图4-129

> **tip**　使用文字创建复合路径时，需先将文字转换为图形（快捷键为Shift+Ctrl+O）。如果要释放复合路径中的图形，可以选择对象，执行"对象"|"复合路径"|"释放"命令。需要注意的是，释放出的路径不能恢复为创建复合路径前的颜色。

图4-130

4.6.4　Shape工具

如果想快速绘制矩形、圆形和多边形，并对图形进行合并和分割，使用Shape工具 操作是最方便的，该工具能识别用户的手势，并根据手势生成实时形状。例如，使用该工具绘制一条歪歪扭扭的线，如图4-131所示，释放鼠标左键后，可以得到一条笔直的线，如图4-132所示。绘制其他图形时也是如此，如图4-133所示。当多个图形堆积在一起时，还可以使用Shape工具 进行组合或分割（黑色折线是鼠标的运行轨迹），如图4-134所示。

使用Shape工具 修改图形后，这些对象便成为一个Shape组。使用Shape工具 单击Shape组时，会显示定界框及箭头构件，如图4-135所示。单击其中的一个形状，进入表面选择模式，如图4-136所示，此时可修改对象的填色，如图4-137所示。

图4-135

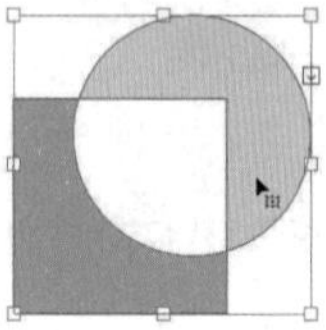

图4-136

图4-137

双击一个形状（或单击定界框上的 状图标），可以进入构建模式，如图4-138所示。此时可对形状进行修改，例如，可调整图形大小或进行旋转，如图4-139所示。如果将该形状拖出定界框外，则会将其从Shape组中释放出来，如图4-140所示。

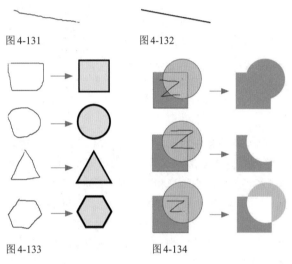
图4-131　　　　　图4-132

图4-133　　　　　图4-134

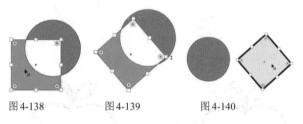
图4-138　　　　图4-139　　　　图4-140

4.7　使用曲率工具设计小鸟文具Logo

01 先制作小鸟的眼睛。选择椭圆工具 ，按住Shift键并拖曳鼠标，分别创建3个圆形，如图4-141所示。

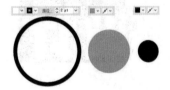
图4-141

02 按Ctrl+A快捷键全选，单击"对齐"面板中的 按钮和 按钮，让这些图形居中对齐，如图4-142所示。绘制一个白色的圆形，作为小鸟的瞳孔，如图4-143所示。

图4-142

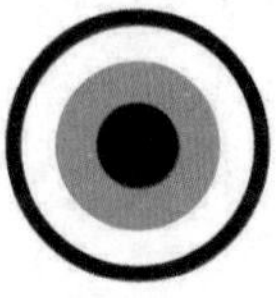

图4-143

03 按Ctrl+A快捷键全选，按Ctrl+G快捷键将所选图形编为一组。选择选择工具 ，按住Alt+Shift快捷键并沿水平方向拖曳鼠标，复制图形，如图4-144所示。创建一个椭圆形，填充橙色，无描边，如图4-145所示。

图4-144

图4-145

04 选择锚点工具 ，将鼠标指针放在椭圆上方以捕捉锚点，如图4-146所示，通过单击将其转换为角点，如图4-147所示。

图4-146　　　　　　　图4-147

05 捕捉下方的锚点，如图4-148所示，通过单击将其转换为角点，如图4-149所示。

图4-148　　　　　　　图4-149

06 选择美工刀工具 ，在该图形上拖曳鼠标，将其分割为两块，如图4-150所示。使用选择工具 单击下方的图形并修改填充颜色，如图4-151所示。

图4-150　　　　　　　图4-151

07 使用圆角矩形工具 创建圆角矩形，如图4-152所示。按Shift+Ctrl+[快捷键移至底层，如图4-153所示。

图4-152　　　　　　　图4-153

08 使用曲率工具 绘制柳叶状图形。首先单击创建一个锚点，如图4-154所示；移动鼠标指针，在第一个锚点的左上方单击，如图4-155所示；之后继续移动鼠标指针，画板上显示橡皮筋预览，如图4-156所示。橡皮筋预览是用来辅助绘图的，即单击时将基于预览生成曲线，如图4-157和图4-158所示；将鼠标指针移动到第一个锚点上，如图4-159所示，单击封闭图形。

图4-154　　　图4-155　　　图4-156

图4-157　　图4-158　　图4-159

09 选择旋转工具 ，在图形底部单击，将参考点定位在此处，如图4-160所示。将鼠标指针移动到其他位置（离对象远一些），拖曳鼠标旋转图形，如图4-161所示。在图形底部单击，将参考点定位在此处，如图4-162所示；将鼠标指针移开，按住Alt键并进行拖曳，复制出一个图形，如图4-163所示。用同样的方法再复制出一个图形，如图4-164所示。

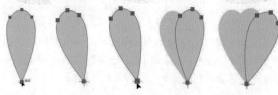

图4-160　　图4-161　　图4-162　　图4-163　　图4-164

10 调整图形的填充颜色。按住Shift键并拖曳后两个图形的控制点，进行放大，如图4-165所示。将这组图形放在小鸟头上，完成制作，如图4-166所示。如图4-167和图4-168所示为将小鸟Logo应用在不同商品上的效果。

图4-165　　　　　　　图4-166

图4-167　　　　　　　图4-168

4.8 使用钢笔工具和铅笔工具绘制小企鹅

01 选择钢笔工具 ✍，通过拖曳鼠标的方法创建曲线，绘制出图4-169所示的图形（填充黑色，无描边）。按住Ctrl键并在空白处单击，取消图形的选取。再绘制3个图形，填充为白色，如图4-170所示。

02 使用钢笔工具 ✍ 和椭圆工具 ◯ 绘制小企鹅的眼睛，如图4-171所示。

图4-169　　　　　　图4-170　　　　　　图4-171

03 按住Ctrl键并单击企鹅的身体图形，将其选中，使用钢笔工具 ✍ 在图4-172所示的路径上单击，添加锚点。使用直接选择工具 ▷ 拖曳锚点，如图4-173所示。

图4-172　　　　　　　图4-173

04 选择铅笔工具 ✏，将鼠标指针移动到图4-174所示的路径上，单击并向外侧拖曳鼠标（鼠标运行轨迹为折线），当鼠标指针移动到小企鹅身体路径上方时再释放鼠标左键，通过这种方法修改路径，便可绘制出小企鹅的头发，如图4-175和图4-176所示。

图4-174　　　　　　图4-175　　　　　　图4-176

05 绘制一条路径，设置描边颜色为白色，无填色，如图4-177所示。再绘制一条围巾，如图4-178所示。

图4-177　　　　　　图4-178

06 执行"窗口"|"色板库"|"图案"|"自然"|"自然_动物皮"命令，打开"自然_动物皮"面板。单击图4-179所示的图案，用来填充围巾，如图4-180所示。使用椭圆工具 ◯ 绘制两个椭圆形，并将其作为投影，填充为浅灰色。选择这两个椭圆形，按Shift+Ctrl+[快捷键移至企鹅后方，作为阴影，如图4-181所示。

图4-179　　　　　　图4-180　　　　　　图4-181

4.9 小鱼品牌服饰VI设计

01 使用钢笔工具 ✍ 绘制小鱼图形，填充为青蓝色，无描边，如图4-182所示。绘制尾巴，颜色略深一些。按Ctrl+[快捷键，将它移至后方，如图4-183所示。

图4-182　　　　　　　图4-183

02 继续绘制几个图形，组成小鱼的尾巴（外形像浪花一样翻卷起来），如图4-184所示。绘制鱼鳍，如图4-185

和图4-186所示。绘制小鱼的嘴巴。选择椭圆工具 ◯，按住Shift键的同时拖曳鼠标创建圆形，绘制出小鱼的眼睛和气泡，如图4-187所示。按Ctrl+A快捷键全选，按Ctrl+G快捷键编组。

图4-184　　　　　　　　图4-185

图4-186　　　　　图4-187

图4-194　　　　　图4-195

03 创建一个圆形，填充为深蓝色，设置描边颜色为白色，粗细为1.5pt，如图4-188和图4-189所示。

图4-196　　　　　图4-197

图4-188　　　　　图4-189

04 选择星形工具☆，在画板上单击，打开"星形"对话框，参数设置如图4-190所示，单击"确定"按钮，创建图形，如图4-191所示。

08 打开文字素材，复制并粘贴到当前的文档中，效果如图4-198所示。图4-199所示为将小鱼Logo应用在不同商品上的效果。

图4-190　　　　　图4-191

05 保持图形的选取状态。选择直接选择工具▷，将鼠标指针移动到形状控件上，如图4-192所示，拖曳鼠标，将图形中的所有尖角调成圆角，如图4-193所示。

图4-192　　　　　图4-193

06 按Shift+X快捷键，将填充颜色转换为描边颜色，设置描边粗细为2pt，如图4-194和图4-195所示。按Ctrl+C快捷键复制该图形，按Shift+Ctrl+B快捷键，粘贴到后面，填为青蓝色，无描边，如图4-196所示。

07 将鼠标指针放在定界框的一角，进行拖曳，旋转图形，使之与前面的图形错开位置，以呈现浪花般的波纹效果，如图4-197所示。

图4-198

图4-199

4.10 使用形状生成器工具制作边洛斯三角形

01 按Ctrl+N快捷键，打开"新建文档"对话框，使用其中的预设创建A4纸大小的文档。选择直线段工具 ∕，按住Shift键拖曳鼠标创建线段。设置描边为黑色，无填色。使用选择工具 ▶ 并按住Alt键拖曳线段，进行复制，如图4-200所示。按Ctrl+D快捷键，继续复制线段，如图4-201所示。

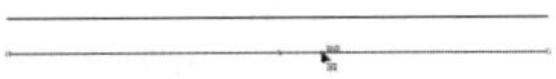

图 4-200 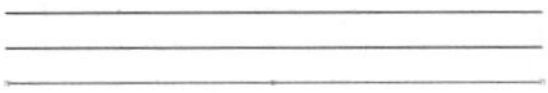　　　　　　　　图 4-201

02 按住Shift键单击上面两条线段，将这3条线段一同选取。选择旋转工具 ↻，将鼠标指针放在线段中点，如图4-202所示，按住Alt键并单击，弹出"旋转"对话框，设置"角度"为120°，单击"复制"按钮，如图4-203所示，旋转并复制图形，如图4-204所示。使用同样的方法，即按住Alt键并在中心点上单击，弹出"旋转"对话框后设置"角度"为120°，单击"复制"按钮，复制图形，如图4-205所示。

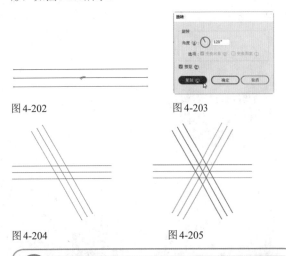

图 4-202　　　　　　　　图 4-203

图 4-204　　　　　　　　图 4-205

技巧放送｜边洛斯三角形

如果只想对图形进行合并，或者将多余的部分删除，使用形状生成器工具 ↻ 要比用"路径查找器"面板操作更加简单。这个实例就是使用该工具制作的一个矛盾空间图形——边洛斯三角形。矛盾空间是创作者刻意违背透视原理，利用平面的局限性及错视凭空制造出来的空间。这种空间存在着不合理性，但又不容易找到矛盾所在，容易引发人的遐想。在矛盾空间中出现的、同视觉空间毫不相干的矛盾图形，称为矛盾空间图形。

《相对性》埃舍尔作品

03 使用选择工具 ▶ 拖出一个选框，将水平直线选取，之后向下拖曳，如图4-206和图4-207所示。

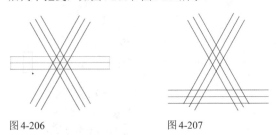

图 4-206　　　　　　　　图 4-207

04 按Ctrl+K快捷键，打开"首选项"对话框，切换到"智能参考线"设置面板，将"对齐容差"选项设置为1pt，如图4-208所示。选择直线段工具 ∕，将鼠标指针放在直线的交叉点上，出现提示信息（"交叉"二字）时，如图4-209所示，按住Shift键拖曳鼠标，创建线段，如图4-210和图4-211所示。采用同样的方法在图形下方创建两条直线，如图4-212所示。

图 4-208

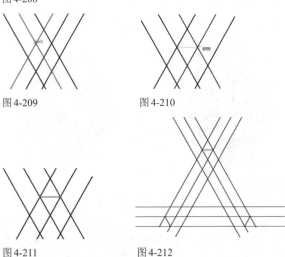

图 4-209　　　　　　　　图 4-210

图 4-211　　　　　　　　图 4-212

05 按Ctrl+A快捷键选取所有对象，单击"路径查找器"面板中的 ▣ 按钮，对图形进行分割，如图4-213所示。按Shift+Ctrl+G快捷键取消编组。使用选择工具 ▶ 单击多余的图形，按Del键删除，如图4-214所示。

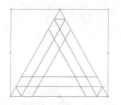

图4-213　　　　　　　　图4-214

06 按Ctrl+A快捷键全选。选择形状生成器工具 🔧，将鼠标指针移动到图形上，当鼠标指针变为 ▶+ 状时，如图4-215所示，单击并向临近的图形拖曳，将其合并，如图4-216所示。使用同样的方法合并另外两个图形，如图4-217和图4-218所示。

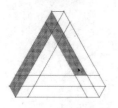

图4-215　　　　　　　　图4-216

图4-217　　　　　　　　图4-218

tip 按住Alt键（鼠标指针会变为 ▶ 状）并单击边缘，可删除边缘。按住Alt键单击一个图形（也可是多个图形的重叠区域），则可删除该图形。

07 选取这3个图形并填充不同的颜色，如图4-219所示。

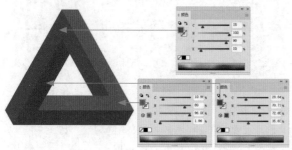

图4-219

08 使用选择工具 ▶ 单击图4-220所示的图形。单击工具栏中的内部绘图按钮 🔲。使用矩形工具 🔲 创建一个矩形，这样矩形就会位于红色图形内部，超出部分被红色图形隐藏。单击工具栏中的渐变按钮 🔲 填充渐变，如图4-221所示。

09 选择渐变工具 🔲，拖曳鼠标，调整渐变方向，如图4-222所示。在"透明度"面板中设置混合模式为"正片

叠底"，使其成为图形上的阴影，如图4-223所示。单击工具栏中的正常绘图按钮 🔧，结束编辑。

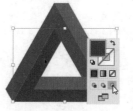

图4-220　　　　　　　　图4-221

图4-222　　　　　　　　图4-223

10 使用同样的方法在另外两个图形内部创建矩形，之后填充渐变并调整混合模式，制作阴影效果，如图4-224和图4-225所示。

图4-224　　　　　　　　图4-225

11 选择直线段工具 ✏，绘制一段线段，设置填充颜色为白色，并添加宽度配置文件，如图4-226所示。设置混合模式为"叠加"，在图形边缘表现出高光效果，如图4-227和图4-228所示。使用同样的方法在另外两个侧面也制作出高光效果，如图4-229所示。

图4-226　　　　　　　　图4-227

图4-228　　　　　　　　图4-229

4.11　使用路径运算和复合路径制作Logo

01 使用极坐标网格工具◉在画板上单击，弹出"极坐标网格工具选项"对话框，参数设置如图4-230所示，单击"确定"按钮，创建一组圆环图形，如图4-231所示。

图4-230　　　　　　　图4-231

02 执行"窗口"|"描边"命令，打开"描边"面板，设置描边"粗细"为12pt。单击 ▣ 按钮，使描边沿路径内侧对齐，如图4-232和图4-233所示。

图4-232　　　　　　　图4-233

03 执行"对象"|"路径"|"轮廓化描边"命令，将路径转换为图形。单击"色板"左下角的 ▥ 按钮，打开下拉列表，执行"渐变"|"季节"命令，打开"季节"面板，单击图4-234所示的渐变颜色，填充圆环图形，效果如图4-235所示。

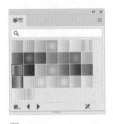

图4-234　　　　　　　图4-235

04 使用选择工具▶并在按住Alt+Shift键的同时向下拖曳圆环图形，进行复制，使两组圆环中最小一环与最大一环重叠，并且边缘保持对齐，如图4-236所示。选择椭圆工具◯，在画板上单击，弹出"椭圆"对话框，设置"宽度"和"高度"均为90mm，如图4-237所示，单击"确定"按钮，创建一个与圆环大小相同的圆形。将圆形拖到圆环（位于下方的圆环）上，与其对齐，如图4-238所示。

图4-236　　　图4-237　　　　图4-238

05 执行"窗口"|"变换"命令，打开"变换"面板，参数设置如图4-239所示，将圆形修改成饼图，如图4-240所示。

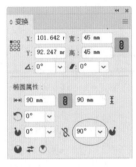
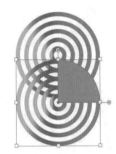

图4-239　　　　　　　图4-240

06 保持饼图的选取状态，使用选择工具▶并按住Shift键单击上面的圆环，将其一同选取，如图4-241所示。单击"路径查找器"面板中的 ▣ 按钮，如图4-242所示，将圆环与饼图重叠的部分删除，同时，这两个圆形会自动编为一组，如图4-243所示。

图4-241　　　　图4-242　　　　图4-243

07 双击饼图，进入隔离模式，然后在饼图上单击，将其选取，如图4-244所示，按Del键删除，如图4-245所示。在画面空白处双击，退出隔离模式，如图4-246所示。

图4-244　　　　图4-245　　　　图4-246

08 选取位于下方的圆形图形，将其删除，如图4-247所示。将当前图形向下移动并复制，如图4-248所示。将光标放在定界框的一角，如图4-249所示，按住Shift键并拖曳鼠标，旋转图形，如图4-250所示。打开背景素材，将其拷贝并粘贴到当前文档中，按Shift+Ctrl+[快捷键移至底层，效果如图4-251所示。

图4-247

图4-248

图4-249

图4-250

图4-251

4.12 音乐工作室Logo设计

01 打开素材，如图4-252所示，其中的参考线是一个光盘模板的形状，创建方法为，先使用椭圆工具 ◯ 绘制圆形，再执行"视图"|"参考线"|"建立参考线"命令创建。参考线位于"图层1"中，并处于锁定状态，如图4-253所示。下面基于参考线绘制光盘。

图4-252
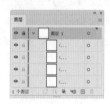
图4-253

02 单击"图层"面板中的 ⊞ 按钮，新建"图层2"，如图4-254所示。选择椭圆工具 ◯，基于参考线创建两个圆形并填色，如图4-255和图4-256所示。

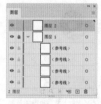
图4-254

图4-255

图4-256

03 使用钢笔工具 ✐ 绘制嘴巴图形，如图4-257所示。在里面绘制深棕色圆形，如图4-258所示。根据参考线的位置绘制光盘中心最小的圆形，填充颜色为白色，如图4-259所示。

图4-257

图4-258
图4-259 

04 按Ctrl+A快捷键全选，如图4-260所示。单击"路径查找器"面板中的 ▣ 按钮分割图形，如图4-261所示。使用直接选择工具 ▷ 单击最小的白色圆形，如图4-262所示，按Del键删除。

图4-260

图4-261

图4-262

05 新建一个图层，如图4-263所示。使用钢笔工具 ✐ 绘制舌头，如图4-264所示。

图4-263

图4-264

06 绘制出牙齿，如图4-265和图4-266所示。使用选择工具 ▶ 并按住Shift键单击所有牙齿图形，按Ctrl+G快捷键编组。按住Alt键向上拖曳，进行复制，如图4-267所示。在定界框的一角拖曳，调整角度，使其符合上嘴唇的弧度，如图4-268所示。

图4-265

图4-266

图 4-267　　　　　　图 4-268

07 使用编组选择工具 ▷ 单击深棕色图形，将其选取，如图4-269所示，此时会自动跳转到该图形所在的图层，如图4-270所示。

 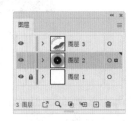

图 4-269　　　　　　图 4-270

08 按Ctrl+C快捷键复制图形。在空白处单击，取消选择。单击"图层3"，按Ctrl+F快捷键，将复制的图形粘贴到该图层前面，如图4-271和图4-272所示。

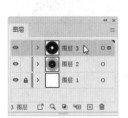 

图 4-271　　　　　　图 4-272

09 单击"图层"面板底部的 ▣ 按钮，创建剪切蒙版，深棕色圆形会变为无填充和描边的对象，超出其范围的图形被隐藏，这样牙齿就被装进嘴巴里了，如图4-273和图4-274所示。

图 4-273　　　　　　图 4-274

10 新建一个图层。使用多边形工具 ◯ 创建六边形，如图4-275所示。执行"效果"|"扭曲和变换"|"收缩和膨胀"命令，参数设置为62%，如图4-276所示，使图形膨胀，形成花瓣一样的效果，如图4-277所示。在图形中间绘制一个白色的圆形，如图4-278所示。

图 4-275　　　　　　图 4-276

图 4-277　　　　　　图 4-278

11 使用钢笔工具 ✎ 绘制眼睛图形，如图4-279所示。使用椭圆工具 ◯ 制作黑色的眼珠和浅黄色的高光，如图4-280和图4-281所示。

图 4-279　　　　图 4-280　　　　图 4-281

12 选取组成眼睛的3个图形，按Ctrl+G快捷键编组。双击镜像工具 ▷◁，打开"镜像"对话框，选择"垂直"复选钮，单击"复制"按钮，如图4-282所示，复制图形并进行镜像处理，如图4-283所示。按住Shift键并将图形向右侧拖曳，如图4-284所示。

13 将花朵和眼睛放在光盘的相应位置。再使用钢笔工具 ✎ 绘制出嘴角的纹理，根据光盘结构设计出的卡通人物就完成了，如图4-285所示。

图 4-282　　　　　　图 4-283

图 4-284　　　　　　图 4-285

14 在嘴巴里绘制一个圆形，如图4-286所示。选择路径文字工具 ✦，在"字符"面板中设置字体及大小，如图4-287所示。将鼠标指针放在圆形上，单击设置插入点，如图4-288所示，输入文字，效果如图4-289所示。

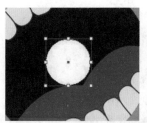
图4-286

图4-287

图4-288

图4-289

4.13 课后作业：图形组合练习

　　组合现有图形，从而构建成新的图形，是常用的绘图技巧。下面使用"路径查找器"面板进行此类练习，效果如图4-290所示。操作时先使用钢笔工具 ✐ 和椭圆工具 ◯ 绘图，如图4-291所示；之后单击"路径查找器"面板中的 ◻ 按钮，减去前方的图形，再全选并单击 ◻ 按钮，对图形进行分割，然后将多余的图形删除并调整剩余眼睛图形的大小和位置，如图4-292和图4-293所示；最后，绘制云朵即可。

图4-290

图4-291

图4-292

图4-293

4.14 课后作业：铅笔绘图练习

　　新建一个文档，执行"文件"|"置入"命令，置入图像素材。用铅笔工具 ✐ 绘制小猫。选取组成尾巴的彩色图形并编组，在"透明度"面板中设置混合模式为"正片叠底"，如图4-294和图4-295所示。绘制一些粉红色的圆点，设置混合模式为"正片叠底"。在脸上绘制紫色花纹和黄色的圆脸蛋，如图4-296所示。在画面左下角输入文字，并为文字绘制一个粉红色的背景和一个不规则的黑色描边作为装饰，如图4-297所示。有不清楚的地方，可以看一看教学视频。

图4-294

图4-295

图4-296

图4-297

4.15 复习题

　　1. 怎样关闭钢笔工具 ✐ 和曲率工具 ✐ 的橡皮筋预览？

　　2. 直接选择工具 ▷ 和锚点工具 ⏋ 都可修改路径的形状，请指出这两个工具的相同点和不同点。

　　3. 请提供两种以上角点转换为平滑点的方法。

　　4. 请简述剪刀工具 ✂、美工刀工具 ✐、橡皮擦工具 ◆ 和路径橡皮擦工具 ✐ 的用途及区别。

　　5. 哪些对象可用于创建复合形状？

第5章

渐变、渐变网格与高级上色

插画设计

本章简介

本章介绍渐变、渐变网格、实时上色、全局色等高级上色功能。其中，渐变最为常用，本章将全面解读渐变的设置和修改方法。渐变网格在效果上与渐变类似，但更加强大，使用此功能可以惟妙惟肖地再现人像、汽车、玻璃杯等复杂的对象，其真实效果甚至能与照片媲美。要用好渐变网格，必须能够熟练地编辑锚点和路径。如果尚未掌握钢笔工具及相关功能，建议先学会、练熟（参见第4章），再学习本章内容。

5.1 插画设计

插画作为一种重要的视觉传达形式，以其直观的形象性、真实的生活感和艺术感染力，在设计中占有特殊的地位，不仅被广泛应用于广告、传媒、出版、影视等领域，而且还细分为儿童类、体育类、科幻类、食品类、数码类、纯艺术类、幽默类等多种专业类型。

● 装饰风格插画：注重形式美感的设计。设计者所要传达的含义都是较为隐性的，这类插画中多采用装饰性的纹样，其构图精致、色彩协调，如图5-1所示。

● 动漫风格插画：在插画中使用动画、漫画和卡通形象，以此来增加插画的趣味性。采用较为流行的表现手法能够使插画的形式新颖、时尚，如图5-2所示。

● 矢量风格插画：可以充分体现图形的艺术美感，如图5-3所示。

图5-1　　　　　　　　图5-2　　　　　　　　图5-3

● Mix & match 风格插画：Mix 意为混合、掺杂，match 意为调和、匹配。Mix & match 风格的插画能够融合许多独立的、甚至互相冲突的艺术表现形式，使之呈现协调的整体风格，如图5-4所示。

● 涂鸦风格插画：具有粗犷的美感，自由、随意，且充满个性，如图5-5所示。

● 儿童风格插画：多用于儿童杂志或书籍，颜色较为鲜艳，画面生动有趣。造型或简约、或可爱、或怪异，如图5-6所示。

● 线描风格插画：利用线条和平涂的色彩作为表现形式，具有单纯和简洁的特点，如图5-7所示。

图5-4　　　　　　　图5-5　　　　　　　图5-6　　　　　　　图5-7

5.2 渐变

渐变是单一颜色的明度或饱和度逐渐变化，或者两种及多种颜色组成的平滑过渡效果（如彩虹）。在Illustrator中可以使用渐变工具█、"渐变"面板创建和编辑渐变，用"颜色""色板"面板等修改渐变颜色。

5.2.1 "渐变"面板

选择一个图形对象，如图5-8所示，单击工具面板底部的"渐变"按钮█，即可为其填充默认的黑白线性渐变，如图5-9和图5-10所示，同时弹出"渐变"面板，如图5-11所示。

图5-8　　　图5-9　　图5-10

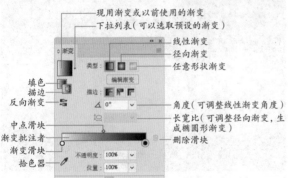

图5-11

线性渐变和径向渐变可用于描边。描边后，单击█按钮，可在描边中应用渐变；单击█按钮，可沿描边应用渐变；单击█按钮，则跨描边应用渐变。图5-12为使用线性渐变进行描边并单击各个按钮时的效果，图5-13所示为径向渐变的描边效果。

在描边中应用渐变█　　沿描边应用渐变█　　跨描边应用渐变█
图5-12

在描边中应用渐变█　沿描边应用渐变█　跨描边应用渐变█
图5-13

> **tip** 单击 █ 按钮，可以反转渐变颜色的填充顺序。单击一个渐变滑块，调整"不透明度"值，可让颜色呈现透明效果。

5.2.2 编辑渐变颜色

在"渐变"面板中，每一个渐变滑块对应一种颜色。因此，颜色效果丰富的渐变，包含很多渐变滑块，如图5-14所示，这会增加编辑的难度。如果遇到这种情况，可以拖曳面板的右下角，将面板拉宽，如图5-15所示。如果要编辑渐变颜色，则可通过下面的方法操作。

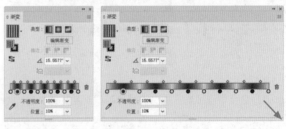

图5-14　　　　　图5-15

● 修改渐变颜色：单击一个渐变滑块，可将其选择，如图5-16所示，拖曳"颜色"面板中的滑块，可以调整颜色，如图5-17和图5-18所示。按住Alt键并单击"色板"面板中的色板，可将其应用到所选滑块，如图5-19所示。此外，将一个色板拖曳到滑块上，也可改变其颜色。

图5-16

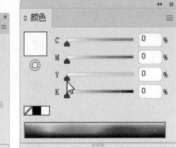

图5-17

tip 编辑渐变颜色后，单击"色板"面板中的⊞按钮，可以将渐变保存到该面板中。以后需要使用时，可以通过"色板"面板来应用该渐变，这样就省去了重新设置的麻烦。

图 5-18

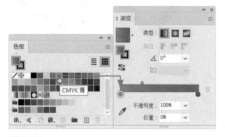

图 5-19

● 添加渐变滑块：如果要增加渐变颜色的数量，可以在渐变批注者下方单击，添加新的渐变滑块并修改颜色，如图5-20和图5-21所示。此外，也可将"色板"面板中的色板直接拖曳到渐变批注者上。

图 5-20　　　　　　图 5-21

● 调整颜色混合位置：拖曳滑块可以调整颜色的位置，如图5-22所示。在渐变批注者上方，每两个渐变滑块中间（50%处）都有一个菱形的中点滑块，拖曳中点滑块，可以改变下方两种颜色的混合位置，如图5-23所示。

图 5-22　　　　　　图 5-23

● 复制与交换滑块：按住Alt键并拖曳一个渐变滑块，可以复制。按住Alt键将一个渐变滑块拖曳到另一个滑块上，则可以让彼此交换位置。

● 删除渐变滑块：如果要减少颜色数量，可以单击一个渐变滑块，之后单击🗑按钮，将其删除；或者直接将其拖到面板外。

5.2.3　线性渐变

单击"渐变"面板中的■按钮，可以将渐变类型设置为线性渐变，即颜色从一点到另一点进行直线形混合。填充线性渐变（及径向渐变）后，当选取渐变工具■时，画板上的对象会显示渐变批注者，其组件包含滑块（用于定义渐变的起点和终点）和中点，起点和终点处还各有一个色标。调整这些组件，可以修改渐变的角度、位置和范围，如图5-24所示。

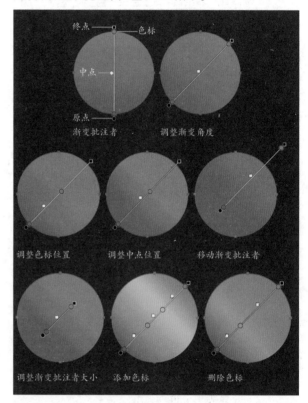

图 5-24

● 调整渐变位置、起止点和方向：使用渐变工具■在图形上拖曳鼠标，可以调整渐变的位置、起止点和方向。按住Shift键操作，可以将渐变方向设置为水平、垂直或45°的整数倍。

● 移动渐变、调整渐变范围：在渐变批注者中，圆形图标是渐变的原点，拖曳原点可以水平移动渐变。拖曳方形（终点）图标，可以调整渐变范围。

● 旋转渐变：在终点图标旁边，当鼠标指针变为↻状时进行拖曳，可以旋转渐变。

● 编辑色标：双击色标，打开下拉面板，可以对颜色和不透明度进行修改。在渐变批注者下方单击（鼠标指针为▸.状），可以添加色标。拖曳色标和中点，可以调整颜色位置。如果要删除色标，将其拖出渐变批注者即可。

5.2.4 径向渐变

单击"渐变"面板中的 ■ 按钮，可以将渐变类型设置为径向渐变。在径向渐变中，最左侧的色标定义了颜色填充的中心点，并呈辐射状向外逐渐过渡，直至最右侧的色标颜色。通过调整渐变批注者上的控件，可以修改径向渐变的焦点、原点和扩展范围，如图5-25所示。

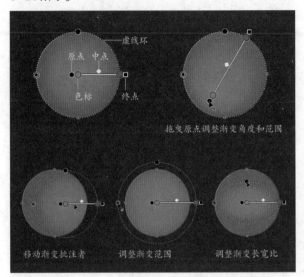

图 5-25

● 移动渐变：将鼠标指针放在渐变批注者上，进行拖曳，可将其移动。
● 调整渐变范围：拖曳虚线环上的双圆图标，可以调整渐变范围。
● 调整长宽比：拖曳虚线环上的圆形图标，调整渐变的长宽比，可以得到椭圆形渐变。拖曳左侧的原点图标，可同时调整渐变的角度和范围。
● 旋转椭圆形渐变：创建椭圆形渐变后，将鼠标指针移动到终点图标旁边，当鼠标指针变为↻状时进行拖曳，可以旋转渐变。

5.2.5 点模式任意形状渐变

单击"渐变"面板中的 ■ 按钮，填充任意形状渐变。在"绘制"选项组中选择"点"选项，图形上会自动添加色标，并在色标周围区域添加阴影，如图5-26所示。

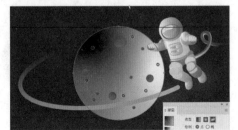

图 5-26

任意形状渐变没有渐变批注者，因此，可以将色标放在对象中的任何位置上，即颜色的位置可以在图稿上自由调整。需要注意的是，色标不能离开图形，否则会被删除。

5.2.6 线模式任意形状渐变

单击"渐变"面板中的 ■ 按钮，并在"绘制"选项组中选择"线"选项，可以创建线模式任意形状渐变。

在对象的各处位置单击，即可添加色标，同时会生成一条线，将这些色标连接，并在线条周围区域添加阴影，在这种状态下，颜色的过渡非常顺畅，如图5-27所示。在这条线上单击，可以添加色标；拖曳色标，可以移动其位置；单击一个色标后按Del键，可将其删除。

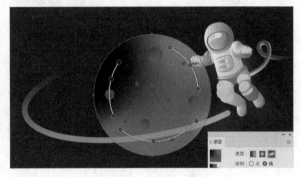

图 5-27

tip 任意形状渐变的色标可以不规则分布，在图形内生成一些特别的混合效果。在"点"模式下，可以调整渐变的扩展范围，在"线"模式下则不能。

技巧放送 | 将渐变扩展为图形

选择填充了渐变的对象，执行"对象"|"扩展"命令，打开"扩展"对话框，勾选"填充"复选框，并在"指定"文本框中输入数值（例如，想要扩展出20个图形，就输入20，一般情况下，该值不能低于色标的数量，想要多一些图形，可提高数值），单击"确定"按钮，即可将渐变扩展。扩展出的图形会编为一组，并通过剪切蒙版控制显示范围。

选择渐变图形　　　"扩展"对话框　　　将渐变扩展为图形

5.3 渐变网格

渐变网格是一种用多种颜色填充的网格对象，可通过网格点精确控制颜色的混合位置和渐变范围，适合表现复杂的颜色变化效果。

5.3.1 创建渐变网格

从效果上看，渐变网格与任意形状渐变有些相似，但颜色更加复杂多变，可控性也更强，可用来制作照片级写实效果的作品，如图5-28和图5-29所示。

机器人网格结构图
图5-28

机器人效果图
图5-29

矢量对象（复合路径和文本对象除外）和嵌入Illustrator文档中的图像（非链接状态）可用来创建渐变网格。操作时，选择网格工具⊞，将鼠标指针放在图形上（鼠标指针会变为⊞状），如图5-30所示，单击即可将图形转换为渐变网格对象，并自动生成网格点、网格线和网格片面，如图5-31所示。

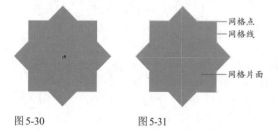

————网格点
————网格线

————网格片面

图5-30　　　　　　　图5-31

tip 如果要表现复杂的效果，最好创建若干小且简单的网格对象，而不要创建单个复杂的网格，否则会使系统性能大大降低。

如果想自定义网格数量，可以选择图形，执行"对象"|"创建渐变网格"命令，打开"创建渐变网格"对话框进行设置，如图5-32所示。

● 行数/列数：用来设置水平和垂直网格线的数量，范围为1~50。

● 外观：用来设置高光的位置和创建方式。选择"平淡色"选项，不会创建高光，如图5-33所示；选择"至中心"选项，可在对象中心创建高光，如图5-34所示；选择"至边缘"选项，可在对象边缘创建高光，如图5-35所示。

图5-32　　　　　　　图5-33

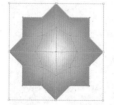
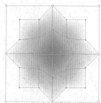

图5-34　　　　　　　图5-35

● 高光：用来设置高光的强度。该值为100%时，可以将最大强度的白色高光应用于对象；该值为0%时，不会应用白色高光。

5.3.2 为网格点和网格片面着色

为网格点和网格片面着色之前，需要先单击工具栏底部的"填色"按钮□，切换到填色可编辑状态（也可按X键来切换填色和描边状态），如图5-36所示。为网格点着色时，使用网格工具⊞单击网格点，如图5-37所示，之后单击"色板"面板中的一个色板即可，如图5-38和图5-39所示。也可拖曳"颜色"面板中的滑块，调整所选网格点的颜色，如图5-40和图5-41所示。

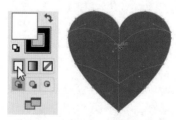

图5-36　　　　图5-37

图5-38　　　　　　　图5-39

图 5-40　　　　　图 5-41

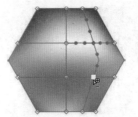

图 5-47　　　　　图 5-48

为网格片面着色时，需要使用直接选择工具 ▷ 在网格片面上单击，如图5-42所示，然后再通过"色板"面板或"颜色"面板进行上色或调色处理，如图5-43和图5-44所示。

● 选择网格点：选择网格工具 图，将鼠标指针放在网格点上，鼠标指针变为 ▷+ 状时，如图5-49所示，单击即可选择网格点（选中的网格点为实心菱形），如图5-50所示。

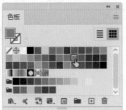

图 5-42　　　　　图 5-43

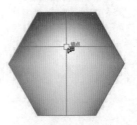
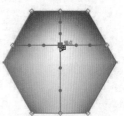

图 5-49　　　　　图 5-50

图 5-44

> **tip** 将"色板"面板中的一个色板拖曳到网格点或网格片面上，可为其着色。

● 选取多个网格点：使用直接选择工具 ▷ 在网格点上单击，也可以选择网格点。如果要选取多个网格点，可以按住Shift键再分别单击，如图5-51和图5-52所示。也可以拖曳出一个矩形选框，将范围内的所有网格点都选中，如图5-53所示。如果要选取非矩形区域内的多个网格点，可以使用套索工具 ○ 并按住Shift键拖曳出选框进行选取，如图5-54所示。

5.3.3 编辑网格点

网格点为菱形，可接受颜色。锚点为方形，不能接受颜色。二者的差别仅限于此。

● 添加、删除锚点：使用添加锚点工具 ✦ 和删除锚点工具 ✦可以在网格线上添加和删除锚点。锚点可用于调整网格线形状。

● 添加、删除网格点：使用网格工具 图 在网格线或网格片面上单击，可以添加网格点，如图5-45和图5-46所示。将鼠标指针移动到网格点上，按住Alt键（鼠标指针变会为 ▷- 状），如图5-47所示，单击可删除网格点。与此同时，由该点连接的网格线也会被删除，如图5-48所示。

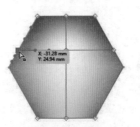
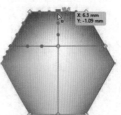

图 5-51　　　　　图 5-52

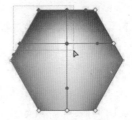

图 5-53　　　　　图 5-54

● 拖曳网格点：使用直接选择工具 ▷ 和网格工具 图 都可以拖曳网格点，对其进行移动。使用网格工具 图 时，按住Shift键拖曳，可以将移动范围限制在网格线上，如图5-55和图5-56所示。当需要沿一条弯曲的网格线移动网格点时，采用这种方法操作不会扭曲网格线。

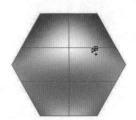
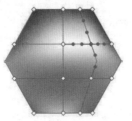

图 5-45　　　　　图 5-46

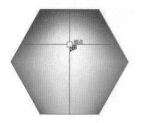

图 5-55　　　　　　　图 5-56

● 移动网格片面：使用直接选择工具 ▷ 拖曳网格片面，可对其进行移动。

● 修改网格线的形状：使用网格工具 📧 或直接选择工具 ▷ 拖曳方向点，可以调整方向线，进而改变网格线的形状，如图 5-57 所示。使用网格工具 📧 时，按住 Shift 键拖曳，可以同时调整该点上的所有方向线，如图 5-58 所示。

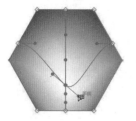
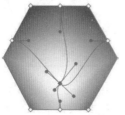

图 5-57　　　　　　　图 5-58

> **tip** 为网格点着色后，使用网格工具 📧 在网格区域单击，新生成的网格点将与上一个网格点使用相同的颜色。如果按住 Shift 键单击网格区域，则可添加网格点，但不改变其填充颜色。

5.3.4　从网格对象中提取路径

选择网格对象，如图 5-59 所示，执行"对象"|"路径"|"偏移路径"命令，打开"偏移路径"对话框，将"位移"值设置为 0mm，如图 5-60 所示，可以得到与网格图形相同的路径。新路径与网格对象重叠，可以使用选择工具 ▶ 将其移开，如图 5-61 所示。

图 5-59　　　　　图 5-60　　　　　图 5-61

5.3.5　将渐变扩展为渐变网格

选择填充了渐变的对象，如图 5-62 所示，使用网格工具 📧 单击，可将其转换为渐变网格对象，但会丢失渐变颜色，如图 5-63 所示。如果要保留渐变颜色，可以执行"对象"|"扩展"命令，在打开的对话框中勾选"填充"和"渐变网格"复选框。

图 5-62　　　　　　　图 5-63

5.4　实时上色

实时上色是一种特殊的上色和描边方法，上色过程就像在涂色簿上填色，或是用水彩为铅笔素描上色。

5.4.1　创建实时上色组

选择对象，如图 5-64 所示，执行"对象"|"实时上色"|"建立"命令，即可创建实时上色组，如图 5-65 所示。组中的路径会将图稿分割成不同的区域，并由此形成数量不等的表面和边缘。表面可以填色，边缘可以描边。

有些对象不能直接创建实时上色组，如文字、图像和画笔，需要先转换为路径。如果是文字，可以使用"文字"|"创建轮廓"命令转换为路径；如果是其他对象，可执行"对象"|"扩展"命令转换。

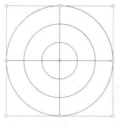
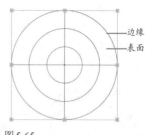

图 5-64　　　　　　　图 5-65

5.4.2　上色

创建实时上色组后，可以先在"颜色""色板"和"渐变"面板中设置完成填充颜色，如图 5-66 所示，再使

用实时上色工具 为对象填色。

选择实时上色工具 ，将鼠标指针移动到对象上方，当检测到表面时，会突出显示红色的边框，同时，工具上方还会显示当前选取的颜色。如果这是从"色板"面板中选取的颜色，则显示3个颜色的色板，如图5-67所示。中间是当前选取的颜色，两侧是与其相邻的颜色（可按←键和→键切换颜色），在表面上单击，即可填充当前颜色，如图5-68所示。

如果要为边缘上色，可以设置描边颜色，如图5-69所示，按住Shift键（鼠标指针会变为 状），将鼠标指针移动到边缘上方（此时鼠标指针变为 状），如图5-70所示，单击即可。上色之后，还可使用实时上色选择工具 或直接选择工具 单击边缘，将其选择，之后修改描边粗细，如图5-71所示。

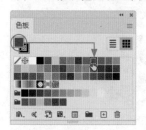

图5-66　　　　　　　　　图5-67

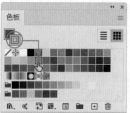

图5-68　　　　　　　　　图5-69

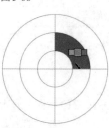

图5-70　　　　　　　　　图5-71

tip 对单个图形表面上色不必选择对象，如果要对多个表面上色，可以使用实时上色选择工具 ，同时按住Shift键单击这些表面，将其选择，然后再进行处理。跨多个表面拖曳鼠标，可为这些表面全部上色。

5.4.3　修改形状

在实时上色组中，使用直接选择工具 或锚点工具 修改路径的形状，可以使所在区域发生改变，

填色和描边会自动应用到新的区域，如图5-72和图5-73所示。

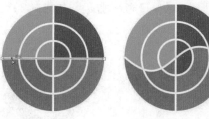

图5-72　　　　　　　　　图5-73

tip 实时上色选择工具 可以选择实时上色组中的各个表面和边缘。直接选择工具 可以选择实时上色组内的路径。选择工具 可以选择整个实时上色组。

5.4.4　封闭实时上色组中的间隙

进行实时上色时，如果颜色渗透到相邻的图形中，或不应该上色的表面被填充了颜色，则有可能是路径之间有空隙，没有完全封闭。如图5-74所示为一个实时上色组，图5-75所示为填色效果。可以看到，由于顶部出现缺口，为左侧图形填色时，颜色渗透到右侧的图形中。

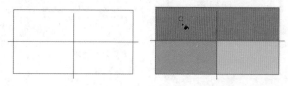

图5-74　　　　　　　　　图5-75

出现这种情况，可以选择实时上色对象，执行"对象"|"实时上色"|"间隙选项"命令，打开"间隙选项"对话框，在"上色停止在"下拉列表中选择"大间隙"选项，即可封闭路径间的空隙，如图5-76所示。如图5-77所示为重新填色的效果，此时空隙虽然存在，但颜色没有出现渗透。

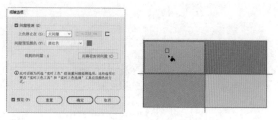

图5-76　　　　　　　　　图5-77

5.4.5　释放和扩展实时上色组

选择实时上色组，如图5-78所示，执行"对象"|"实时上色"|"释放"命令，可以将其解散，释放出黑色描边（0.5pt）、无填色的路径，如图5-79所示。

执行"对象"|"实时上色"|"扩展"命令，可将其扩展，即之前由路径分割出来的表面和边缘，成为各自独立的图形，即图稿被真正地分割开了，如图5-80所示为删除部分路径后的效果。

图5-78　　　　　图5-79　　　　　图5-80

技巧放送　向实时上色组中添加路径

如果想在实时上色组中增加表面和边缘，可以绘制路径，并将其与实时上色组一同选取，然后单击"控制"面板中的"合并实时上色"按钮。

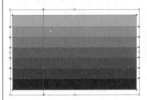 

向实时上色组中添加路径　　　　将该路径的调整为曲线

5.5　设计卡通形象

⓵ 按Ctrl+N快捷键，创建一个大小为640px×480px、RGB颜色模式的文档。选择椭圆工具◯，按住Shift键并拖曳鼠标，创建一个圆形，为其填充径向渐变，如图5-81和图5-82所示。

图5-81　　　　　　　图5-82

⓶ 再创建两个小一点的圆形，作为卡通形象的耳朵。将耳朵选取，按Ctrl+[快捷键将其移动到后面，如图5-83所示。使用圆角矩形工具▢制作卡通人的脖子，如图5-84所示。

图5-83　　　　　　图5-84

⓷ 使用椭圆工具◯创建一个椭圆形。使用直接选择工具▷向上拖动椭圆形最下面的锚点，改变其形状，如图5-85所示，按Shift+Ctrl+[快捷键将图形移至底层。再创建几个椭圆形，组成卡通人的眼睛，如图5-86所示。

图5-85　　　　　　图5-86

⓸ 将组成眼睛的圆形选取，按Ctrl+G快捷键编组。选择镜像工具◁，按住Alt键并在面部的中心位置单击，在打开的对话框中单击"复制"按钮，将眼睛复制到右侧，如图5-87所示。使用钢笔工具✒绘制一个闭合式路径，设置填充颜色为黑色，作为嘴巴，如图5-88所示。按Ctrl+A快捷键，将图形全选，按Ctrl+G快捷键编组。

图5-87　　　　　　图5-88

⓹ 单击"符号"面板中的新建符号按钮⊞，将卡通人定义为符号，如图5-89所示。按Del键删除画面中的卡通人，然后将"符号"面板中的卡通人样本拖曳到画板上。使用选择工具▷的同时按住Shift+Alt键并拖曳鼠标，进行复制，然后连续按Ctrl+D快捷键，复制出6个卡通人，如图5-90所示。

图5-89

图5-90

06 使用钢笔工具 ✍ 绘制卡通人的头发，如图5-91所示，这样第1个卡通人就制作完成了。接着制作第2个卡通人。使用椭圆工具 ⬭ 创建一些大小不一的椭圆形，设置填充颜色为橙色，作为卷曲的头发和麻花辫，如图5-92所示。

图5-91　　　　　　图5-92

07 下面制作第3个卡通人。使用钢笔工具 ✍ 绘制卡通人的头发，如图5-93所示。选择铅笔工具 ✏，在靠近嘴角的发梢处绘制一条开放式路径，如图5-94所示。

图5-93　　　　　　　图5-94

08 选择多边形工具 ⬡，按住Shift键在第4个卡通人的头顶创建一个三角形（可按↓键减少边数）。选择选择工具 ▶，将鼠标指针放在定界框的一边，按住Alt键向三角形的中心拖动，调整三角形的宽度，如图5-95所示，然后复制三角形，如图5-96所示。将左侧的两个三角形复制到右侧，再将这些图形调整到头部后面，如图5-97所示。

图5-95　　　　图5-96　　　　图5-97

09 使用钢笔工具 ✍ 在第5个卡通人头上绘制一顶帽子，如图5-98所示。继续绘制一个闭合的路径，设置填充颜色为灰色，如图5-99所示。

图5-98　　　　　　图5-99

10 使用铅笔工具 ✏ 在第6个卡通人头上绘制一个帽子，如图5-100所示，再绘制几条开放式路径，长度应超过帽子，选择帽子和黑色的路径，如图5-101所示，单击"路径查找器"面板中的 ◼ 按钮，用线条分割帽子图形，为分割后的图形填充不同的颜色，如图5-102所示。

图5-100　　　　图5-101　　　　图5-102

11 选择圆角矩形工具 ◻，按住Shift键创建一个圆角矩形，将填充和描边设置不同的渐变颜色，设置描边粗细为2pt，如图5-103~图5-105所示。

图5-103　　　　图5-104　　　　图5-105

12 执行"效果"|"风格化"|"投影"命令，为图形添加投影效果，如图5-106所示。将卡通形象放在该图形上并加入文字，效果如图5-107所示。

图5-106

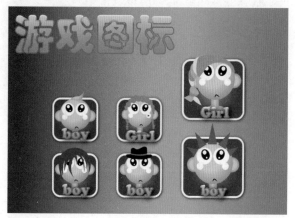

图5-107

5.6 制作抽象数字图标

01 选择椭圆工具 ◯，在画板上单击，弹出"椭圆"对话框，参数设置如图5-108所示，单击"确定"按钮，创建一个圆形，如图5-109所示。

图5-108　　　　　　　图5-109

02 设置描边粗细为60pt，颜色为渐变色，单击"沿描边应用渐变"按钮 ▦，如图5-110和图5-111所示。

图5-110　　　　　　　图5-111

03 双击旋转工具 ↻，弹出"旋转"对话框，设置角度为 –35°，如图5-112和图5-113所示。

图5-112　　　　　　　图5-113

04 使用椭圆工具 ◯ 并按住Shift键拖曳鼠标，创建一个圆形，填充线性渐变，如图5-114和图5-115所示。按Ctrl+A快捷键，将图形全选，按Ctrl+G快捷键编组。

图5-114　　　　　　　图5-115

05 使用选择工具 ▶ 选取图形，按住Shift键向下拖曳鼠标进行复制，如图5-116所示。双击旋转工具 ↻，在弹出的"旋转"对话框中设置角度为 –180°，如图5-117和图5-118所示。

图5-116　　　　图5-117　　　　图5-118

06 选择矩形工具 ▭，创建一个矩形，填充线性渐变，按Alt+Ctrl+[快捷键将矩形移至最底层作为背景，如图5-119和图5-120所示。

图5-119　　　　　　　图5-120

5.7 制作马赛克风格Logo

01 按Ctrl+O快捷键，打开文字图形，如图5-121所示。使用选择工具 ▶ 选取文字，执行"对象"|"栅格化"命令，打开"栅格化"对话框。在"背景"选项组中选择"透明"选项，这样栅格化后，背景是透明的，其他参数设置如图5-122所示，单击"确定"按钮，将图形转换为图像。

影音娱乐

图5-121

图5-122

02 执行"对象"|"创建对象马赛克"命令。在"拼贴数量"选项组中设置"宽度"为60，"高度"为20。勾选"删除栅格"复选框（表示删除原图像），如图5-123所示。单击"确定"按钮，基于当前图像生成一个矢量的马赛克拼贴状图形，如图5-124所示。

图5-123　　　　　　　　　图5-124

03 选择魔棒工具 ，设置"容差"为20，如图5-125所示。在靠近文字的背景上单击，将白色图形选取，如图5-126所示，按Del键删除。

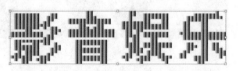

图5-125　　　　　　图5-126

04 使用选择工具 选取文字图形。单击工具栏中的 按钮，填充渐变，如图5-127和图5-128所示。

图5-127　　　图5-128

05 选择渐变工具 ，将鼠标指针移到文字最左侧，按住Shift键并拖曳鼠标，重新填充渐变，如图5-129所示。修改渐变颜色，如图5-130所示。设置描边颜色为黑色，粗细为2pt，如图5-131所示。

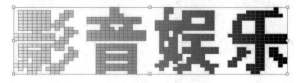

图5-129

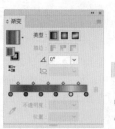

图5-130　　　　　　　图5-131

06 下面调整"影"字的效果。选择编组选择工具 ，按住Shift键并单击如图5-132所示的两个图形，将其选取，按↓键向下移动，如图5-133所示。将填满"日"字的图形选取，按Del键删除，如图5-134所示。

图5-132　　　　　图5-133　　　　　图5-134

07 选择矩形工具 ，创建一个矩形，按Alt+Ctrl+[快捷键将其移至底层作为背景。拖曳控制构件，调整为圆角，如图5-135所示。

图5-135

08 使用选择工具 单击文字。按Ctrl+C快捷键复制，按Ctrl+B快捷键粘贴到后方。设置描边颜色为白色，粗细为40pt，如图5-136所示。

图5-136

09 执行"效果"|"风格化"|"圆角"命令，将马赛克边缘改为圆角，如图5-137和图5-138所示。

图5-137　　　　　图5-138

5.8 使用渐变网格制作蘑菇灯

01 新建一个文档。执行"文件"|"置入"命令，置入素材，如图5-139所示。锁定"图层1"，单击"图层"面板底部的⊞按钮，新建一个图层，如图5-140所示。

图5-139　　　　图5-140

02 使用钢笔工具✐绘制蘑菇状图形，如图5-141所示，蘑菇图形用橙色来填充，无描边颜色，如图5-142所示。

图5-141　　　　图5-142

03 按X键，切换为填色可编辑状态。使用渐变网格工具▨在图形上单击，添加网格点。在"颜色"面板中将颜色调整为浅黄色，如图5-143和图5-144所示。

图5-143　　　　图5-144

> **tip** 制作渐变网格时，必须在填色可编辑状态才可以修改网格点颜色。如果是描边可编辑状态，则网格点的颜色将无法编辑。

04 在该网格点下方单击，继续添加网格点，将颜色调整为橙色，如图5-145和图5-146所示。

图5-145　　　　图5-146

05 在该点下方轮廓线上的网格点上单击，将其选取，调整颜色为浅黄色，如图5-147和图5-148所示。

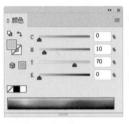

图5-147　　　　图5-148

06 选取蘑菇轮廓线上方的网格点并调整颜色，如图5-149和图5-150所示。

图5-149　　　　图5-150

07 使用选择工具▶选取另一个图形，填充为浅黄色，无描边，如图5-151所示。选择渐变网格工具▨，在图形中间单击，添加网格点，然后将网格点设置为白色，如图5-152所示。

图5-151　　　　图5-152

08 使用椭圆工具◯创建一个椭圆形，填充线性渐变，如图5-153所示，设置混合模式为"叠加"，使其与底层图形的颜色融合在一起，如图5-154和图5-155所示。使用选择工具▶并按住Alt键拖曳图形进行复制，调整大小和角度，如图5-156所示。

图5-153　　　　图5-154

图5-155　　　　　　　图5-156

09 再绘制一个大一点的椭圆形，填充径向渐变，设置其中一个渐变滑块的不透明度值为0%，使渐变的边缘呈现透明的状态，从而更好地表现发光效果，如图5-157和图5-158所示。

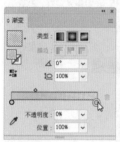 

图5-157　　　　　　　图5-158

10 绘制一个圆形，填充与上一步相同的渐变颜色，按Shift+Ctrl+[快捷键移至底层，如图5-159所示。按Ctrl+A快捷键全选，按Ctrl+G快捷键编组。复制蘑菇灯，再将其适当缩小，放在画面左侧。在画面中添加文字，再配上可爱的图形作为装饰，完成后的效果如图5-160所示。

图5-159

图5-160

5.9 使用实时上色工具制作创意插画

01 打开素材，如图5-161所示，这是一幅插画线稿，我们将使用"色板"中预制的颜色，通过实时上色工具为其填色，如图5-162所示。

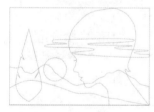 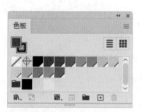

图5-161　　　　　　　图5-162

02 按Ctrl+A快捷键全选，选中画面中的所有图形，如图5-163所示。选择实时上色工具，单击"色板"中的深蓝色，如图5-164所示，在图5-165所示的位置单击，填充颜色，如图5-166所示。这些图形会自动形成一个实时上色组，即使没被选中，只要将实时上色工具放在图形上（图形会呈现高光显示），单击即可填充颜色。

图5-163　　　　　　　图5-164

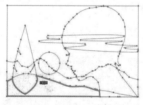

图5-165　　　　　　　图5-166

03 使用同样的方法将图形全部填充颜色，如图5-167所示。

图5-167

04 设置图形为无描边，如图5-168和图5-169所示。

图 5-168　　　图 5-169

05 选择画板工具 ，单击"控制"面板中的 按钮，创建一个新画板，如图5-170所示。使用选择工具 选取插画，按Alt键向右拖曳到进行复制，如图5-171所示。

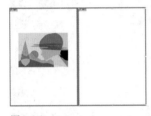
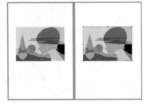

图 5-170　　　　　　图 5-171

06 双击插画图形，进入实时上色组编辑状态，此时，可以单独选取组内的任何图形，进行复制、移动、缩放或旋转等操作。单击人物图形，如图5-172所示，按住Shift键的同时向左拖曳鼠标，移动人物，图形之间的交叠区域也随之改变，Illustrator会自动更新这些区域的颜色，产生意想不到的效果，如图5-173所示。

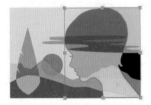

图 5-172　　　　　　图 5-173

07 选取树木，如图5-174所示，将其向右移动，如图5-175所示。继续调整图形的位置，图形的颜色和交叠效果会呈现出丰富的变化，如图5-176和图5-177所示。

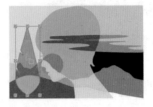

图 5-174　　　　　　图 5-175

图 5-176　　　　　　图 5-177

08 放大人物图形，将其他图形集中在人物面部区域，效果如图5-178所示。复制树木图形，组合成新的造型，使用实时上色工具 对部分区域重新着色，效果如图5-179所示。

图 5-178　　　　　　图 5-179

5.10　重新为插画上色

01 打开素材，如图5-180所示。下面使用"重新着色图稿"命令修改图稿颜色，该命令还可以调整、替换、增加和减少颜色数量，此外，还能对图稿中的所有颜色进行全局性调整。

02 按Ctrl+A快捷键，选取所有图稿。单击"控制"面板中的 按钮，打开"重新着色图稿"对话框。在色轮上，有一些圆形颜色标记，这些标记与图稿中使用的颜色一一对应，如图5-181所示。默认情况下，这些标记处于链接状态，因此，拖曳一个圆形标记，其他标记也会一同移动，这样便可对所有颜色进行统一调整，如图5-182和图5-183所示。

图 5-180　　　　　　图 5-181

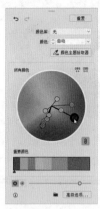

图 5-182　　　　　　　图 5-183

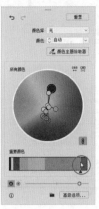

图 5-186　　　　　　　图 5-187

03 如果想单独调整某个颜色标记，可单击 按钮，取消链接（该按钮变为 状），之后再拖曳即可，如图5-184和图5-185所示。

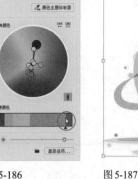

图 5-184　　　　　　　图 5-185

04 在"重要颜色"选项下方的颜色条里，包含了图稿中最重要的几种颜色，将鼠标指针放在一个颜色上方，进行拖曳，可以减少（或增加）这种颜色在图稿中的权重，如图5-186和图5-187所示。

05 Illustrator中还有很多艺术类色板库，包含经典的配色方案，可用来替换图稿颜色。先单击对话框中的"重置"按钮，让图稿恢复为原始颜色，再单击"颜色库"选项右侧的 按钮，打开下拉列表，执行"艺术史"|"俄国海报艺术风格"命令，如图5-188所示，使用该色板库中的色板替换图稿颜色，如图5-189所示。按Enter键关闭对话框。

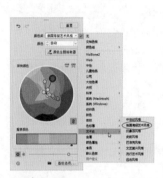

图 5-188　　　　　　　图 5-189

> **技巧放送｜自动生成配色方案**
>
> 在"色板"面板或"颜色"面板中选取一种颜色后，"颜色参考"面板会基于某个颜色协调规则自动生成一套配色方案，以协助用户做好颜色搭配。单击该面板中的 按钮，打开下拉列表，可以选取颜色协调规则。
>
>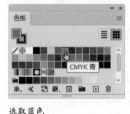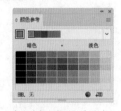
>
> 选取蓝色　　　　　　基于蓝色生成的配色方案

5.11　使用全局色上色

01 打开素材。在"颜色"面板中调整颜色，如图5-190所示。单击"色板"中的 按钮，打开"色板选项"对话框，勾选"全局色"复选框，将当前颜色改为全局色，如图5-191所示。单击"确定"按钮创建全局色。全局色是一种特殊的色板，编辑时，文档中所有使用了这一色板的图稿会自动改变颜色，以与之同步，即不必选取对象，就能修改图稿颜色。

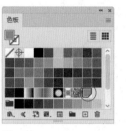

图 5-190　　　　　图 5-191

图 5-192　　　　　　　图 5-193

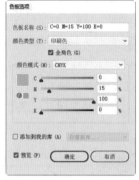

图 5-194　　　　　　　图 5-195

02 选择魔棒工具 ✦，单击人物后面的圆形背景，将其选中，单击全局色色板进行填色，如图5-192和图5-193所示。在空白处单击，取消选择。

03 双击"色板"面板中的全局色，打开"色板选项"对话框，调整颜色数值，如图5-194所示，单击"确定"按钮关闭对话框后，文档中所有使用该色板的对象都会改变颜色，如图5-195所示。

5.12　使用PANTONE颜色（专色）

01 单击"色板"面板底部的 按钮，打开下拉列表，可以看到各种类型的色板库，有纯色色板库、渐变和图案库。打开"色标簿"级联菜单，这里都是用于印刷的各种专色，如图5-196所示。

色编号，例如520 C，便可找到与之对应的颜色，如图5-198所示。

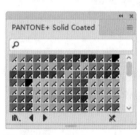

图 5-197　　　　　　　图 5-198

tip 专色是预先混合完成的油墨，即不是使用CMYK四色油墨混合成的，因此，能保证印刷中颜色的准确性，印刷成本也较低。此外，专色还可用于印制特殊颜色，如金属色、荧光色、霓虹色等。国际上普遍采用PANTONE系统作为专色标准。在实际工作中，如果客户提供PANTONE颜色编号，要求作出相应的设计，或者需要使用某种PANTONE专色来打印公司标志等，可以使用本实例介绍的方法查找和使用PANTONE专色。

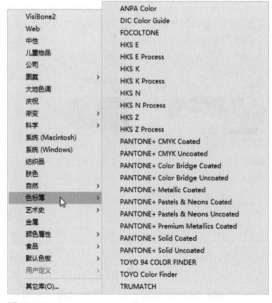

图 5-196

02 选择PANTONE+Solid Coated色板库，将其打开，如图5-197所示。在 图标右侧单击，输入PANTONE颜

03 打开面板菜单，选择"小列表视图"命令，这样方便查看颜色名称，如图5-199所示。单击所需颜色，其就会添加到"色板"面板中，如图5-200和图5-201所示，这样就可以用来给图形填色和描边了。

04 当专色被选取时，拖曳"颜色"面板中的滑块，可以调整其明度，如图5-202所示。

图 5-199　　　　　　图 5-200　　　　　　　　图 5-201　　　　　　　　图 5-202

5.13　课后作业：甜橙广告

　　渐变非常适合表现金属质感、水滴的光泽和透明度，如图 5-203 所示是一幅甜橙广告，画面中晶莹剔透的橙汁是使用渐变制作的。在操作时先创建一个圆形，填充径向渐变，如图 5-204 所示；选择渐变工具 ，在圆形右下方按住鼠标左键，向右上方拖曳，重新设置渐变在图形上的位置，如图 5-205 所示；复制圆形，在上面再放置一个圆形，使用"路径查找器"面板对这两个圆形进行相减，得到月牙图形并调整渐变位置，如图 5-206 所示；将月牙图形移动到圆形下方，绘制一个椭圆形，填充径向渐变，如图 5-207 所示；使用铅笔工具 、椭圆工具 绘制高光图形，设置填充颜色为白色，如图 5-208 所示。有不清楚的地方，可以看一看教学视频。

图 5-203

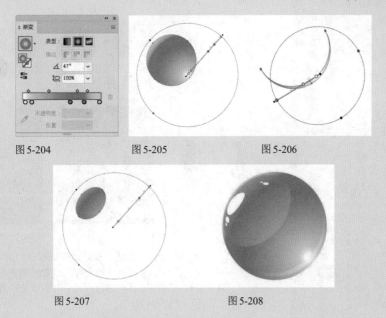

图 5-204　　　　　　图 5-205　　　　　　　　图 5-206

图 5-207　　　　　　　　　　图 5-208

5.14　复习题

　　1. 为网格点或网格片面着色前，需要先进行哪些操作？

　　2. 网格点比锚点多了哪种属性？

　　3. 怎样将渐变对象转换为渐变网格对象，同时保留渐变颜色？

　　4. 如果对象不能直接转换为实时上色组，该怎样操作？

　　5. 当实时上色组中的表面或边缘不够用时，该怎样处理？

　　6. 当很多图形都使用了一种或几种颜色，并且经常要修改这些图形的颜色时，有什么简便的方法？

第6章

版面设计
文字的创建与编辑

本章简介

本章介绍 Illustrator 中文字的创建和编辑方法。在版面设计中，文字是不可或缺的要素，文字不仅能美化版面，还能起到强化主题的作用。Illustrator 的文字功能非常强大，支持 OpenType 字体和特殊字型，可以调整字体大小、间距、控制行和列的对齐与间距。无论是设计字体，还是进行排版，都能应对自如。

6.1 版面设计

版面设计是将文字、图片（图形）及色彩等视觉传达要素，进行有组织、有目的的组合排列的设计行为与过程。应用范围涉及书籍、画册、海报、网页等各个领域，是视觉传达的重要手段。

6.1.1 版面编排的构成形式

版面编排的构成形式主要有以下几种。

● 网格型：将版面划分为若干网格形态，用网格来限定图文信息位置，可以使版面充实、规范、理性而富有条理，适合版面上内容较多、图形较繁杂的广告、宣传单等，如图6-1所示。但网格排编不能过于规律化，否则容易造成单调的视觉印象，适当对网格的大小和色彩等进行变化处理，可以增加版面的趣味性，如图6-2所示。

● 标准型：是一种简单而规则化的版面编排形式。图形在版面中上方，占据大部分位置，其次是标题和说明文字等，如图6-3所示。这种编排方式具有良好的安定感，观众的视线以自上而下的顺序流动，符合人们认识思维的逻辑顺序。

图6-1　　　　　　　　图6-2　　　　　　　　图6-3

● 标题型：标题位于中央或上方，占据版面的醒目位置，这就是标题型构图，如图6-4所示。这种编排形式首先引起观众对标题的注意，使其留下明确的印象，再让观众通过图形获得感性形象认识，激发兴趣，进而阅读版面下方的内容，获得一个完整的认识。

● 中轴型：这是一种对称的构成形态，版面上的中轴线可以是有形的，也可以是隐形的。这种编排方式具有良好的平衡感，如图6-5所示。

● 放射型：放射型的版面结构可以统一视觉中心，具有多样而统一的综合视觉效果，能产生强烈的动感和视觉冲击力，但极不稳定，在版面上安排其他的构成要素时，应作平衡处理，同时也不宜产生太多的交叉与重叠，如图6-6所示。

● 切入型：一种不规则的、富于创造性的编排方式。在编排时刻意将不同角度的图形从版面的上、下、左、右方向切入到版面中，而图形又不完全进入版面，余下的空白位置配置文字，如图6-7所示。这种编排方式可以突破版面的限制，在视觉心理上扩大版面空间，给人以空畅之感。

图6-4

图6-5

图6-6

图6-7

6.1.2 版面中的文字设计规则

做版面设计时，文字是不容忽视的要素，为了能够准确传达信息，需要使用恰当的字体。在字体选择上，可以基于这样的原则——文字越多，越应该使用简洁的字体，以免阅读困难，造成视觉疲劳，如图6-8所示的文字就是这样的情况，当笔画变细之后，文字更易阅读。如果目标群体是老年人和小孩，应使用大一些的字号，或者粗体字。在相同字号的情况下，粗体字识别度更高。

设计 Design	设计 Design	设计 Design	设计 Design
粗黑	大黑	黑体	细黑

图6-8

行距也很重要。行与行之间拉得过开，从一行末到下一行，视线的移动距离过长，会增加阅读难度，如图6-9所示。反之，行与行之间贴得过紧，则会影响视线，让人不知道正在阅读的是哪一行，如图6-10所示。一般最合适的行距是文字大小的1.5倍，如图6-11所示。

图6-9

图6-10

图6-11

标题应该醒目一些，但也不能太过突出，以免破坏整体效果。需要突出标题时，可以将文字加粗、放大、换颜色，或者加边框或底线，如图6-12所示。

滕王阁序 落霞与孤鹜齐飞，秋水共长天一色。渔舟唱晚，响穷彭蠡之滨；雁阵惊寒，声断衡阳之浦。	滕王阁序 落霞与孤鹜齐飞，秋水共长天一色。渔舟唱晚，响穷彭蠡之滨；雁阵惊寒，声断衡阳之浦。	滕王阁序 落霞与孤鹜齐飞，秋水共长天一色。渔舟唱晚，响穷彭蠡之滨；雁阵惊寒，声断衡阳之浦。	滕王阁序 落霞与孤鹜齐飞，秋水共长天一色。渔舟唱晚，响穷彭蠡之滨；雁阵惊寒，声断衡阳之浦。
标题加粗	标题放大	标题换色	标题加底线

图6-12

6.2 创建文字

Illustrator 包括 3 种文字，即横向或纵向排列的点文字，以矩形框限定文字范围的段落文字，以及在路径上方或矢量图形内部排布的路径文字。

6.2.1 创建点文字

点文字适合字数较少的设计文案，如标题、标签和网页上的菜单选项，以及海报上的宣传主题等。

选择文字工具 T，放置在画板上，鼠标指针会变为 I 状，单击，会显示闪烁的"I"形鼠标指针，如图 6-13 所示，此时可输入文字。如果一直输入，文字会一直排布下去，需要换行时，可以按 Enter 键。按 Esc 键或单击其他工具，结束文字的输入，即可创建点文字，如图 6-14 所示。

图 6-13 　　　　　　图 6-14

tip 创建点文字时应避免单击图形，否则会将图形转换为区域文字的文本框或路径文字的路径。如果现有的图形恰好位于要输入文本的地方，可先将该图形锁定或隐藏。

技巧放送 **文字占位符**

创建文字时，Illustrator 会自动填充占位符，以方便用户观察整体版面效果。如果不需要占位符，可以执行"编辑"|"首选项"|"文字"命令，打开"首选项"对话框，取消"用占位符文本填充新文字对象"复选框的勾选。

文字占位符（依次为点文本、区域文本、路径文本）

创建点文字后，使用文字工具 T 在文本中单击，设置插入点，便可继续输入文字，如图 6-15 和图 6-16 所示。当鼠标指针在文字上方变为 I 状时，拖曳鼠标，可以选取文字，如图 6-17 所示。选择文字后，可以修改内容，也可在"控制"面板和"字符"面板中

修改文字颜色、字体、间距等属性，如图 6-18 所示。按 Del 键，可删除所选文字。

图 6-15 　　　　　　图 6-16

图 6-17 　　　　　　图 6-18

6.2.2 创建区域文字

区域文字（也称段落文字）适合制作宣传单、说明书等文字内容较多的图稿，能将文字限定在矩形或其他形状的图形内部，令文本呈现图形化的外观，而且当文本到达图形边界时还会自动换行。

选择文字工具 T（也可使用直排文字工具 IT），在画板上拖曳出一个矩形范围框，如图 6-19 所示，释放鼠标左键，输入文字，即可在矩形内创建区域文字，如图 6-20 所示。按 Esc 键可结束编辑。

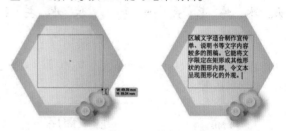

图 6-19 　　　　　　图 6-20

如果想在一个图形内部输入文字，可以选择区域文字工具 ，将鼠标指针移动到图形边缘的路径上，当鼠标指针变为 状时，如图 6-21 所示，单击，删除

对象的填色和描边，之后便可输入文字，如图6-22所示。

图6-21

图6-22

使用选择工具▶拖曳定界框上的控制点，可以调整文本框的大小，如图6-23所示。在文本框外拖曳，可进行旋转，文字会重新排列，但文字的大小和角度不变，如图6-24所示。如果想要将文字连同文本框一同旋转（或缩放），可以使用旋转工具↻（或比例缩放工具◲）操作，如图6-25所示。使用直接选择工具▷改变图形的形状时，文字还会基于新图形自动调整位置，如图6-26所示。

图6-23

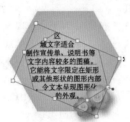
图6-24

图6-25

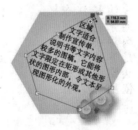
图6-26

6.2.3　创建路径文字

沿路径排列文字，可以让文字随着路径的弯曲而呈现起伏、转折效果。Illustrator中的路径文字工具✓、直排路径文字工具✓、文字工具T和直排文字工具IT都能创建路径文字。但是，如果路径是封闭的，则必须使用路径文字工具✓和直排路径文字工具✓操作。

选择路径文字工具✓，在路径上鼠标指针会变为状，如图6-27所示，单击，可删除图形的填色和描边并填充文字占位符，如图6-28所示，输入文字即可创建路径文字，如图6-29所示。

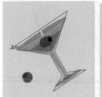
图6-27

图6-28

图6-29

创建路径文字后，可以使用选择工具▶将其选择，如图6-30所示，将鼠标指针移动到文字左侧的中点标记上，鼠标指针变为状时沿路径拖曳，可以移动文字，如图6-31和图6-32所示。

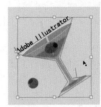
图6-30

图6-31

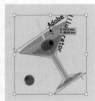
图6-32

将鼠标指针移到另一个中点标记上，鼠标指针变为状时，向路径内侧拖曳，可以翻转文字，如图6-33和图6-34所示。此外，使用直接选择工具▷改变路径形状，文字也会随之重新排列。

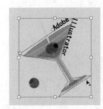
图6-33

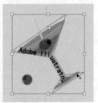
图6-34

> **tip** 使用文字工具T时，将鼠标指针放在画板上，鼠标指针会变为状，此时可创建点文字；将鼠标指针放在封闭的路径上，鼠标指针会变为状，此时可创建区域文字；将鼠标指针放在开放的路径上，鼠标指针会变为状，此时可创建路径文字。

6.3　编辑文字

在Illustrator中创建文字后，可以修改其字符格式和段落格式，包括字体、颜色、大小、间距、行距和对齐方式等。

6.3.1 设置字符格式

字符格式是指文字的字体、大小、间距、行距等属性。创建文字之前，或者创建文字之后，都可以通过"字符"面板和"控制"面板中的选项进行设置。图6-35所示为"字符"面板。

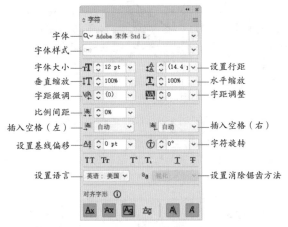

图6-35

- **字体**：在该选项的下拉列表中可以选择字体。如果字体较多，在列表中单击并输入字体名称，相应字体就会显示出来，如图6-36所示。此外，单击 ∨ 按钮，打开下拉列表，选择一种字体，之后单击 ≈ 按钮，如图6-37所示，可以显示与当前所选字体视觉效果相似的其他字体；单击 ① 按钮，可以显示最近添加的字体；单击 ✿ 按钮，可以显示从 Adobe Fonts 网站下载并已激活的字体。如果经常使用某种字体，可在其右侧的☆状图标上单击（图标变为★状），将其收藏，以后单击"筛选"选项右侧的★图标时，列表中就只显示收藏的字体，一目了然。

图6-36

图6-37

tip 带有 **O** 状图标的是OpenType字体，即Windows和Macintosh操作系统都支持的字体文件，使用该字体后，在这两个操作平台间交换文件时，不会出现字体替换或其他导致文本重新排列的问题。

- **字体样式**：有些英文字体包含变体（如粗体、斜体），可在该选项的下拉列表中选取。

- **字体大小** **T**：可以设置文字的大小。

- **设置行距** **Ａ**：设置行与行之间的垂直间距。

- **垂直缩放** **IT**/**水平缩放** **T**：可以对文字进行缩放。

- **字距微调** **VA**：如果想调整两个文字间的距离，可以使用文字工具在其中间单击，如图6-38所示，之后通过该选项进行调整，如图6-39所示。

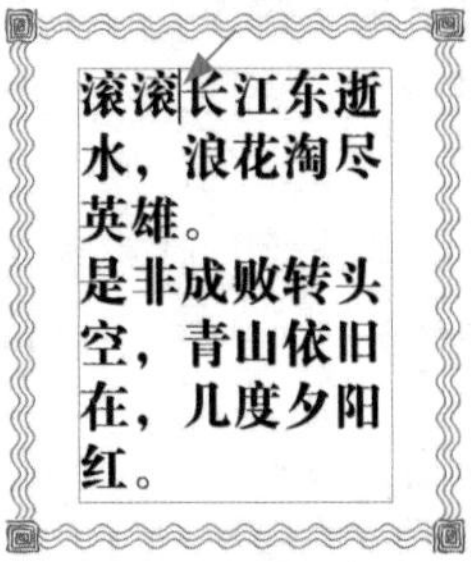

图6-38 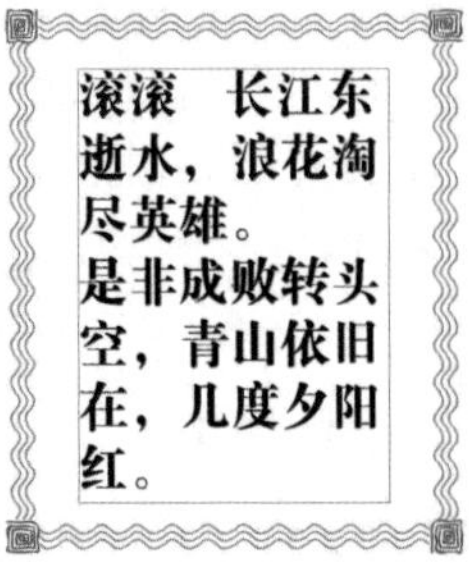   图6-39

- **字距调整** **VA**：如果想对多段文字或所有文字的间距作出调整，可以将其选取，之后通过该选项进行调整。该值为正值时，字距变大，如图6-40所示；为负值时，字距变小，如图6-41所示。

图6-40    图6-41

- **比例间距** **圗**：默认状态下，比例间距值为0%，此时文字的间距最大；设置为50%时，文字的间距会变为原来的一半，如图6-42所示；设置为100%时，则文字间距变为0，如图6-43所示。

图6-42 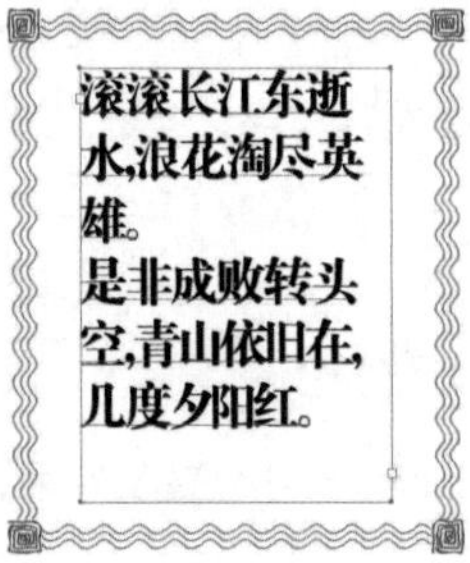   图6-43

- 插入空格：如果要在文字之前或之后添加空格，可以选取要调整的文字，之后在插入空格（左）█ 或插入空格（右）█ 选项中设置要添加的空格数。

- 设置基线偏移 A̲ᵗ：可调整基线的位置。基线是字符排列于其上的一条不可见的线，该值为负值时文字下移；为正值时文字上移，如图6-44所示。

- 字符旋转 Ｔ̂：选择文字，通过该选项可以调整其旋转角度，如图6-45所示。

图6-44　　　　　　　　　图6-45

- 特殊文字样式：很多单位刻度、数学公式、化学式，如二氧化碳（CO_2），以及某些特殊符号会用到上标、下标等特殊字符。要创建此类字符，可以使用文字工具将文字选取，之后单击图6-46所示的按钮即可。

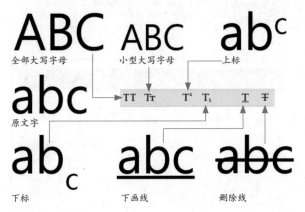

图6-46

- 设置消除锯齿方法 aₐ：在该选项的下拉列表中可以选择一种方法来消除锯齿。选择"无"选项，表示不对锯齿进行处理，如果文字较小，如创建用于网页的小尺寸文字时，选择该选项，可以避免文字边缘因模糊而看不清楚。选择其他几个选项时，可以使文字边缘更加清晰。

- 设置语言：选择适当的词典，可以为文本指定一种语言，以方便拼写检查和生成连字符。

- 对齐字形：可以让文字与图稿精确对齐。

> **tip** 选择文字对象后，在"控制"面板的"字体"选项内单击，之后滚动鼠标中间的滚轮，可以快速切换字体。此外，按Shift+Ctrl+>快捷键，可以将文字调大；按Shift+Ctrl+<快捷键，可以将文字调小。

6.3.2 设置段落格式

输入文字时，每按一次Enter键，便切换一个段落。"段落"面板可以调整段落的对齐、缩进和间距等，让文字在版面中更加规整，如图6-47所示。选择文本对象时，可通过该面板设置整个文本的段落格式。如果选择了文本中的一个或多个段落，则可单独设置所选段落的格式。

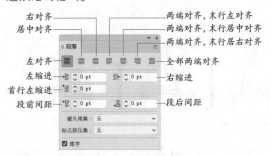

图6-47

- 对齐：选取文字对象，或者使用文字工具 Ｔ 在要修改的段落中单击，之后单击"段落"面板最上面一排按钮，可以让段落按照一定的规则对齐。

- 缩进：缩进是指文本和文字对象边界的间距，但只影响选中的段落。使用文字工具 Ｔ 单击要缩进的段落，如图6-48所示，在左缩进 █ 选项中输入数值，可以使文字向文本框的右侧边界移动，如图6-49所示。在右缩进 █ 选项中输入数值，则向左侧边界移动，如图6-50所示。如果要调整首行文字的缩进量，可以在首行左缩进 █ 选项中输入数值。

图6-48　　　　　图6-49　　　　　图6-50

- 段落间距：选取一段文字，如果要加大与上一段落的间距，如图6-51所示，可在段前间距 █ 选项中输入数值。如果要增加与下一段落的间距，如图6-52所示，可在段后间距 █ 选项中输入数值。

图6-51　　　　　　　图6-52

- 避头尾集：不能位于行首或行尾的文字称为避头尾字符。该选项用于指定中文或日文文本的换行方式。

- 标点挤压集：用于指定亚洲字符和罗马字符等内容之间的间距，确定中文或日文的排版方式。

- 连字：在断开的单词间显示连字标记。

6.3.3 使用特殊字符

许多字体包含特殊字符，如连字、分数字、花饰字、装饰字、序数字等。要在文本中添加这样的字符，先使用文字工具 T 在文本中单击，如图 6-53 所示，执行"窗口"|"文字"|"字形"命令，打开"字形"面板，然后双击一个字符即可，如图 6-54 和图 6-55 所示。

图 6-53

图 6-54

图 6-55

如果选择 Emoji 字体，面板中就会显示各种图标，双击一个图标，可将其插入文本中，如图 6-56 和图 6-57 所示。

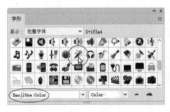

图 6-56

图 6-57

6.3.4 将文字与对象对齐

在默认状态下，使用"对齐"面板对齐文字和图形时，只是文字的基线与图形的左侧边界对齐，实际文字内容并没有对齐，如图 6-58 和图 6-59 所示。

图 6-58

图 6-59

如果要根据实际字形的边界来进行对齐，可以先执行"效果"|"路径"|"轮廓化对象"命令，之后打开"对齐"面板菜单，选择"使用预览边界"命令，如图 6-60 所示，再单击相应的按钮来进行对齐，效果如图 6-61 所示。这样操作后，文字并没有真正轮廓化，因此，字符和段落属性仍可编辑。

图 6-60

图 6-61

6.3.5 串接文本

创建区域文本和路径文本时，如果文字数量超过文本框和路径的容纳量，则多出来的文字会被隐藏，且文本框右下角或路径边缘会显示 ⊞ 状图标。

被隐藏的文字称为溢流文本，可以通过串接的方法，将文字导出来。操作时使用选择工具 ▶ 选择文本，单击 ⊞ 状图标，如图 6-62 所示，此时鼠标指针会变为 🖹 状，在空白处单击，可以将文字导出到一个与原对象形状和大小相同的文本框中，如图 6-63 所示；拖曳鼠标拖出一个矩形框，则可将文字导出到该文本框中；如果单击一个图形，则文字会导入该图形中，如图 6-64 和图 6-65 所示。

图6-62 图6-63

图6-64 图6-65

如果要中断串接，可在原⊞状图标处双击，文字会回到之前所在的对象中。也可执行"文字"|"串接文本"|"移去串接"命令，让文本保留在原位，但各个文本框之间不再是链接关系。

tip 选择两个独立的路径文本或者区域文本，执行"文字"|"串接文本"|"创建"命令，可以将其串接起来。

6.3.6 修饰文字

创建文本后，使用修饰文字工具ᵀᵀ单击一个文字，所选文字上会出现定界框，如图6-66所示。在定界框内拖曳鼠标，可以移动文字；拖曳正上方的控制点，可以旋转文字，如图6-67所示；拖曳左上方或右下方的控制点，可以拉伸文字，如图6-68所示；拖曳右上角的控制点，可以缩放文字，如图6-69所示。

图6-66 图6-67

图6-68 图6-69

在设计工作中，网格是非常重要的辅助工具。将画面用网格线分隔开，用网格规范图文信息的位置，可以使版面充实、规整。这种排版方法十分常见，多用于制作信息量较大的商品目录和促销单，以及杂志、书籍等。网页制作基本上都采用网格设计。

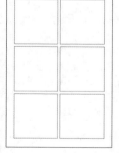

要制作出这种版面，可以使用矩形工具▭在版心（放置文字和图片的区域）创建矩形，执行"对象"|"路径"|"分割网格"命令，打开"分割为网格"对话框，设置网格大小、数量及间距，将矩形分割为网格。按照网格摆放对象就能迅速地制作出漂亮的版面。

勾选"添加参考线"复选框，会以阵列的矩形为基准创建类似参考线状的网格。

此外，使用矩形网格工具▦也可以创建网格。如果只想对称地布置对象，则不必创建网格版面，执行"视图"|"显示网格"命令便可显示网格。

6.4 使用文本绕排方法制作海报

01 按Ctrl+N快捷键，使用预设创建一个A4大小的文档，如图6-70所示。执行"文件"|"置入"命令，在打开的对话框中选择图像素材，取消"链接"复选框的勾选，如图6-71所示。按Enter键，之后在画板上拖曳鼠标，嵌入图像并同时调整其大小。为了便于观察，可在"透明度"面板中将图像的不透明度值调低，如图6-72和图6-73所示。

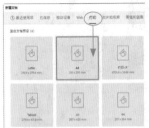

图6-70　　　　　　　　图6-71

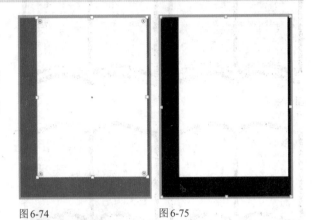

图6-74　　　　　　　　　图6-75

图6-72　　　　　　图6-73

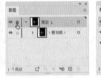

图6-76　　　图6-77　　　图6-78

> **tip** 如果只是将文字限定在矩形或其他形状中，虽然可以让版面条理分明，井然有序，但这样的手法运用太多也容易使版面显得单调。将文字围绕图片排列，版面就会摆脱单调、刻板的印象，变得生动活泼，而且能突出亮点，这就是文本绕排的妙处。文本绕排是指让区域文本围绕一个图形、图像或其他文本排列，得到精美的图文混排效果。当移动文字或对象时，文字的排列形状会随之改变。创建文本绕排时，需要先将文字与用于绕排的对象放在同一个图层中，且文字位于下方。

02 选择矩形工具 ▢，创建一个与画板大小相同的矩形，如图6-74所示。使用选择工具 ▶ 单击后方的图像，将其选取，在"透明度"面板中将不透明度值恢复为100%，效果如图6-75所示。

03 按Ctrl+A快捷键全选，按Ctrl+7快捷键创建剪切蒙版，限定图像的显示范围，如图6-76所示。在"图层1"眼睛图标 ● 右侧单击，将该图层锁定，如图6-77所示。单击 ⊞ 按钮，新建一个图层，如图6-78所示。

04 使用钢笔工具 ✐ 依照人物外形绘制图形，如图6-79所示。选择文字工具 **T**，在"字符"面板中设置字体、大小和行距，如图6-80所示，在图形右侧拖曳鼠标创建文本框，如图6-81所示，释放鼠标左键后输入文字，如图6-82所示，按Esc键结束输入。

图6-79

图6-80

图 6-81　　　　图 6-82

图 6-87

tip 本实例提供的素材（.txt格式纯文本文件）中包含《胡桃夹子》芭蕾舞剧简介，可复制并粘贴到Illustrator文档中使用。

05 使用选择工具 ▶ 并按Ctrl+[快捷键，将文本移动到人物轮廓图形后方，如图6-83所示。按Shift键并单击人物轮廓图形，将文本与人物轮廓图形同时选取，如图6-84所示。

07 打开"段落"面板，单击 ≣ 按钮，让文字两端对齐，末行左对齐，"避头尾集"设置为"严格"，如图6-88和图6-89所示。

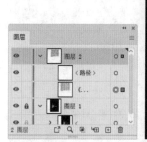

图 6-83　　　　图 6-84

图 6-88　　　　图 6-89

06 执行"对象"|"文本绕排"|"建立"命令，创建文本绕排，如图6-85所示。执行"文字"|"区域文字选项"命令，在打开的"区域文字选项"对话框中将文字设置为两列，如图6-86和图6-87所示。

08 仔细查看文本，如果出现文字排布不恰当的情况，如标点符号位于某一行的起始位置，或者末行只有一个文字等情况，可以采用下面的方法进行调整。使用选择工具 ▶ 拖曳文本对象，调一调文本的位置，随着位置的改变，文字会重新排列，如图6-90所示。也可单击人物轮廓图形，将其选择，如图6-91所示，执行"对象"|"文本绕排"|"文本绕排选项"命令，在打开的"文本绕排选项"对话框中调整文字与绕排对象的距离，如图6-92和图6-93所示。

图 6-85　　　　图 6-86

图 6-90　　　　图 6-91

图 6-92

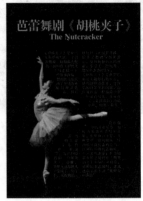

图 6-93

tip 如果文本框右下角出现⊞状图标，说明有溢出的文字，可以拖曳文本框，将其调大，让溢出的文字显示出来。如果要释放文本绕排，可以执行"对象"|"文本绕排"|"释放"命令。

09 选择人物轮廓图形，并设置为无填色、无描边状态。选择文字工具 T，在画面顶部输入标题文字，如图6-94和图6-95所示。

图 6-94

图 6-95

6.5 使用图像描摹方法制作名片

01 运行Photoshop。按Ctrl+O快捷键，打开图像素材，如图6-96所示。执行"图像"|"调整"|"阈值"命令，调整阈值色阶，对图像细节进行简化处理，同时将其转换为黑白效果，如图6-97和图6-98所示。

02 执行"文件"|"存储为"命令，将图像保存到计算机硬盘的其他位置，文件格式设置为JPEG格式，如图6-99所示。

"窗口"|"图像描摹"命令，打开"图像描摹"面板，单击 📷 按钮，对图像进行描摹。单击"高级"选项左侧的 ▶ 按钮，展开面板选项，将"杂色"设置为1px，如图6-101和图6-102所示。单击"控制"面板中的"扩展"按钮，将描摹对象扩展为路径，如图6-103所示。单击"路径查找器"面板中的 ⬜ 按钮，对图形进行分割。

图 6-96

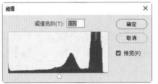

图 6-97

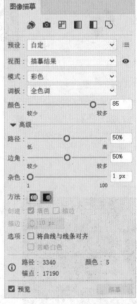

图 6-98

图 6-99

03 运行Illustrator。按Ctrl+O快捷键，打开该图像。使用选择工具 ▶ 单击图像，将其选取，如图6-100所示。执行

图 6-100

6-101

tip 在设计工作中，经常有描摹Logo、图案、纹理，以及将图像转换为矢量图的任务，图像描摹功能为此类任务提供了快捷方法，能让位图瞬间变为矢量图。

图6-102　　　　　图6-103

tip　对位图进行描摹后，如果希望放弃描摹但保留置入的
原始图像，可以选择描摹对象，执行"对象"|"图像描
摹"|"释放"命令。

04 选择魔棒工具 🪄，在图6-104所示的区域单击，将白
色背景选取，按Del键删除，如图6-105所示。

图6-104　　　　　　　　　图6-105

05 按Ctrl+A快捷键全选，按Ctrl+C快捷键复制。按
Ctrl+N快捷键，打开"新建文档"对话框，设置名片的
规格为90mm×50mm，每边2mm的出血，模式为
CMYK，设置完成之后，如图6-106所示，按Enter键创建
文档。

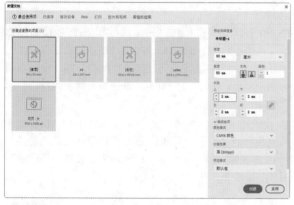

图6-106

06 选择矩形工具 ▭，在画板上单击，弹出"矩形"对
话框，设置尺寸为94mm×54mm，如图6-107所示。按
Enter键创建矩形，设置填充颜色为浅棕色。单击"控
制"面板中的 ▤ 按钮和 ▥ 按钮，让图形位于画板中心，
如图6-108所示。按Ctrl+2快捷键，将矩形锁定，以防输
入文字时误将其转换成文本框。

07 按Ctrl+V快捷键粘贴，如图6-109所示。选择文字工具 T，
在画板上单击，输入两段文字（按Enter键换行，按Esc

键结束输入）。单击"控制"面板中的 ▤ 按钮，让文字
居中对齐，文字整体会呈现平衡状态，如图6-110所示。
再输入几行文字，如图6-111和图6-112所示。

图6-107　　　　　图6-108

图6-109　　　　　图6-110

图6-111　　　　　图6-112

tip　在每段文字的开头加上方块符号 ■，以引导视线，并
能起到分隔段落的作用。将文字做临近排列，可以使信息
一目了然，而且版面也显得规整、有条理。

08 打开"窗口"|"符号库"菜单，选择其中的"网页图
标"和"地图"命令，打开这两个符号面板，将电话符
号拖曳到画板上，如图6-113所示。

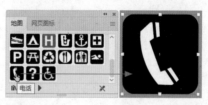

图6-113

09 单击"符号"面板中的 🔗 按钮，断开符号链接，如图
6-114所示。使用编组选择工具 ▷ 单击黑色圆角矩形，如
图6-115所示，按Del键删除。选取剩下的图形，设置填
充颜色为黑色，如图6-116所示。

图6-114　　　　　图6-115　　　　　图6-116

10 使用选择工具 ▷ 将其拖曳到电话文字前方，再将"网
页图标"面板中的主页符号拖曳到地址文字前方，效果
如图6-117所示。

图6-117

6.6 使用图案色板制作图案字

① 打开素材，如图6-118所示。选择椭圆工具 ◯ ，在画板上单击，弹出"椭圆"对话框，参数设置如图6-119所示，创建圆形，如图6-120所示。

图6-118　　　　　　图6-119　　　　　　图6-120

② 继续在画板上单击，参数设置如图6-121所示，创建一个小圆，设置填充颜色为黄色，无描边。打开"视图"菜单，看一下"智能参考线"命令前方是否有一个"√"标记，如果有，说明已启用智能参考线，如果没有，则单击启用该命令。使用选择工具 ▶ 将小圆拖曳到大圆上方，此时会显示智能参考线，帮助用户将圆心对齐到大圆的锚点上，如图6-122所示。

图6-121　　　　　　　图6-122

③ 保持小圆的选取状态。选择旋转工具 ↻ ，将鼠标指针放在大圆的圆心处，出现"中心点"3字提示信息时，如图6-123所示，按住Alt键并单击，弹出"旋转"对话框，设置角度，如图6-124所示，单击"复制"按钮，复制图形，如图6-125所示。连续按Ctrl+D快捷键复制，让小圆绕大圆一周，如图6-126所示。选择大圆，按Del键将其删除。

图6-123　　　　　　　　　图6-124

图6-125　　　　　　　　图6-126

④ 按Ctrl+A快捷键选择所有圆形，按Ctrl+G快捷键编组，按Ctrl+C快捷键复制，按Ctrl+F快捷键粘贴在前面，按住Shift+Alt快捷键的同时拖曳控制点，基于中心点向内缩小图形，如图6-127所示。设置填充颜色为粉色，如图6-128所示。

⑤ 按Ctrl+F快捷键粘贴图形，再按住Shift+Alt快捷键并拖曳控制点，将图形缩小，设置填充颜色为天蓝色，如图6-129所示。再粘贴两组图形并缩小，设置填充颜色为紫色、洋红色，如图6-130所示。

图6-127　　　图6-128　　　图6-129　　　图6-130

⑥ 选择这几组图形，如图6-131所示，按Ctrl+G快捷键编组。按Ctrl+C快捷键复制，再按Ctrl+F快捷键粘贴在前面。按住Shift+Alt快捷键并拖曳控制点，将图形等比例缩小，如图6-132所示。重复粘贴和缩小操作，在圆形内

部铺满图案，如图6-133所示。

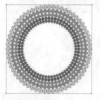

图6-131　　　　　图6-132　　　　　图6-133

⑦ 选择所有圆形，如图6-134所示，使用选择工具 ▶ 拖曳到"色板"面板中创建为图案色板，如图6-135所示。

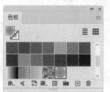

图6-134　　　　　图6-135

⑧ 使用选择工具 ▶ 单击文字"S"，将其选取，如图6-136所示，单击新建的图案，为文字填充该图案，如图6-137和图6-138所示。

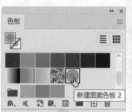

图6-136　　　　　图6-137　　　　　图6-138

⑨ 按住~键，在画板上拖曳鼠标，对图案进行移动（图

形位置不变），如图6-139所示。双击比例缩放工具 🗗，打开"比例缩放"对话框，设置缩放参数并勾选"变换图案"复选框，单独对图案进行放大，如图6-140和图6-141所示。采用同样的方法为其他文字填充图案，再移动及缩放图案，效果如图6-142所示。

图6-139　　　　　图6-140　　　　　图6-141

图6-142

6.7 使用效果和画笔制作布艺字

① 选择文字工具 T，在画板上输入文字（如果没有相应的字体，可以使用本实例提供的素材进行操作）。在"控制"面板中设置文字的字体和大小，如图6-143所示。按Shift+Ctrl+O快捷键，将文字转换为轮廓（转换为图形），如图6-144所示。选择美工刀工具 ✐，对文字进行分割，如图6-145所示。

图6-143　　　　　图6-144　　　　　图6-145

② 将文字切成6块，如图6-146所示。文字切开后会编入一个组中，按Shift+Ctrl+G快捷键取消编组。使用选择工具 ▶ 选择上方图形，设置为黄色，如图6-147所示。修改其他图形的填充颜色，如图6-148所示。

图6-146　　　　　图6-147　　　　　图6-148

③ 按Ctrl+A快捷键全选，执行"效果"|"风格化"|"内发光"命令，设置不透明度值为55%，"模糊"参数值为2.47mm，选择"边缘"单选按钮，如图6-149和图6-150所示。

图 6-149　　　　　　　　　　图 6-150

04 执行"效果"|"风格化"|"投影"命令，设置不透明度值为70%，X、Y位移的参数均为0.47mm，如图6-151和图6-152所示。

图 6-151　　　　　　　　　　图 6-152

05 执行"效果"|"扭曲和变换"|"收缩和膨胀"命令，参数设置为5%，使布块的边线呈现不规则变化，如图6-153和图6-154所示。

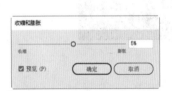

图 6-153　　　　　　　　　　图 6-154

06 将"图层1"拖曳到面板底部的 ⊞ 按钮上，复制该图层，如图6-155所示。"图层 1_复制"的选择列显示有 ■ 状图标，说明该图层中的对象处于选取状态。打开"外观"面板，在"投影"属性上单击，如图6-156所示，按住Alt键并单击面板底部的 🗑 按钮，删除对象的"投影"效果，如图6-157所示。

图 6-155　　　　图 6-156　　　　图 6-157

07 双击"外观"面板中的"内发光"属性，打开"内发光"对话框，将模式修改为"正片叠底"，颜色设置为黑色，模糊参数设置为4.23mm，选择"中心"单选按钮，如图6-158和图6-159所示。

图 6-158　　　　　　　　　　图 6-159

08 单击"不透明度"属性，弹出下拉面板，将不透明度值设置为35%，如图6-160和图6-161所示。

图 6-160　　　　　　　　　　图 6-161

09 下面画一组类似缝纫线的图形，然后将其创建为画笔，这样绘制路径时应用该画笔就会创建出缝纫线效果。先绘制一个粉色矩形，这个图形只是作为背景衬托。使用圆角矩形工具 ▢ 创建一个图形，设置填充颜色为黑色，如图6-162所示。选择椭圆工具 ◯，按住Shift键绘制圆形，设置填充颜色为白色，按Ctrl+[快捷键，将其调整到黑色图形后方，如图6-163所示。

图 6-162　　　　　　　　　　图 6-163

10 使用选择工具 ▶，按住Shift+Alt快捷键并向下拖曳白色圆形将其复制，如图6-164所示。选取黑色圆角矩形和两个白色圆形，按Ctrl+G快捷键编组，再按住Shift+Alt快捷键并拖曳图形进行复制，如图6-165所示。

图 6-164　　　　　　　　　　图 6-165

11 按两次Ctrl+D快捷键，复制出两个图形，如图6-166所示。使用矩形工具 ▢ 绘制一个矩形，将这4组图形包含在内，同时，在右侧要多出一部分，以使缝纫线不断重复时能够有一个均衡的距离。该矩形无填充与描边颜色，只是代表一个图案单元，如图6-167所示。

图 6-166　　　　　　　　　　图 6-167

12 将粉色图形删除，选取剩余的图形，如图6-168所示。打开"画笔"面板，单击 ⊞ 按钮，弹出"新建画笔"对话框，选择"图案画笔"选项，如图6-169所示。

单击"确定"按钮，弹出"图案画笔选项"对话框，使用默认的参数即可，如图6-170所示，单击"确定"按钮，将图形创建为画笔，如图6-171所示。

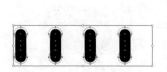

图6-168　　　　　　　　　图6-169

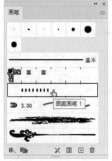

图6-170　　　　　　　　图6-171

⑬ 选择钢笔工具 ✐，沿文字切割处绘制一条路径，如图6-172所示。单击"画笔"面板创建的图案画笔，用来描

边路径，效果如图6-173所示。

⑭ 在"控制"面板中将描边粗细调整为0.25pt，使缝纫线变细，以适合文字的比例。继续绘制路径，并添加画笔描边，让各个布块之间由缝纫线连接，这样一个布块文字就制作完成了，如图6-174所示。将文字全部选取，按Ctrl+G快捷键编组。用上述方法制作出更多的布块文字，效果如图6-175所示。

图6-172　　　　　　图6-173　　　　　　图6-174

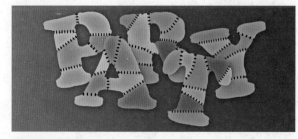

图6-175

6.8　使用多重描边方法制作罗马艺术字

⓵ 打开素材，如图6-176所示。单击"图层1"，选择该图层，如图6-177所示。

图6-176　　　　　　图6-177

⓶ 选择椭圆工具 ⬭，按住Shift键的同时拖曳鼠标，创建圆形，如图6-178所示。选择矩形工具 ▭，按住Shift键的同时拖曳鼠标，创建方形，如图6-179所示。选择星形工具 ✰，按住Shift键的同时拖曳鼠标，锁定水平方向创建一个三角形（可按↓键调整边数），如图6-180所示。

图6-178　　　　图6-179　　　　图6-180

⓷ 按Ctrl+A快捷键全选，单击"控制"面板中的 ▇ 和 ▇

按钮，居中对齐。按Alt+Ctrl+B快捷键创建混合。双击混合工具 ▨，打开"混合选项"对话框，选择"指定的步数"选项，设置步数为30，如图6-181所示，效果如图6-182所示。

图6-181　　　　　　　图6-182

⓸ 在"图层2"的 🔒 图标上单击，解除该图层的锁定，如图6-183所示。选择文字，如图6-184所示，设置描边颜色为琥珀色，粗细为55pt，如图6-185所示。

图6-183　　　　　图6-184　　　　　图6-185

tip 如果想让描边位于线条中间，可以单击"描边"面板中的"使描边居中对齐"按钮 ⊔。

05 在"外观"面板中将描边属性拖曳到该面板底部的 ⊞ 按钮上进行复制，如图6-186所示。将描边颜色改为灰色，粗细设置为50pt，如图6-187和图6-188所示。

图6-186　　　　图6-187　　　　图6-188

06 单击 ⊞ 按钮，再次复制描边属性，然后修改描边颜色和粗细。重复以上操作，使描边由粗到细产生变化，形成丰富的层次，如图6-189和图6-190所示。

图6-189　　　　　　　图6-190

07 再复制一个描边属性，修改描边颜色和粗细，如图6-191和图6-192所示。单击"描边"面板中的 ⊔ 按钮，使描边位于线条的内侧，如图6-193和图6-194所示。

图6-191　　　　　　图6-192

图6-193　　　　　　图6-194

08 单击"描边"属性前方的 > 按钮，展开列表。单击"不透明度"属性，在打开的下拉面板中将混合模式设置为"柔光"，如图6-195和图6-196所示。复制最上面的描边，修改颜色和粗细，如图6-197和图6-198所示。

图6-195　　　　　　　图6-196

图6-197　　　　　　图6-198

09 选取另一个画板中的图案，如图6-199所示，按Ctrl+X快捷键剪切。单击"图层"面板底部的 ⊞ 按钮，新建一个图层，按Ctrl+V快捷键粘贴花纹图案，如图6-200和图6-201所示。

图6-199　　　图6-200　　　　图6-201

10 将图案的混合模式设置为"叠加"，如图6-202和图6-203所示。使用选择工具 ▶ 选取花纹，调整其位置和角度。按住Alt键并拖曳图形进行复制，使花纹布满文字，如图6-204所示。

图6-202　　　　图6-203　　　　图6-204

11 在"图层2"的选择列单击，选取该图层中的文字，如图6-205所示，按住Alt键的同时将其拖曳到"图层3"，如图6-206所示，将文字复制到该图层中。单击"图层3"，单击 ⊡ 按钮创建剪切蒙版，将文字外面的图案隐藏，效果如图6-207所示。

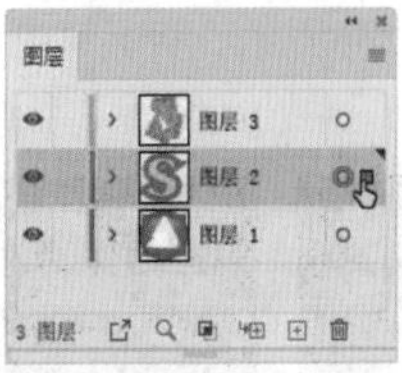

图6-205

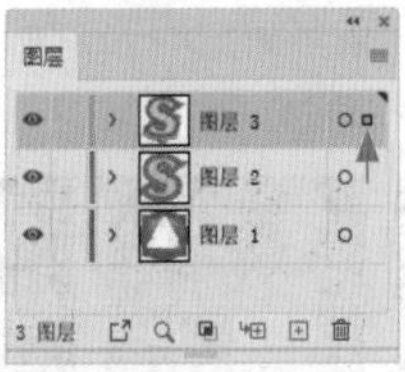

图6-206

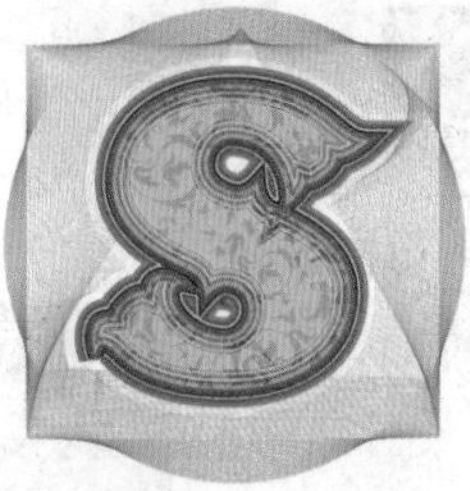

图6-207

6.9 制作创意鞋带字

01 使用矩形工具绘制一个矩形，填充径向渐变，如图6-208和图6-209所示。

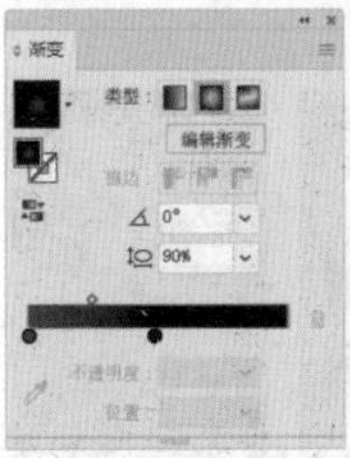

图6-208

图6-209

02 打开“图层”面板，单击按钮，展开图层列表，在“路径”子图层左侧单击，将其锁定，如图6-210所示。在同一位置分别创建一大一小两个圆形，如图6-211所示，选取这两个圆形，按“对齐”面板中的按钮和按钮，将其居中对齐，再单击“路径查找器”面板中的按钮，让大圆与小圆相减，得到一个圆环，如图6-212所示。

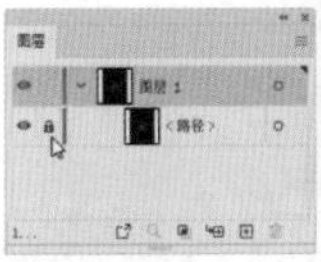

图6-210

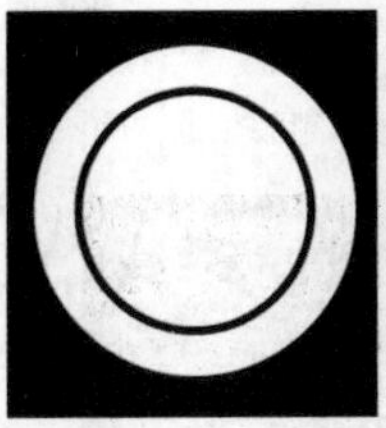

图6-211

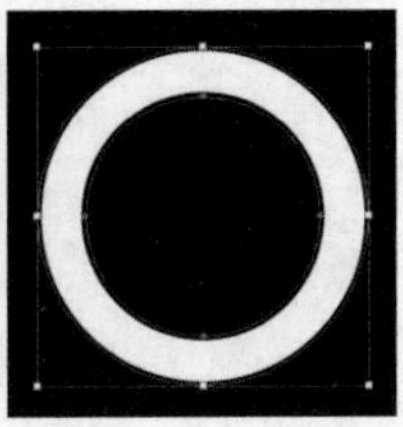

图6-212

03 设置填充颜色为蓝色。使用同样方法制作一个细小的圆环，如图6-213所示，选取这两个图形，进行水平与垂直方向的对齐，如图 6-214所示。

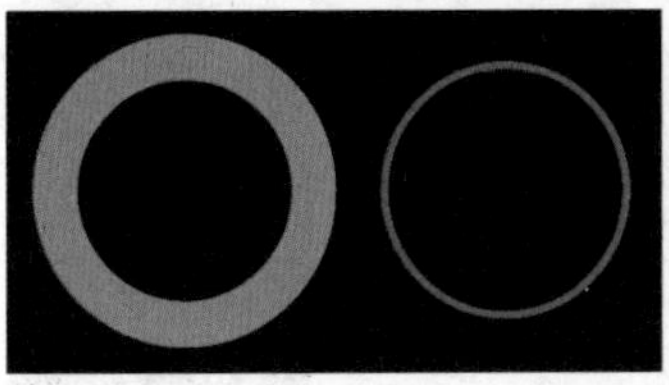

图6-213

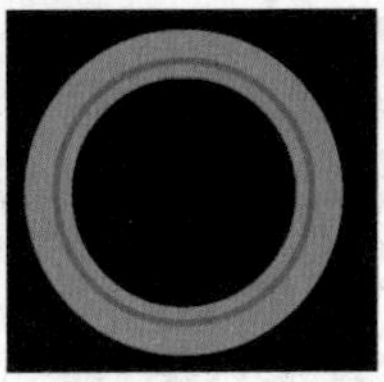

图6-214

04 保持图形的选取状态，按Alt+Ctrl+B快捷键创建混合效果。双击混合工具，打开“混合选项”对话框，设置间距为5，如图6-215和图6-216所示。

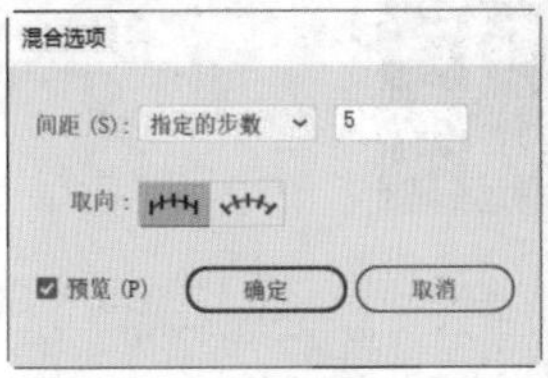

图6-215

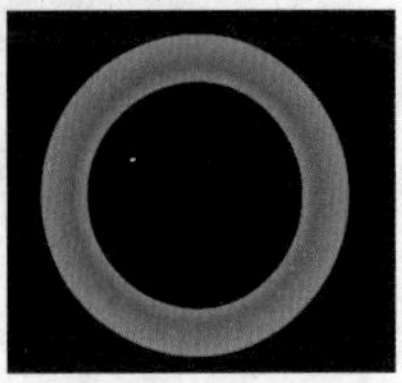

图6-216

05 再创建两个圆形，位置错开一点，如图6-217所示，选取这两个圆形，单击“路径查找器”面板中的按钮，让两圆相减，得到月牙状图形，如图6-218所示。

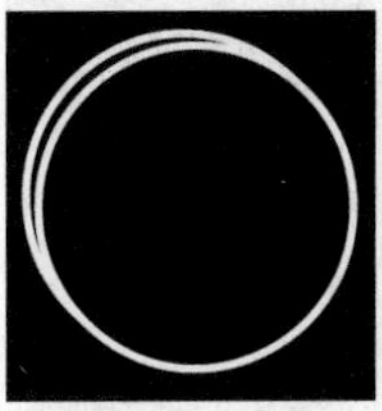

图6-217

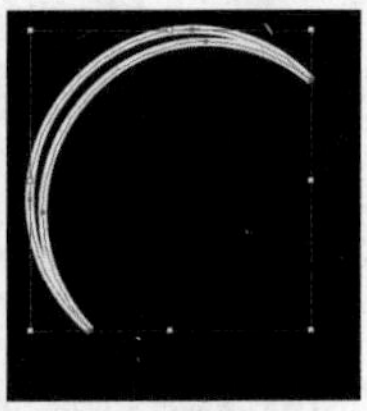

图6-218

06 为月牙图形填充浅蓝色，无描边，用作蓝色图形的高光，如图6-219所示。执行“效果”|“风格化”|“羽化”命令，设置半径为0.3mm，使图形边缘变得柔和，如图6-220和图6-221所示。

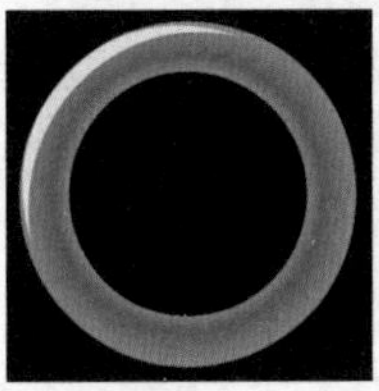

图6-219

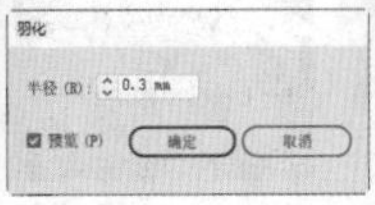

图6-220

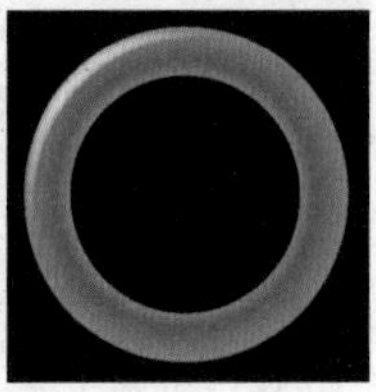

图6-221

07 使用选择工具，按住Alt键并拖曳高光图形进行复制，将复制后的图形放在圆环的右下方，调整一下角度，设置填充颜色为深蓝色，如图6-222和图6-223所示。选取圆环图形，按Ctrl+G快捷键编组。按住Shift+Alt快捷键并向下拖曳图形进行复制，之后连续按两次Ctrl+D快捷键（“对象”|“变换”|“再次变换”命令的快捷键），再复制出两个图形，如图6-224所示。

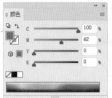

图 6-222 图 6-223 图 6-224

⓼ 选取这4个图形，再次编组。双击镜像工具 ◁▷，打开"镜像"对话框，选择"垂直"单选按钮，如图6-225所示，单击"复制"按钮，镜像并复制图形，然后将其向右侧移动，鞋眼制作完成，如图6-226所示。

图 6-225 图 6-226

⓽ 单击"图层"面板底部的 ⊞ 按钮，新建一个图层。将"图层1"锁定，如图6-227所示。选择钢笔工具 ✎，在水平方向的两个鞋眼之间绘制鞋带，填充绿色的线性渐变，如图6-228和图6-229所示。

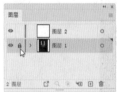

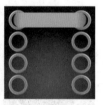

图 6-227 图 6-228 图 6-229

⓾ 复制绿色鞋带，根据鞋眼的位置将其排列完整，使用直接选择工具 ▷ 适当调整锚点的位置，使每个鞋带都有些小的变化，如图6-230所示。使用钢笔工具 ✎ 画出鞋带打结的部分，填充为深绿色，如图6-231所示。继续绘制图形，填充线性渐变，如图6-232和图6-233所示。

图 6-230 图 6-231

图 6-232 图 6-233

⑪ 选取这两个图形，按Shift+Ctrl+[快捷键移至底层，如图6-234所示。继续绘制另一个鞋带扣，如图6-235所示。再绘制一条竖着的鞋带，如图6-236所示，将其移至底层，如图6-237所示。

图 6-234 图 6-235 图 6-236 图 6-237

⑫ 分别绘制左右两侧的鞋带，如图6-238和图6-239所示。选取所有绿色鞋带图形，如图6-240所示，按Ctrl+G快捷键编组。按Ctrl+C快捷键复制，按Ctrl+F快捷键粘贴到前面。单击"路径查找器"面板中的 ◼ 按钮，将图形合并，如图6-241所示。

图 6-238 图 6-239 图 6-240 图 6-241

⑬ 执行"窗口"|"色板库"|"图案"|"基本图形_纹理"命令，打开面板后单击"菱形"图案，如图6-242所示，为鞋带添加该纹理，如图6-243所示。右击，在弹出的快捷菜单中选择"变换"|"缩放"命令，设置等比缩放参数为50%，勾选"变换图案"复选框，使图形的大小保持不变，只缩小内部填充的图案，如图6-244和图6-245所示。

⑭ 在"透明度"面板中设置图形的混合模式为"叠加"，如图6-246和图6-247所示。

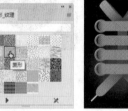

图 6-242 图 6-243 图 6-244

图 6-245 图 6-246 图 6-247

⑮ 锁定该图层，再创建一个图层，拖曳到"图层2"下方，如图6-248所示。使用钢笔工具 ✐ 绘制鞋的轮廓，如图6-249～图6-251所示。

方输入文字，效果如图6-253所示。

图6-248　　图6-249　　　　图6-250　　　　图6-251

图6-252　　　　　　　　图6-253

⑯ 绘制鞋头，填充为洋红色，如图6-252所示。复制该图形，原位粘贴到前面，填充"菱形"图案。在画面下

6.10　制作折叠彩条字

① 选择文字工具 T，在"字符"面板中设置字体和大小，如图6-254所示。在画板上单击，然后输入文字，如图6-255所示。

图6-254　　　　　　　图6-255

② 双击倾斜工具 ✐，打开"倾斜"对话框，设置倾斜角度为38°，如图6-256和图6-257所示。

图6-256　　　　　　　图6-257

③ 按Shift+Ctrl+O快捷键，将文字转换为轮廓，再按Shift+Ctrl+G快捷键，取消编组，如图6-258所示。使用选择工具 ▶ 选取文字，分别填充橙黄色、蓝色和绿色，如图6-259所示。

图6-258　　　　　　　图6-259

④ 按住Alt键并向右拖曳文字"P"进行复制，如图6-260所示。按住Shift键并拖曳定界框的一角，将文字等比缩小，再适当调整位置，如图6-261所示。

图6-260　　　　　　　图6-261

⑤ 使用直接选择工具 ▷ 单击文字下方的路径段，如图6-262所示，向左下方拖曳，直到与另一字母的底边对齐，如图6-263所示。将填充颜色设置为黄色，如图6-264所示。

图6-262　　　　　　图6-263　　　　　　图6-264

⑥ 使用矩形工具 ▢ 创建两个矩形，宽度与文字的笔画一致。双击渐变工具 ▢，打开"渐变"面板，调整颜色（橙色和黄色渐变），如图6-265～图6-267所示。

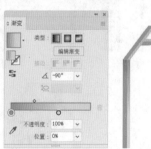

图6-265　　　　　　图6-266　　　　　　图6-267

⑦ 再来制作字母"L"的折叠效果。绘制3个矩形，填充蓝色渐变，如图6-268和图6-269所示。选取第2、3个矩形，连续按Ctrl+[快捷键，调整其堆叠顺序，直至调整到文字"L"的下方，如图6-270所示。

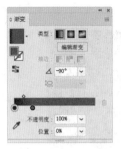

图 6-268　　　　　图 6-269　　　　　图 6-270

⑩ 绘制水平方向的矩形，用同样的方法调整锚点，效果如图6-277所示。

图 6-277

08 使用选择工具 ▶ 单击文字"L"，将其选取，按住Alt键并向右拖曳，进行复制，填充颜色设置为黄色。按住Shift键并拖曳定界框的右下角，进行等比放大，如图6-271所示。绘制矩形以表现折叠效果，并填充略深一些的黄色渐变，如图6-272所示。

⑪ 选取文字"A"，按住Shift+Alt快捷键并向右拖曳进行复制，如图6-278所示。使用直接选择工具 ▷ 调整锚点位置，效果如图6-279所示。

图 6-278　　　　　图 6-279

图 6-271　　　图 6-272

⑫ 绘制字母下方的折叠图形，如图6-280所示。制作文字"Y"的折叠效果时，要将第2个、第3个绿色矩形移至底层（按Shift+Ctrl+[快捷键），如图6-281所示。

09 使用同样的方法为"A"制作折叠效果，如图6-273所示。使用直接选择工具 ▷ 选取矩形左下角的锚点，如图6-274所示，将锚点向上拖曳（按住Shift键可保持在垂直方向上移动），如图6-275和图6-276所示。

图 6-280

图 6-273　　　　　　　　图 6-274

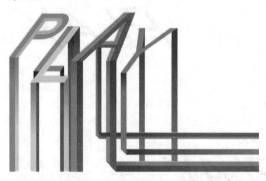

图 6-281

图 6-275　　　图 6-276

⑬ 复制文字"Y"，为其制作折叠效果，如图6-282所示。选择钢笔工具 ✍，在字母笔画的交叠处绘制图形，如图6-283所示。填充黑色到透明的渐变，在设置该渐变时，将两个滑块都设置为黑色，单击右侧滑块，设置不透明度值为0%，如图6-284所示，效果如图6-285所示。

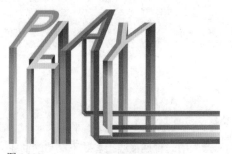

图6-282

图6-283

图6-284

图6-285

⓮ 在其他文字上也制作出笔画交叠效果。打开素材，将文字拷贝并粘贴到素材文档中。制作投影效果时，将文字复制、镜像并降低不透明度（20%）即可，效果如图6-286所示。

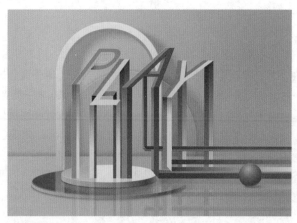

图6-286

6.11 课后作业：制作瓶盖字

图6-287所示是一个在瓶盖上添加文字的实例。通过该实例可以巩固路径文字的创建和编辑方法。操作时，使用椭圆工具 ⬭ 创建圆形，如图6-288所示，之后用路径文字工具 ⬿ 在路径上输入文字，如图6-289所示。输入完第一组文字后，按几次空格键，再输入下一组文字。文字位置如果不居中，可以使用选择工具 ▸ 拖曳中点标记进行调整。

图6-287

图6-288

图6-289

6.12 课后作业：制作毛边字

图6-290所示是一个毛边效果的特效字，用到了图形编辑工具、"描边"面板、色板库等功能。图6-291所示为文字图形素材。操作时，先使用美工刀工具 ✐ 将文字分割开，如图6-292所示，再添加虚线描边，之后使用编组选择工具 ▸ 选择各个图形，填充不同的颜色，最后创建一个矩形并填充图案即可。有不清楚的地方，可以看一看教学视频。

图6-290

图6-291

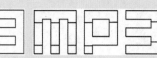

图6-292

6.13 复习题

1. 在 Illustrator 中使用其他程序创建的文本时，怎样操作能保留文本的字符和段落格式？

2. 怎样对文字的填色和描边应用渐变？

3. 在"字符"面板中，可以调整字距的选项有哪些？有何区别？

4. 什么是溢流文本？出现溢流文本时应该怎样处理？

5. 创建文本绕排效果时，对文字和用于绕排的对象有哪些要求？

第7章

电商设计

变形、混合与图表

本章简介

本章介绍 Illustrator 中的各种变形功能，包括可以扭曲图稿的各种工具，操控变形的工具，液化类工具，以及高级变形功能——混合和封套扭曲。其中，液化类工具的变形能力最强；操控变形和封套扭曲的灵活度和可控性较好；混合功能在制作特效时应用较多，其不仅可以在原始对象之间生成新的、变形的对象，还能让颜色产生融合、过渡的效果。本章还会讲解怎样使用图表进行数据统计。

7.1　电商设计的主要内容

电子商务是依赖于互联网而产生的一种连接线上和线下交易的商业活动。电子商务设计简称电商设计，属于互联网设计里的一个分支，是平面设计和网页设计的结合体，按载体分为 PC 端和移动端，设计内容包括 Banner、体现各种主题活动的专题页，以及介绍产品的详情页等。

● Banner：也称横幅广告或旗帜广告，如图 7-1 所示。Banner 一般有 3 种类型：静态横幅、动画横幅和互动式横幅（用户单击横幅时，可以链接到广告主的网页）。

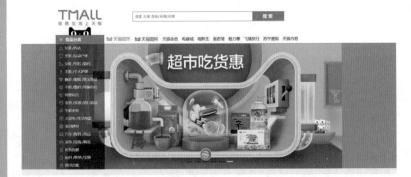

图 7-1

● 专题页：专题页是一个内容聚合页，页面中的内容全部围绕指定的专题来规划和展示，由头部 Banner 和内容展示区两部分构成，如图 7-2 所示。

● 详情页：详情页是介绍产品详细内容的页面，如图 7-3 所示，可以让用户了解产品的详细信息，引发兴趣，产生信任，激发购买需求。

图 7-2

图 7-3

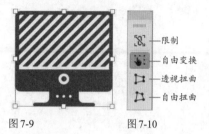

tip 要想成为一名优秀的电商设计师，在技能方面，需要熟练掌握影像合成（使用Photoshop）、插画（使用Illustrator、手绘）、3D建模和渲染（使用Cinema 4D），以及动态设计（使用After Effects、Premiere）等。

7.2　变形

Illustrator中的变形工具可以对对象进行倾斜、拉伸、透视扭曲、自由扭曲，以及液化（收缩、膨胀、扭转等）等操作。

7.2.1　倾斜

选择对象，如图7-4所示，使用倾斜工具 ▱ 在画板上单击并向左或右侧拖曳鼠标，可沿水平轴倾斜对象，如图7-5所示。上、下拖曳鼠标，可沿垂直轴倾斜对象，如图7-6所示。操作时按住Shift键，可以保持对象的原始高度或宽度。操作时按住Alt键，可复制对象，用这种方法可以制作投影效果，如图7-7所示。需要精确定义倾斜方向和角度时，可双击该工具，打开"倾斜"对话框进行设置，如图7-8所示。

图7-9　　　　　　　　图7-10

限制
自由变换
透视扭曲
自由扭曲

图7-11　　　图7-12　　　图7-13

单击"限制"按钮 ⊠ 之后再拖曳控制点，可进行等比缩放。按住Alt键操作，则以中心点为基准等比缩放。

图7-4　　　　图7-5　　　　图7-6

图7-7　　　　　　　　图7-8

技巧放送　**使用选择工具拉伸、缩放和旋转**

使用选择工具 ▶ 单击对象，将鼠标指针放在控制点上，当鼠标指针变为 ↔、↕、⤡、⤢ 时进行拖曳，可以拉伸对象。按住Shift键操作，可进行等比缩放。

使用选择工具　拖曳控制点进行拉伸　等比缩放

将鼠标指针放在定界框外，当鼠标指针变为 ↻ 状时拖曳，可以旋转对象。按住Shift键操作，可将旋转角度限制为45°的整数倍。

将鼠标指针放在定界框顶部位于中央的控制点上，向图形另一侧拖曳，可以翻转对象。按住Alt键拖曳，可原位翻转。

旋转　　　　　鼠标指针位置　　　翻转

7.2.2　拉伸、透视扭曲和自由扭曲

1. 拉伸

选择对象，如图7-9所示。选择自由变换工具 ▱，与此同时会打开一个临时的面板，如图7-10所示。单击其中的自由变换按钮 ▦，之后拖曳定界框中央的控制点，可以沿水平（鼠标指针为 ↔ 状）或垂直方向（鼠标指针为 ↕ 状）拉伸对象，如图7-11和图7-12所示。拖曳边角的控制点（鼠标指针为 ⤡ 状或 ⤢ 状），可向任意方向拉伸对象，如图7-13所示。

tip 自由变换工具 是多用途工具，也可以进行移动、旋转和缩放，操作方法与选择工具 相同。

2. 透视扭曲

单击"透视扭曲"按钮 ，之后拖曳边角的控制点（鼠标指针会变为 状或 状），可以进行透视扭曲，如图7-14和图7-15所示。

图7-14　　　　　　图7-15

3. 自由扭曲

单击"自由扭曲"按钮 ，之后拖曳边角上的控制点（鼠标指针会变为 状或 状），可自由扭曲，如图7-16所示。按住Alt键拖曳鼠标，则可创建对称的倾斜效果，如图7-17所示。

图7-16　　　　　　　图7-17

7.2.3　操控变形

操控变形工具 可以对图稿的局部进行自由扭曲。例如，如果想让猫咪做出歪头的动作，可将其选取，如图7-18所示，之后使用操控变形工具 在需要扭曲的位置单击，添加控制点。为防止扭曲幅度过大影响其他区域，可在这些区域也添加控制点，将图稿固定住，如图7-19所示。

图7-18　　　　　　　图7-19

准备工作完成之后，单击下巴上的控制点，然后

将鼠标指针移动到圆圈虚线上，如图7-20所示，进行拖曳即可，如图7-21和图7-22所示。如果直接拖曳控制点，会移动头部，如图7-23所示。

图7-20　　　　　　图7-21

图7-22　　　　　　图7-23

tip 要选择多个控制点，可以按住Shift键的同时单击这些控制点。选择控制点后，按Del键可将其删除。

7.2.4　液化类工具

液化类工具可以让对象产生更大幅度的扭曲，制作更加丰富的变形效果，如图7-24～图7-32所示。

液化类工具　　选择头发图形　　使用变形工具 处理
图7-24　　　　图7-25　　　　图7-26

使用旋转扭曲工具 处理　使用缩拢工具 处理　使用膨胀工具 处理
图7-27　　　　　图7-28　　　　　图7-29

使用扇贝工具█处理
图7-30

使用晶格化工具█处理
图7-31

使用皱褶工具█处理
图7-32

● 变形工具█：可自由扭曲对象。

● 旋转扭曲工具█：创建漩涡状的变形效果。

● 缩拢工具█：通过向十字线方向移动控制点的方式扭曲，使对象向内收缩。

● 膨胀工具█：让对象产生向外膨胀的效果。

● 扇贝工具█：向对象的轮廓添加随机弯曲的细节，创建类似贝壳表面的纹路效果。

● 晶格化工具█：向对象的轮廓添加随机锥化的细节，生成与扇贝工具相反的效果（扇贝工具产生向内的弯曲，而晶格化工具产生向外的尖锐凸起）。

● 皱褶工具█：向对象的轮廓添加类似于皱褶的细节，生成不规则的起伏。

> **tip** 液化类工具可通过两种方法使用。第1种方法是在对象上方单击。如果按住鼠标左键不放，则对象的变形程度会逐渐增大。第2种方法是在对象上方拖曳鼠标，让对象按照特定的方式扭曲。如果要调整画笔大小，可以在画板上按住Alt键并拖曳鼠标。使用液化类工具时，不需要选取对象。但如果只想扭曲某些对象，可先将其选取，再进行处理。另外需要注意，这些工具不能用于处理链接的文件或包含文本、图形或符号的对象。

7.3　混合

混合功能是在两个或多个对象之间生成一系列的中间对象，使之产生从形状到颜色的全面混合效果。用于创建混合的对象既可以是图形、路径和混合路径，也可以是使用渐变和图案填充的对象。

7.3.1　创建混合

1. 使用工具创建混合

选择混合工具█，将鼠标指针放在对象上，捕捉到锚点后鼠标指针会变为█状，如图7-33所示。单击之后，将鼠标指针移动到另一个对象上，鼠标指针变为█状时，如图7-34所示，再次单击即可创建混合，如图7-35所示。捕捉不同位置的锚点，创建的混合效果也大不相同。

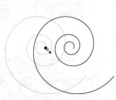

图7-33

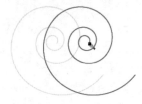

图7-34

图7-35

2. 使用命令创建混合

使用混合工具█创建混合效果时，如果单击的锚点位置不正确，会造成混合效果发生扭曲，如图7-36和图7-37所示。尤其是多个图形创建混合时，更容易出现这种情况。

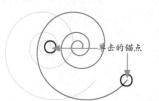

单击的锚点

图7-36　　　　　　　　　图7-37

为避免效果扭曲，可以使用"混合"命令来操作。图7-38所示为两个椭圆形，将其一同选取，执行"对象"|"混合"|"建立"命令，即可创建混合效果，如图7-39所示。

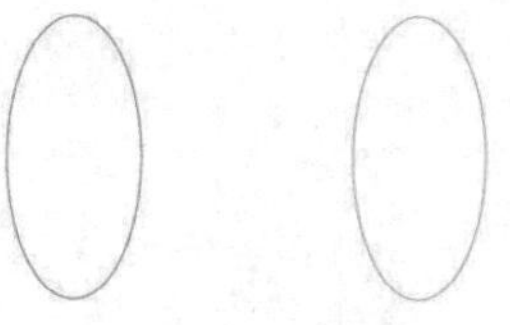

图7-38　　　　　　　　　图7-39

7.3.2　设置混合选项

创建混合后，选择对象，双击混合工具█，打开"混合选项"对话框，可以修改混合图形方向和颜色的过渡方式，如图7-40所示。

● 间距：选择"平滑颜色"选项，可自动生成合适的混合步数，创建平滑的颜色过渡效果，如图7-41所示。选择"指定的步数"选项，可在右侧的文本框中输入数值，例如，如果要生成5个中间图形，可输入"5"，效果如图7-42所示。选择"指定的距离"选项，可输入中间对象的间距，Illustrator会按照设定的间距自动生成与之匹配的图形，如图7-43所示。

图7-40

图7-41

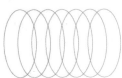

图7-42

图7-43

tip 需要注意，创建混合效果时生成的中间对象越多，文件越大。尤其是使用渐变对象创建复杂的混合效果时，会占用大量内存。

● 取向：如果混合轴是弯曲的路径，则单击"对齐页面"按钮 ┉┉ 时，混合对象的垂直方向与页面保持一致，如图7-44所示。单击"对齐路径"按钮 ┉┉ 时，则混合对象垂直于路径，如图7-45所示。

图7-44

图7-45

技巧放送 | 线的艺术

混合的妙处是可以自由地控制中间图形的数量。当减少中间图形的数量并使其呈现一定的间隔时，便可淋漓尽致地演绎线条的艺术之美。

7.3.3　反向堆叠与反向混合

创建混合以后，如图7-46所示，选择对象，执行"对象"|"混合"|"反向堆叠"命令，可以颠倒对象的堆叠次序，让后面的图形排到前面，如图7-47所示。执行"对象"|"混合"|"反向混合轴"命令，可以颠倒混合轴上的混合顺序，如图7-48所示。

图7-46

图7-47

图7-48

7.3.4　编辑原始图形

创建混合效果后，可以使用编组选择工具 ▷ 选取原始图形，如图7-49所示。选择后，可以修改颜色，如图7-50所示，也可以对其进行移动、旋转和缩放，如图7-51所示。

图7-49

图7-50

图7-51

7.3.5　编辑混合轴

创建混合效果后，会自动生成一条直线路径，用于连接对象，这就是混合轴。混合轴可以使用其他路径来替换。图7-52所示为一个混合对象，将其和一条椅子形状的路径同时选取，如图7-53所示，执行"对象"|"混合"|"替换混合轴"命令，即可用该路径替换混合轴，如图7-54所示。如图7-55所示为通过这种方法制作的不锈钢椅子。

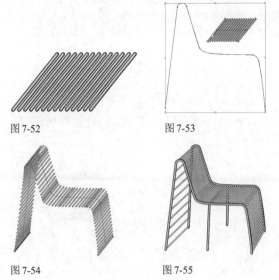

图 7-52　　　　　　　图 7-53

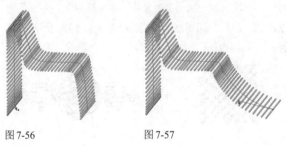

图 7-54　　　　　　　图 7-55

使用直接选择工具 ▷ 拖曳混合轴上的锚点或路径段，可以调整混合轴的形状，如图 7-56 和图 7-57 所示。此外，在混合轴上也可以添加和删除锚点。

图 7-56　　　　　　　图 7-57

7.3.6　扩展与释放混合

创建混合后，原始对象之间生成的中间对象自身并不具备锚点，也无法选择和修改。如果要编辑这些对象，可以选择混合对象，如图 7-58 所示，执行"对象"|"混合"|"扩展"命令，将中间对象扩展出来，如图 7-59 所示。

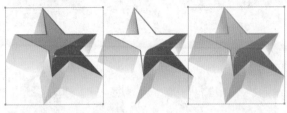

图 7-58

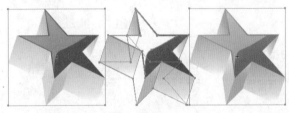

图 7-59

如果要释放混合，可以执行"对象"|"混合"|"释放"命令。释放混合对象的同时还会释放出一条无填色、无描边的路径（混合轴）。

7.4　封套扭曲

封套扭曲是指将一个或多个对象"塞"入一个图形内，使对象按照这个图形的外观产生扭曲。用于扭曲对象的图形称为封套，被扭曲的对象则称为封套内容。封套类似于一种容器，封套内容则类似于水。例如，将水装进圆玻璃瓶时，水的形态是圆形的；装进方玻璃瓶时，水的形态又会变为方形。

7.4.1　使用变形建立封套扭曲

Illustrator 中有 15 种预设的封套。选择对象，执行"对象"|"封套扭曲"|"用变形建立"命令，打开"变形选项"对话框后，可在"样式"下拉列表中选择，如图 7-60 所示，效果如图 7-61 所示。还可以调整变形参数，其中，"弯曲"选项用来设置扭曲的程度，该值越高，扭曲强度越大；"水平"和"垂直"选项可以创建水平和垂直方向的透视扭曲效果。

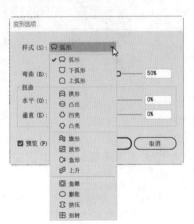

图 7-60

tip 除图表、参考线和链接的对象外，其他对象均可进行封套扭曲。使用"用变形建立"命令创建封套扭曲后，可以选取对象，在"控制"面板中修改参数或选取其他封套。

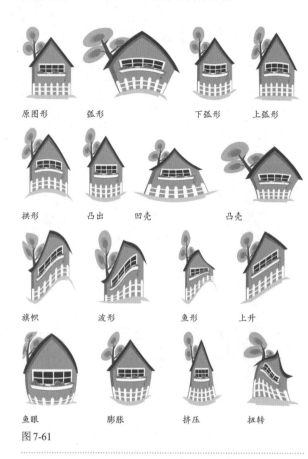

图 7-61

原图形　　弧形　　　　下弧形　　上弧形

拱形　　　凸出　　凹壳　　　凸壳

旗帜　　　波形　　　鱼形　　　上升

鱼眼　　　膨胀　　　挤压　　　扭转

7.4.2　使用网格建立封套扭曲

选择对象，执行"对象"|"封套扭曲"|"用网格建立"命令，可以在打开的"封套网格"对话框中设置网格的行数和列数，如图 7-62 所示，单击"确定"按钮，可以为对象添加变形网格，如图 7-63 所示，之后使用直接选择工具 ▷ 移动网格点、修改网格形状，便可扭曲对象，如图 7-64 所示。

图 7-62　　　　　　　　图 7-63

图 7-64

tip 使用网格建立封套扭曲后，选择对象，可在"控制"面板中修改网格的行数和列数，也可以单击"重设封套形状"按钮，将网格恢复为默认状态。

技巧放送 **封套扭曲转换技巧**

使用"用变形建立"命令创建封套扭曲后，选择对象，执行"对象"|"封套扭曲"|"用网格重置"命令，可基于当前的变形效果生成变形网格。如果封套扭曲是使用"用网格建立"命令创建的，执行"对象"|"封套扭曲"|"用变形重置"命令，可以打开"变形选项"对话框，将对象转换为使用变形创建的封套扭曲。

封套扭曲对象　　生成变形网格　　使用网格扭曲对象

7.4.3　使用顶层对象建立封套扭曲

在需要扭曲的对象上方放置一个图形，如图 7-65 所示，将其选择，执行"对象"|"封套扭曲"|"用顶层对象建立"命令，即可使用此图形对下方的对象进行扭曲，如图 7-66 所示。

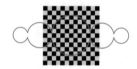

图 7-65　　　　　　　　　图 7-66

技巧放送 **制作鱼眼镜头效果**

采用顶层对象创建封套扭曲时，可以得到类似鱼眼镜头（超广角镜头）拍摄的夸张效果，即画面中心的景物不变，其他景物呈现外凸变形，具有较强的视觉冲击力。

图像素材　　　　　　　在图像上方创建圆形

创建封套扭曲　　　　　添加霓虹灯效果边框

7.4.4　设置封套选项

封套选项决定了怎样扭曲对象，以使之适合封套。要设置封套选项，可以选择封套扭曲对象，单击"控制"面板中的"封套选项"按钮▤，或执行"对象"|"封套扭曲"|"封套选项"命令，打开"封套选项"对话框进行设置，如图7-67所示。

图7-67

● 消除锯齿：使对象的边缘变得更加平滑，但会增加处理时间。

● 保留形状，使用：使用非矩形的封套扭曲对象时，可以在该选项组中指定栅格将以怎样的形式保留形状。选择"剪切蒙版"单选按钮，可在栅格上使用剪切蒙版；选择"透明度"单选按钮，则对栅格应用 Alpha 通道。

● 保真度：即封套内容在变形时适合封套图形的精确程度。该值越大，封套内容的扭曲效果越接近于封套的形状，但会生成更多的锚点，增加处理时间。

● 扭曲外观：如果封套内容添加了效果或图形样式等外观属性，勾选该复选框，可以使外观与对象一同扭曲。

● 扭曲线性渐变填充：如果要对填充了线性渐变的对象进行扭曲，如图7-68所示，则勾选该复选框，可以将线性渐变与对象一起扭曲，如图7-69所示。如图7-70所示为未勾选该复选框时的扭曲效果。

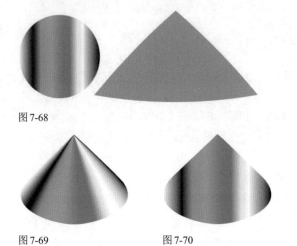

图7-68

图7-69　　　　图7-70

● 扭曲图案填充：如果要对填充了图案的对象进行扭曲，如图7-71所示，勾选该复选框，可以使图案与对象一起扭曲，如图7-72所示。如图7-73所示为未勾选该复选框时的扭曲效果。

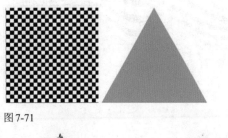

图7-71

图7-72　　　　　　　图7-73

7.4.5　编辑封套内容

创建封套扭曲后，所有封套对象会合并到一个名为"封套"的图层上，如图7-74和图7-75所示。

 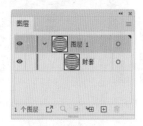

图7-74　　　　　　图7-75

如果要编辑封套内容，可以选择对象，然后单击"控制"面板中的"编辑内容"按钮▣，将封套内容释放出来，如图7-76所示。此时便可对其进行编辑，例如，可以使用编组选择工具▶选择图形并修改颜色，如图7-77所示。修改完成后，单击"编辑封套"按钮▣，可恢复封套扭曲。

图7-76　　　　　　图7-77

如果要编辑封套，可以使用选择工具▶单击封套扭曲对象，之后便可使用转换锚点工具⊓或直接选择工具▷等对封套进行修改，如图7-78和图7-79所示。

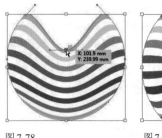

图7-78

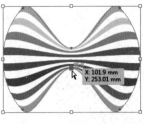

图7-79

7.4.6　扩展与释放封套扭曲

选择封套扭曲对象,执行"对象"|"封套扭曲"|"扩展"命令,可以将其扩展为普通的图形。

执行"对象"|"封套扭曲"|"释放"命令,则可释放封套对象和封套,使对象恢复为原来的状态。如果封套扭曲是使用"用变形建立"命令或"用网格建立"命令创建的,还会释放出一个封套形状图形,即一个单色填充的网格对象。

7.5　图表

图表可以直观地反映各种统计数据的比较结果,在各种工作中都有广泛的应用。Illustrator 不仅可以制作图表,还能对图表样式进行装饰和美化,以满足不同行业或者企业的需求。

7.5.1　图表的种类

Illustrator 提供了9个图表工具,即柱形图工具 、堆积柱形图工具 、条形图工具 、堆积条形图工具 、折线图工具 、面积图工具 、散点图工具 、饼图工具 和雷达图工具 ,同时可以创建9种类型的图表,如图7-80所示。

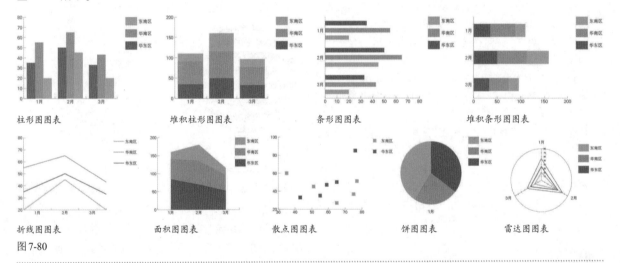

柱形图图表　　堆积柱形图图表　　条形图图表　　堆积条形图图表

折线图图表　　面积图图表　　散点图图表　　饼图图表　　雷达图图表

图7-80

7.5.2　创建图表

选择任意一个图表工具,在画板上拖曳出一个矩形框,即可创建该矩形框大小的图表。如果按住Alt键拖曳鼠标,则可以从中心绘制图表;按住 Shift 键操作,可将图表限制为一个正方形。如果要创建具有精确宽度和高度的图表,可以在画板上单击,打开"图表"对话框并输入数值,如图7-81所示。定义完成图表的大小后,会弹出图表数据界面,单击一个单元格,如图7-82所示,然后在顶行输入数据,此数据便会出现在所选的单元格中,如图7-83所示。选择一个单元格后,按↑、↓、←、→键可以切换单元格;按Tab键可以确认输入的数据,并选择同一行中的下一单元格;按Enter键可确认输入的数据,并选择同一列中的下一单元格。单元格的左列用于输入类别标签,如年、月、日。如果要创建只包含数字的标签,则需要使用英文双引号将数字引起来。例如,2021 年应输入"2021",如果输入全角引号" 2021 ",则引号也会显示在年份中。数据输入完成后,如图7-84所示,单击 按钮即可创建图表,如图7-85所示。

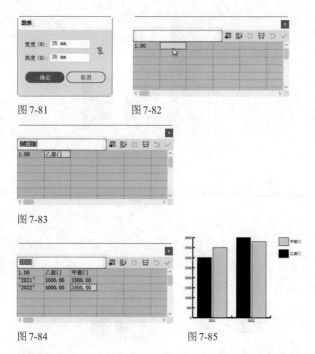

图 7-81　　　　　　　图 7-82

图 7-83

图 7-84　　　　　　　图 7-85

tip 在图表数据对话框中，单击"导入数据"按钮，可导入应用程序创建的数据；单击"换位行/列"按钮，可转换行与列中的数据；创建散点图图表时，单击"切换x/y"按钮，可以对调x轴和y轴的位置；单击"单元格样式"按钮，可在打开的"单元格样式"对话框中定义小数点后包含几位数字，以及调整图表数据对话框中每一列数据间的宽度，以便在对话框中能查看更多的数据，但不会影响图表；单击"恢复"按钮，可以将修改后的数据恢复到初始状态。

7.5.3　使用Microsoft Excel数据创建图表

　　Microsoft Excel 是专门用于数据处理、统计和分析的电子表格软件。Excel 数据可以直接复制到 Illustrator 中用于创建图表。

　　打开 Excel 数据，将鼠标指针移动到文字上方，向右下方拖曳鼠标，可以将文字及数据选取，如图 7-86 所示；按 Ctrl+C 快捷键复制；切换到 Illustrator 中，选择任意一个图表工具，在画板上拖曳出一个矩形框，释放鼠标左键后，弹出图表数据界面，输入必要的信息，如年度信息，然后在如图 7-87 所示的单元格中单击，按 Ctrl+V 快捷键粘贴数据，如图 7-88 所示，之后单击 ✔ 按钮，便可创建图表，如图 7-89 所示。

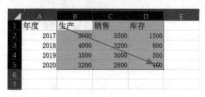

图 7-86

图 7-87

图 7-88

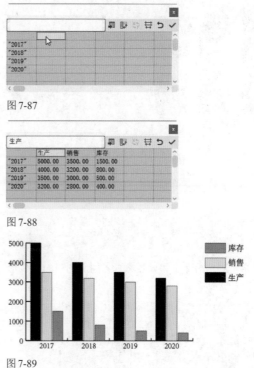

图 7-89

7.5.4　修改图表外观

　　创建图表后，如图 7-90 所示，可以使用直接选择工具 ▷ 或编组选择工具 ▷ 选取图表中的图例、图表轴和文字等进行修改，如图 7-91 ～图 7-93 所示。

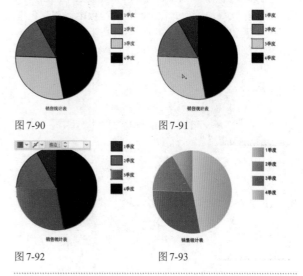

图 7-90　　　　　　　图 7-91

图 7-92　　　　　　　图 7-93

7.5.5　修改图表数据

　　使用选择工具 ▶ 单击图表，如图 7-94 所示，执行"对象"|"图表"|"数据"命令，打开图表数据界面，修改或重新输入数据，如图 7-95 所示，单击对话框右上角的 ✔ 按钮，即可更新数据，如图 7-96 所示。

图 7-94　　　　　　　　　　图 7-95　　　　　　　　　　图 7-96

tip 由于图表是与其数据相关的对象组，因此不能取消编组，否则图表数据就不能修改了。

7.6　制作唯美艺术字

01 打开素材，包括文字和火烈鸟，界面及图层面板显示如图7-97、图7-98所示。

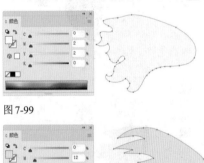

图 7-97　　　　　　图 7-98

02 使用钢笔工具 ✐ 分别绘制五个外形类似羽毛的图形，由大到小依次叠加排列。在"颜色"面板中调整颜色进行填充，无描边，如图7-99~图7-103所示。如果涂手绘画比较熟练的话，可以使用铅笔工具 ✐ 绘制。

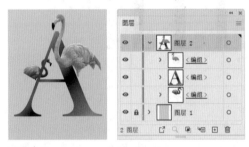

图 7-99

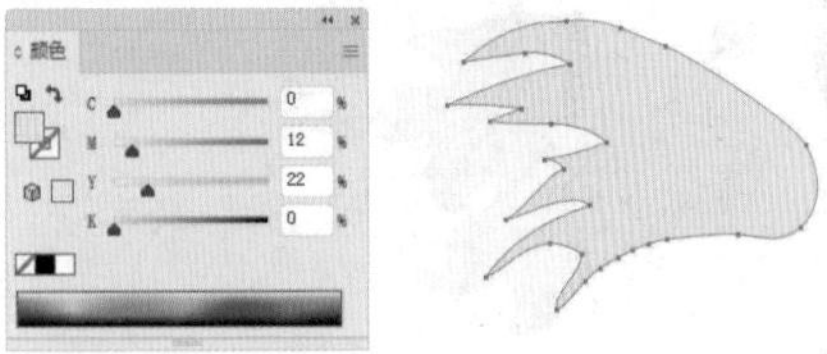

图 7-100

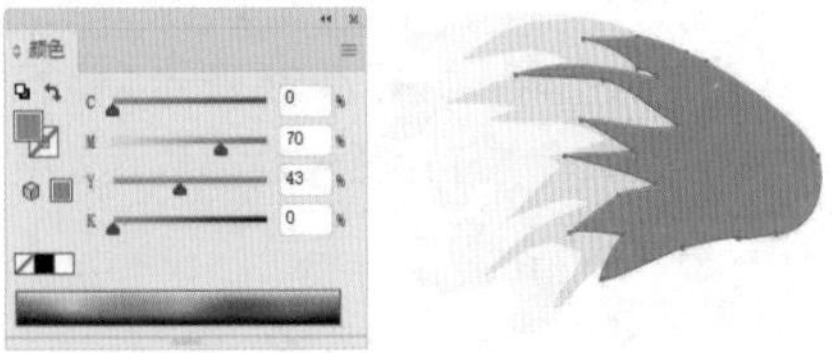

图 7-101

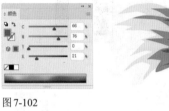

图 7-102

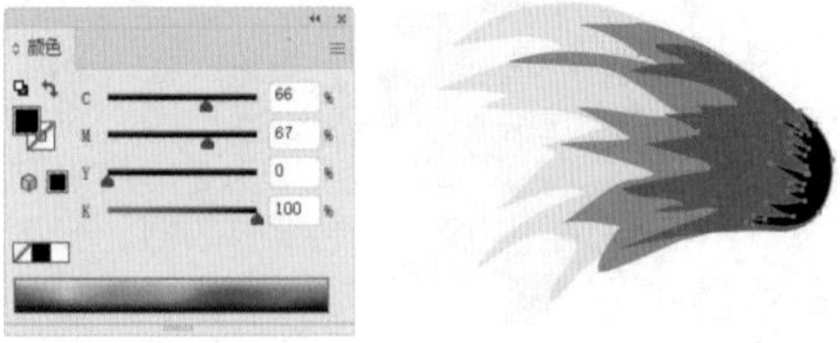

图 7-103

03 使用选择工具 ▶ 创建一个矩形框，选中这5个图形，如图7-104所示。按Alt+Ctrl+B快捷键创建混合效果，如图7-105所示。双击工具箱中的混合工具 ✑，打开"混合选项"对话框，设置"指定的步数"为12，如图7-106所示，效果如图7-107所示。

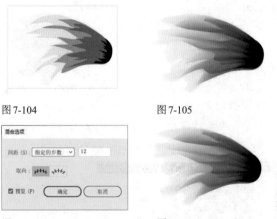

图 7-104　　　　　　　　　图 7-105

图 7-106　　　　　　　　　图 7-107

04 将混合后的图形移动到文字上，如图7-108所示。按住Alt键拖曳图形进行复制，拖动定界框对图形的大小和角度进行调整，如图7-109所示。再复制一个图形，将其缩小一点，如图7-110所示。将光标放在定界框的左侧，按住鼠标向右拖曳，将图形镜像，效果如图7-111所示。

矩形以外的图形隐藏，如图7-116和图7-117所示。

图7-108

图7-109

图7-110

图7-111

⑤ 再绘制一组图形，如图7-112所示。将图形进行混合（"指定的步数"为8），如图7-113所示。

图7- 112

图7-113

⑥ 将该图形放在文字右侧，按Ctrl+[快捷键下移一层，如图7-114所示。选择矩形工具 □，在画板中单击鼠标，弹出"矩形"对话框，参数设置如图7-115所示，单击"确定"按钮，创建一个矩形。

图7-114

图7-115

⑦ 单击"图层"面板底部的 □ 按钮，创建剪切蒙版，将

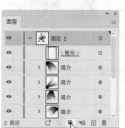

图7-116

图7-117

⑧ 制作图7-118所示的图形，连续按Ctrl+[快捷键将其移至火烈鸟图层下方。复制该图形，缩小并调整角度，装饰在文字右侧略偏下方，如图7-119所示。

图7-118

图7-119

⑨ 在图形与火烈鸟之间制作投影效果。绘制一个图7-120所示的图形，填充"透明到黑色"线性渐变，即左侧渐变滑块的不透明度为0%，右侧渐变滑块为黑色，如图7-121所示，效果如图7-122所示。

图7-120

图7-121

图7-122

⑩ 设置混合模式为"正片叠底"，如图7-123所示。连续按Ctrl+[快捷键将该图形向后移动，至火烈鸟上方即可，如图7-124和图7-125所示。

图 7-123　　　　　图 7-124　　　　　　图 7-125

⓫ 最后，再对文字内部进行装饰。为了便于观察，可先选中文字和图形，复制到画面空白处，排列成图7-126所示的效果，文字要位于图形上方，然后选取这三个对象，按Ctrl+7快捷键创建剪切蒙版，制作出图7-127所示的效果。插画最终效果如图7-128所示。

图 7-126　　　　　　　　　图 7-127

图 7-128

7.7　制作线状特效字

⓿❶ 使用矩形工具▢创建一个矩形，填充红色并将其作为背景。使用椭圆工具⬭创建几个图形，将其作为模板。在"图层1"的眼睛图标👁右侧单击，锁定该图层，如图7-129所示。单击"图层"面板中的⊞按钮，新建一个图层，如图7-130所示。

图 7-129　　　　　图 7-130

⓿❷ 以圆形为基准，使用钢笔工具🖊绘制两条曲线，设置描边为白色，宽度为0.74pt，如图7-131和图7-132所示。

图 7-131　　　　　　　图 7-132

⓿❸ 使用选择工具▶并按住Shift键单击这两条线，将其选取，按Alt+Ctrl+B快捷键创建混合效果。双击混合工具🐾，打开"混合选项"对话框，将"间距"设置为"指定的步数"，然后设置步数为17，如图7-133所示，效果如图7-134所示。

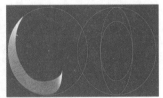

图 7-133　　　　　　　图 7-134

⓿❹ 使用相同的方法绘制几组曲线，每两条为一组，创建混合，之后修改混合步数。图7-135~图7-137所示为字母G的组成线条（为了便于观察，这里单独显示每一个混合对象）。

图 7-135　　　　　　　图 7-136

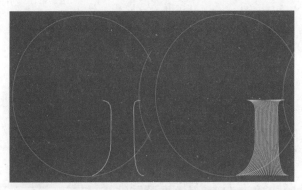

图7-137

⑤ 使用混合方法制作字母O，如图7-138～图7-142所示。

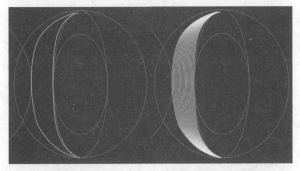

图7-138

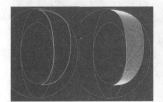

图7-139

图7-140

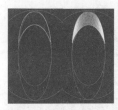

图7-141

图7-142

⑥ 制作字母的连接部分，如图7-143所示。

图7-143

⑦ 在"图层1"的锁状图标🔒上单击，解除该图层的锁定。在第1步操作中绘制的几个圆形和椭圆形的眼睛图标👁上单击，将这些图层隐藏，如图7-144所示。如图7-145所示为最终效果。

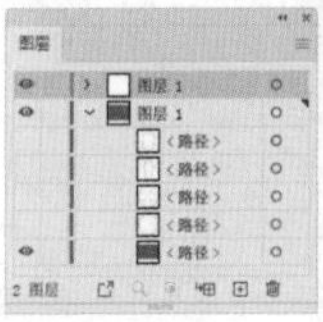

图7-144

图7-145

7.8 制作山峦特效字

① 选择文字工具 **T**，打开"字符"面板，选择字体并设置文字大小，如图7-146所示。在画板上单击，之后输入文字，如图7-147所示。

图7-146 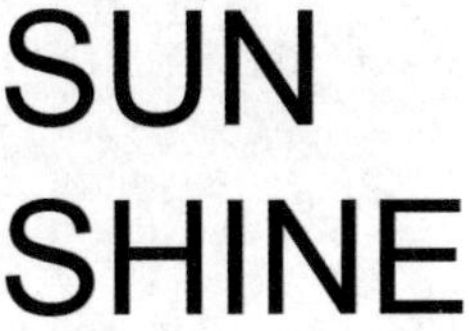　　　　　　　图7-147

② 选择倾斜工具📐，将鼠标指针放在文字右下角，单击并向左侧拖曳鼠标，如图7-148所示；再向下方拖曳鼠

标，对文字进行倾斜处理，如图7-149所示。执行"文字"|"创建轮廓"命令，将文字转换为图形。

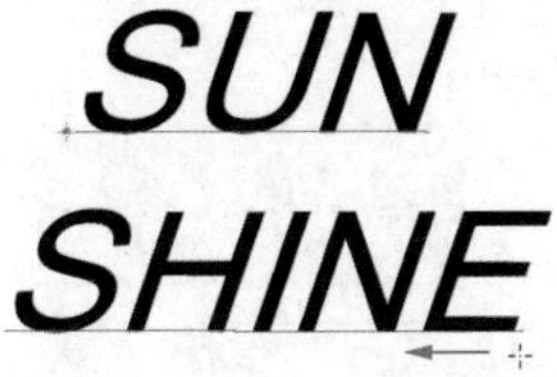

SUN   SUN
SHINE   SHINE

图7-148 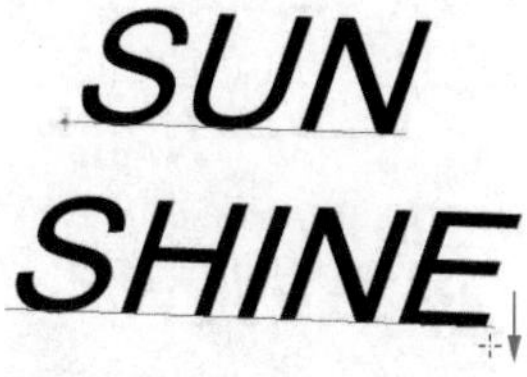　　　　　　　　　图7-149

③ 使用矩形工具▢创建一个矩形，填充线性渐变作为背景，如图7-150和图7-151所示。将文字摆放到该背景上，设置填充颜色为白色，无描边，如图7-152所示。

图 7-150　　　　　图 7-151　　　　　图 7-152

④ 选取所有文字，执行"效果"|"路径"|"偏移路径"命令，参数设置如图7-153所示，让文字向内部收缩一些，如图7-154所示。按Ctrl+C快捷键复制文字。单击"图层"面板中的 按钮，创建一个图层。执行"编辑"|"就地粘贴"命令，将文字粘贴到这一图层中，如图7-155所示。单击该图层的眼睛图标 隐藏图层，如图7-156所示。

图 7-153　　　　　图 7-154

图 7-155　　　　　图 7-156

⑤ 单击"图层1"，选择该图层。使用铅笔工具 绘制一个图形，设置填充颜色为洋红色，无描边，如图7-157所示。使用选择工具 ，将字母S与绘制的图形一同选取，如图7-158所示，按Alt+Ctrl+B快捷键创建混合。双击混合工具 ，打开"混合选项"对话框，参数设置如图7-159所示，效果如图7-160所示。

图 7-157　　　　　图 7-158

图 7-159　　　　　图 7-160

⑥ 其他文字也使用相同的方法进行制作，如图7-161～图7-166所示。

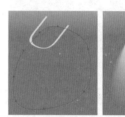

图 7-161

图 7-162

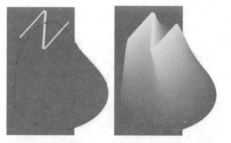

图 7-163

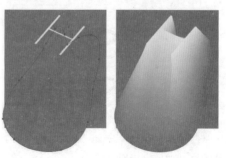

图 7-164

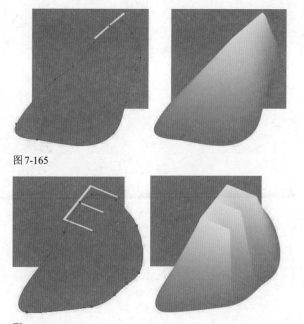

图 7-165

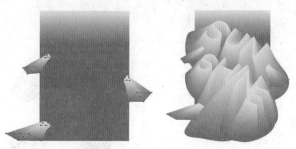

图 7-166

07 使用钢笔工具 ✐ 绘制几个图形，也创建同样的混合效果，如图7-167所示。当前文字的效果如图7-168所示。

图 7-167　　　　　　　　　图 7-168

08 选择矩形工具 ▢，创建一个与背景图形大小相同的矩形，如图7-169所示。单击"图层1"右侧的选择列（⃝状图标处），如图7-170所示，选取该图层中的所有图形，执行"对象"|"剪切蒙版"|"建立"命令，创建剪切蒙版，将矩形之外的图形隐藏，如图7-171所示。

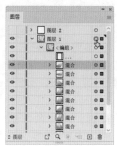

图 7-169　　　　　　　　　图 7-170

图 7-171

09 在"图层2"的眼睛图标 👁 处单击，显示该图层，如图7-172和图7-173所示。最后可以添加一些图形和文字来丰富版面，如图7-174所示。

图 7-172　　　　　　　　　图 7-173

图 7-174

7.9 制作毛绒特效字

① 新建一个文档。选择椭圆工具 ◯，按住Shift键的同时拖曳鼠标，创建一个圆形，为其填充线性渐变，如图7-175和图7-176所示。

图 7-175　　　　　图 7-176

② 使用选择工具 ▶ 并按住Alt键向左拖曳鼠标，复制圆形，调整渐变颜色，如图7-177和图7-178所示。

图 7-177　　　　　图 7-178

③ 按Ctrl+A快捷键全选，按Alt+Ctrl+B快捷键创建混合。双击混合工具 ☜，打开"混合选项"对话框，参数设置如图7-179所示，效果如图7-180所示。

图 7-179　　　　　图 7-180

④ 使用选择工具 ▶，将鼠标指针放在形状构件上，当鼠标指针变为 ▸ 状时，如图7-181所示，向上拖曳鼠标，将图形调整为饼状，如图7-182所示。使用同样的方法调整下方的路径，如图7-183和图7-184所示。

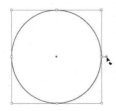

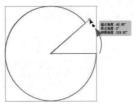

图 7-181　　　　　图 7-182

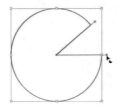

图 7-183　　　　　图 7-184

⑤ 选择直接选择工具 ▷，在如图7-185所示的锚点上单击，将其选取，按Del键删除，得到一条开放的路径，如图7-186所示。

图 7-185　　　　　图 7-186

⑥ 按Ctrl+A快捷键全选，如图7-187所示。执行"对象"|"混合"|"替换混合轴"命令，使用该路径替换混合对象中的混合轴，如图7-188所示。

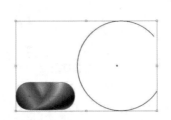

图 7-187　　　　　图 7-188

⑦ 执行"效果"|"扭曲和变换"|"粗糙化"命令，制作出毛绒效果，如图7-189和图7-190所示。

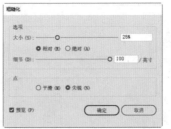

图 7-189　　　　　图 7-190

⑧ 使用同样的方法制作耳朵状混合特效，填充如图7-191所示的渐变。创建圆形时要较之前画得小一些，并将其复制到右侧。使用钢笔工具 ✐ 绘制一条开放的路径，作为混合轴，如图7-192所示。

图 7-191　　　　　　　图 7-192

09 将两个圆形混合，之后通过替换混合轴使混合对象呈现弯曲状。按Shift+Ctrl+E快捷键，为对象添加"粗糙化"效果，如图7-193所示。需要注意的是，作为混合对象的两个圆形，其前后位置不同，所产生的混合效果也会有所变化，例如如左侧圆形在前，会出现图7-194所示的效果。如果要做调整，可以单独选取左侧圆形，按Ctrl+[快捷键，将其向后移动一个堆叠顺序。

图 7-193　　　　　　　图 7-194

10 选取耳朵图形。双击镜像工具▷◁，打开"镜像"对话框，选择"垂直"单选按钮，单击"复制"按钮，如图7-195所示，镜像复制图形。使用选择工具▷将复制后的图形向右移动，得到如图7-196所示的效果。

图 7-195　　　　　　　图 7-196

11 选择矩形工具▢，创建一个矩形，填充径向渐变。按Shift+Ctrl+[快捷键，将其移至底层，如图7-197和图7-198所示。

图 7-197　　　　　　　图 7-198

12 创建一个圆形，填充径向渐变作为投影。单击右侧的渐变滑块，设置不透明度值为0%，使渐变的边缘呈现透明效果，如图7-199和图7-200所示。调整高度，使图形呈椭圆状，阴影效果会更加真实，如图7-201所示。

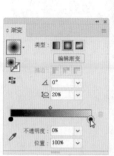

图 7-199　　　　　　　图 7-200

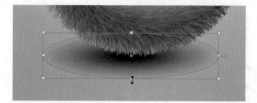

图 7-201

13 向左拖曳中点滑块，以增加透明区域的范围，如图7-202和图7-203所示。

图 7-202　　　　　　　图 7-203

14 设置混合模式为"正片叠底"，不透明度值为85%，如图7-204和图7-205所示。

图 7-204　　　　　　　图 7-205

⑮ 选择光晕工具 ，在画面中的高光区域拖曳鼠标，创建光晕图形，与背景光相呼应，如图7-206所示。拖曳鼠标的同时可以通过按↑键来增加射线数量，效果如图7-207所示。

图 7-206

图 7-207

7.10　制作宠物店广告

① 打开素材，如图7-208和图7-209所示。这是一个宠物店广告，我们要做的是添加文案并进行字体设计。

图 7-208 　　　　　　　　　图 7-209

② 使用选择工具 选取文字。双击膨胀工具 ，打开"膨胀工具选项"对话框，参数设置如图7-210所示。将光标放在文字边缘，光标中心点应位于文字路径的内部，单击鼠标，制作出膨胀效果，使文字变得活泼，与画面的风格保持一致，如图7-211～图7-213所示。

图 7-210 　　　　　　　　　图 7-212

图 7-211

图 7-213

③ 再次双击膨胀工具 ，打开对话框，设置"强度"为10%，如图7-214所示。在草字头上制作膨胀效果，由于减弱了强度，效果不会太强烈，如图7-215和图7-216所示。

图 7-214

图 7-215

图 7-216

④ 选择矩形工具 ，创建一个与页面宽度相同的矩形，填充黄色，无描边，如图7-217所示。双击倾斜工具 ，打开"倾斜"对话框，设置"倾斜角度"为-12°，选择"垂直"单选按钮，如图7-218所示，单击"确定"按钮，效果如图7-219所示。

图 7-217

图7-218　　　　　　　图7-219

05 按Ctrl+[快捷键将该图形移至文字下方。选取文字，双击旋转工具↻，打开"旋转"对话框，设置"角度"为12°，如图7-220和图7-221所示。

图7-220　　　　　　　图7-221

06 执行"效果"|"扭曲和变换"|"自由扭曲"命令，拖动预览框中的控制点，对文字进行扭曲，如图7-222和图7-223所示。

图7-222　　　　　　　图7-223

07 执行"效果"|"风格化"|"投影"命令，为文字添加投影效果，如图7-224和图7-225所示。

图7-224　　　　　　　图7-225

08 执行"效果"|"风格化"|"内发光"命令，为文字添加外发光效果，如图7-226和图7-227所示。

图7-226　　　　　　　图7-227

09 选择文字工具T，在"字符"面板中设置字体及大小，如图7-228所示，在画面中单击，输入文字，设置文字的颜色为白色，如图7-229所示。

图7-228　　　　　　　图7-229

10 将文字旋转12°。执行"效果"|"风格化"|"投影"命令，添加投影效果，如图7-230和图7-231所示。

图7-230　　　　　　　图7-231

11 输入其他文字，单击"装饰"图层前面的眼睛图标◉，显示该图层中的图形和文字，如图7-232和图7-233所示。

图7-232　　　　　　　图7-233

7.11 制作服装店 Banner

01 按Ctrl+N快捷键，打开"新建"对话框，单击Web选项卡，在"空白文档预设"栏中选择"960×560"px预设，如图7-234所示。

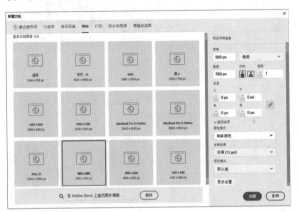

图7-234

02 选择矩形工具 ▢，在画板中单击鼠标，弹出"矩形"对话框，参数设置如图7-235所示，单击"确定"按钮，创建一个矩形。打开"颜色"面板，调整颜色，为矩形填充粉色，如图7-236和图7-237所示。

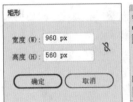

图7-235　　　　图7-236

图7-237

03 使用同样的方法再创建一个矩形并填充白色，如图7-238和图7-239所示。

图7-238　　　图7-239

04 保持白色矩形的选取状态，为它添加一个外发光效果。执行"效果"|"风格化"|"外发光"命令，参数设置如图7-240所示，效果如图7-241所示。

图7-240　　　　　　　图7-241

05 在"图层1"前面单击，将其锁定，如图7-242所示，单击"图层"面板底部的 ▣ 按钮，新建"图层2"，如图7-243所示。

图7-242　　　　　　　图7-243

06 执行"文件"|"置入"命令，打开"置入"对话框，选择人物图像，如图7-244所示，取消"链接"选项的勾选，单击"置入"按钮，此时光标呈现 状态，将光标放在画面左侧，单击鼠标，在该位置置入图像，如图7-245所示。

图7-244　　　　　　　图7-245

07 使用铅笔工具 ✎ 绘制一个心形，如图7-246所示，选择编组选择工具 ▷，按住Shift键单击人物图像，将其一同选取，如图7-247所示。按Ctrl+7快捷键创建剪切蒙版，如图7-248所示。创建为剪切蒙版的两个对象会自动编为一组，如图7-249所示。要对其进行单独调整的话，需要先使用编组选择工具 ▷ 将其选取。

图 7-246   图 7-247

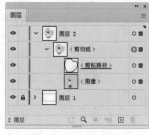

图 7-248   图 7-249

08 在人物图像上单击，将其选取，如图7-250所示，单击工具箱中的选择工具 ▶，此时，图像周围会显示定界框，将光标放在定界框的一角，按住Shift键拖曳鼠标，将图像成比例放大，如图7-251所示。

图 7-250   图 7-251

09 使用铅笔工具 ✏ 在画面右侧绘制三个图形，分别填充不同的颜色，如图7-252所示。

图 7-252

10 创建一个白色的矩形，如图7-253和图7-254所示。

图 7-253   图 7-254

11 单击"图层"面板底部的 ▣ 按钮，创建剪切蒙版，将矩形以外的图形隐藏，如图7-255和图7-256所示。

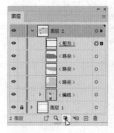

图 7-255   图 7-256

12 打开几张素材，放置到文档中作为装饰。选择文字工具 **T**，在画面中单击，输入文字。设置填充与描边颜色均为深绿色，描边粗细为0.25pt，如图7-257所示。

图 7-257

13 按Ctrl+C快捷键复制文字，按Ctrl+F快捷键粘贴到前面，将填充颜色修改为白色，如图7-258所示。执行"效果"|"变形"|"拱形"命令，设置"弯曲"参数为15%，如图7-259和图7-260所示。

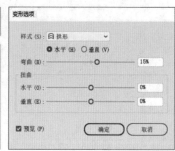

图 7-258   图 7-259

图 7-260

⑭ 在"图层"面板中，按住Shift键在文字图层后面单击，选中这两组文字，如图7-261所示。执行"对象"|"混合"|"建立"命令，创建混合效果，如图7-262所示。双击混合工具 ，打开"混合选项"对话框，参数设置如图7-263所示，效果如图7-264所示。

图 7-261　　　　图 7-262

图 7-263　　　　图 7-264

⑮ 最后，输入其他文字，效果如图7-265所示。

图 7-265

7.12　制作店庆 Banner

7.12.1　制作特效数字

① 按Ctrl+N快捷键，打开"新建文档"对话框。使用"移动设备"选项卡中的"iPhone X"预设，如图7-266所示，创建一个iPhone X屏幕大小的RGB模式文件。下面制作App启动页Banner。先使用混合功能制作数字"9"，来作为本设计作品中最主要的视觉元素。

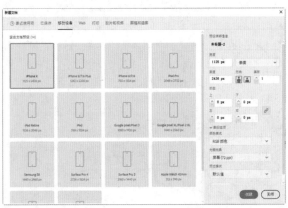

图 7-266

> **tip** App启动页是打开App时显示的页面，停留时间较短，但非常醒目，属于用户必看的Banner之一。当当、京东等常用这种形式做促销和推广活动，用户点击就能直接进入对应的活动页面。

② 选择椭圆工具 ，按住Shift键创建圆形，填充线性渐变，如图7-267和图7-268所示。使用选择工具 ▶ 并按住Alt键拖曳圆形进行复制，之后调整各个圆形的大小，如图7-269所示。

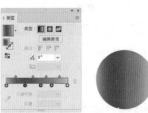

图 7-267　　　图 7-268　　　图 7-269

③ 拖出一个选框，将这些圆形选取，如图7-270所示。执行"对象"|"复合路径"|"建立"命令，将其创建为复合路径，如图7-271所示。

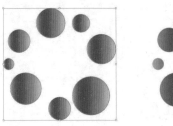

图 7-270　　　　　图 7-271

④ 按住Alt键拖曳图形进行复制。将中间那组图形调

小，如图7-272所示。

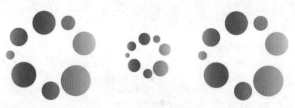

图7-272

⑤ 拖出一个选框，选取这3组图形，执行"对象"|"混合"|"建立"命令，创建混合，如图7-273所示。

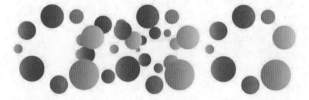

图7-273

⑥ 双击混合工具，打开"混合选项"对话框，在"间距"下拉列表中选择"指定的步数"并设置步数为1000，如图7-274和图7-275所示。

图7-274   图7-275

⑦ 使用钢笔工具绘制一条路径，如图7-276所示。按Ctrl+A快捷键，将路径与混合对象一同选取，执行"对象"|"混合"|"替换混合轴"命令，用该路径替换混合轴，如图7-277所示。

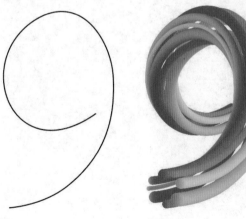

图7-276   图7-277

⑧ 使用编组选择工具在路径末端的混合图形上单击，将其选取，如图7-278所示。使用选择工具，按Alt+Shift键拖曳控制点，将这些图形等比缩小，如图7-279所示，与此同时，混合对象的末端也会变细，如图7-280所示。

图7-278   图7-279   图7-280

⑨ 使用同样的方法选取路径另一端的混合图形，如图7-281所示，进行等比放大，如图7-282所示。

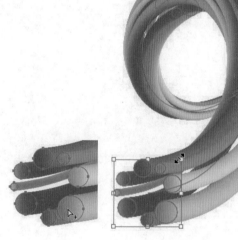

图7-281   图7-282

7.12.2 制作App启动页Banner

① 使用选择工具将文字从画板上移开。选择矩形工具，创建一个与画板大小相同的矩形，填充线性渐变，如图7-283和图7-284所示。

图7-283   图7-284

② 使用钢笔工具绘制几个图形，填充线性渐变（右下角图形的不透明度值设置为69%），如图7-285所示。

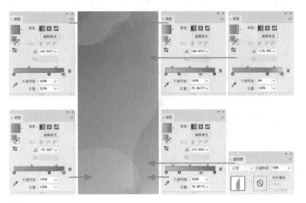

图 7-285

03 选择椭圆工具 ⬭，按住Shift键并拖曳鼠标，创建一个圆形，无填色，用渐变描边，如图7-286和图7-287所示。

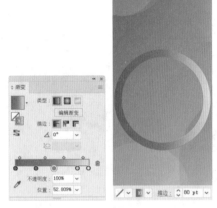

图 7-286   图 7-287

04 选择矩形工具 ▭，在画面左下角创建一个矩形，如图7-288所示。执行"窗口"|"色板库"|"图案"|"基本图形"|"基本图形_点"命令，打开"基本图形_点"面板。单击如图7-289所示的图案，为矩形填充该图案，如图7-290所示。

图 7-288   图 7-289   图 7-290

05 执行"对象"|"图案"|"编辑图案"命令，画板上只显示基本的图案单元。选择编组选择工具 ▷，在图案上双击，将其选取，如图7-291所示，将填充颜色设置为蓝色，如图7-292和图7-293所示。单击图案上方的"完成"按钮，结束修改，重新显示其他图稿。

06 使用椭圆工具 ⬭ 在画面右上角创建一个圆形，填充图案，如图7-294和图7-295所示。使用同样的方法将图案颜色设置为蓝色，如图7-296所示。

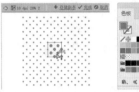

图 7-291   图 7-292

   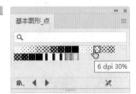

图 7-293   图 7-294

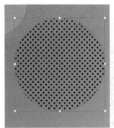   

图 7-295   图 7-296

07 使用钢笔工具 ✎ 和椭圆工具 ⬭ 绘制装饰图形，如图7-297所示。使用选择工具 ▶ 将前面制作的文字9移动到画面中心，按Shift+Ctrl+]快捷键，调整到顶层，如图7-298所示。

图 7-297   图 7-298

08 选择文字工具 T，在画面中输入两组文字，如图

7-299所示。

图 7-299

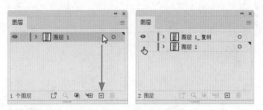

图 7-301　　　　　　　　图 7-302

③ 使用选择工具 ► 将图稿拖曳到该画板上，并重新调整布局，如图7-303所示。

图 7-303

7.12.3　制作网页 Banner

① 下面制作网页Banner。选择画板工具 ☐，在图稿右侧拖曳鼠标，创建一个画板。单击"控制"面板中的 ⌄ 按钮，打开下拉列表，选择"1280×800"选项（画布为横向），修改画板尺寸（这是网页常用尺寸），如图7-300所示。

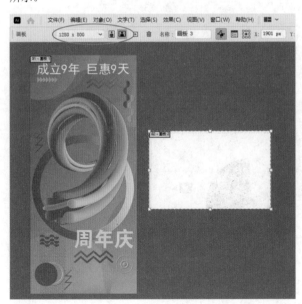

图 7-300

② 将"图层1"拖曳到 ⊞ 按钮上复制，如图7-301所示，得到"图层1_复制"图层。在"图层1"的眼睛图标 ◉ 上单击，将该图层隐藏，如图7-302所示。

7.12.4　导出设计图稿

① 在"图层1"原眼睛图标处单击，将该图层显示出来，如图7-304和图7-305所示。执行"文件"|"存储"命令，将设计图稿保存为AI格式。

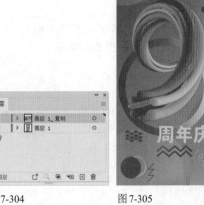

图 7-304　　　　　　　　图 7-305

② 下面再存储一份手机和网页用的图稿。执行"文件"|"导出"|"导出为多种屏幕所用格式"命令，打开"导出为多种屏幕所用格式"对话框。选择"画板"选项卡，单击需要导出的资源；选取文件格式及缩放比例；单击"导出至"选项右侧的 ▣ 按钮，如图7-306所示，在弹出的对话框中指定资源的存储位置。取消"创建子文件夹"复选框的勾选，将资源导出到一个文件夹中（如果希望分开管理，可以勾选该复选框）。

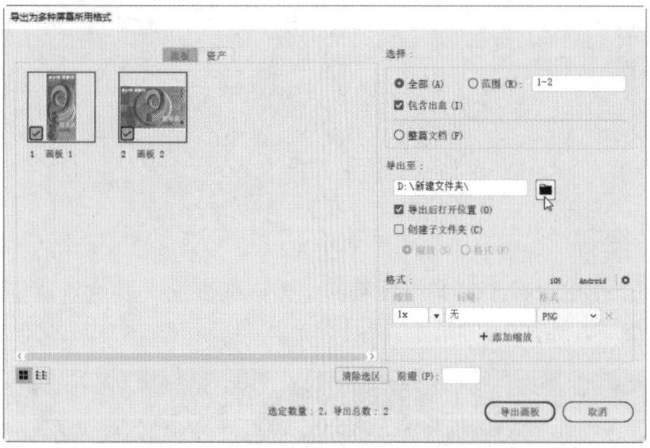

图 7-306

技巧放送 | 打包文件

使用“文件”|“打包”命令，可以将文档中的图形、字体（汉语、韩语和日语除外）、链接的图形和打包报告等内容自动保存到一个文件夹中。有了这项功能，设计人员就可以从文件中自动提取文字和图稿资源，免除了手动分离和转存工作，并可实现轻松传送文件的目的。

03 单击“添加缩放”按钮，这样就可以导出两组图标。选取JPG格式，设置缩放比例为2x，让图标放大两倍，如图7-307所示。单击“导出画板”按钮，即可将图标导出为PNG和JPG两种格式和两个缩放版本，如图7-308所示。

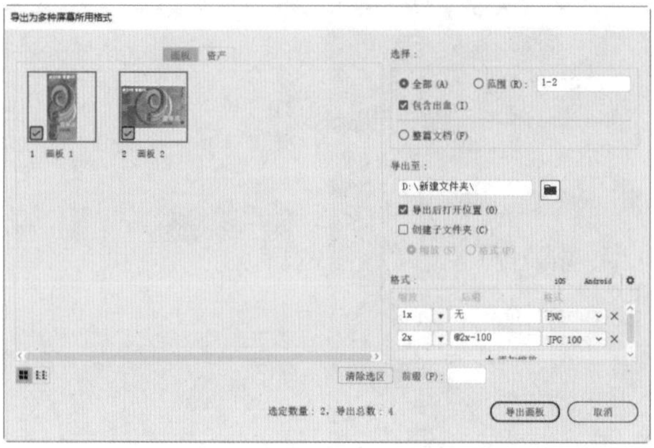

图 7-307

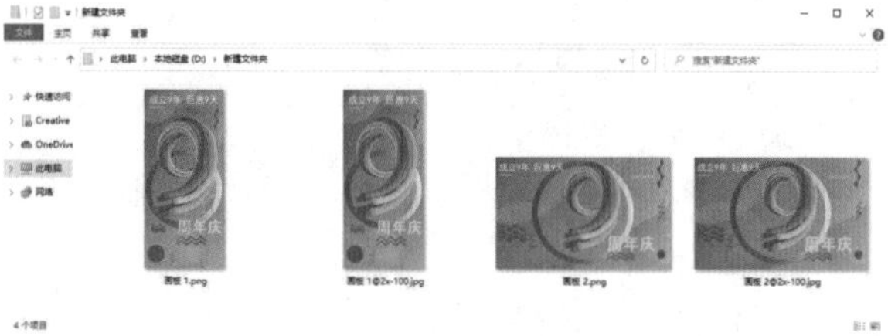

图 7-308

7.13 制作可视化数据

7.13.1 制作饼图

01 按Ctrl+N快捷键，打开“新建文档”对话框，使用Web选项卡中的预设创建文档，如图7-309所示。

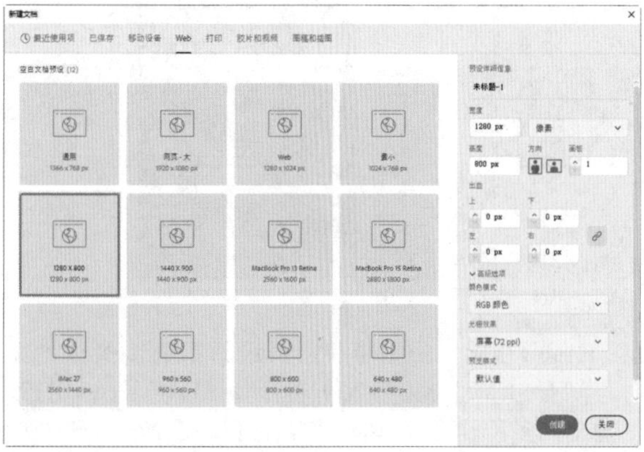

图 7-309

02 选择饼图工具，在画板上单击，弹出“图表”对话框，输入宽度和高度，如图7-310所示，按照该尺寸创建图表。单击“确定”按钮，弹出图表数据界面，输入数据，如图7-311所示，按Enter键关闭对话框，创建图表，如图7-312所示。

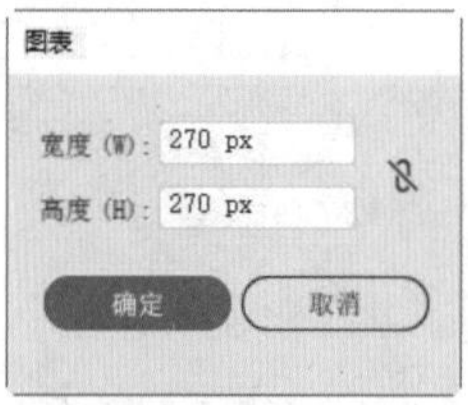

图 7-310

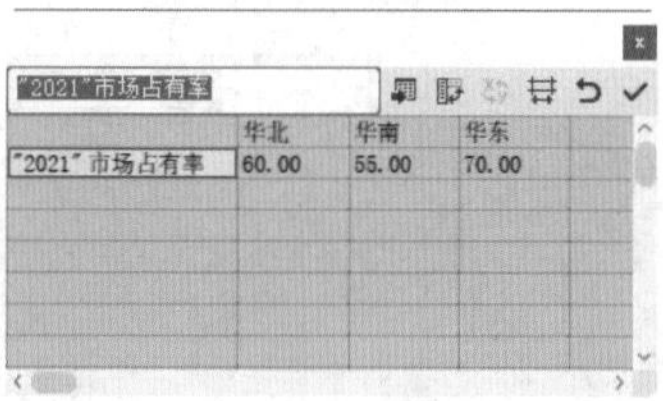

图 7-311

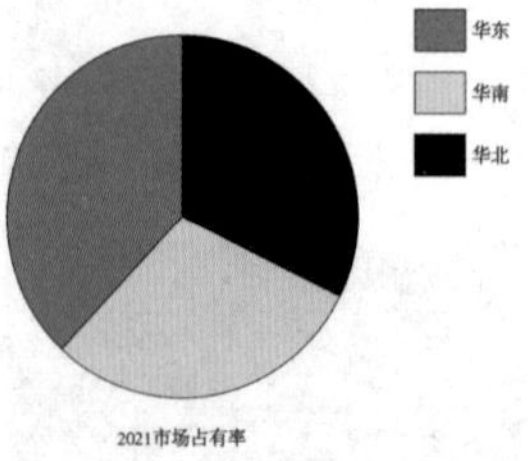

图 7-312

tip 在“图表”对话框中设置的尺寸是图表主要部分的尺寸，并不包括图表的标签和图例。

03 选择编组选择工具，将鼠标指针移动到中灰色饼图上方，如图7-313所示，双击，将其与另一个中灰色饼图一同选取，如图7-314所示。取消描边并修改填充颜色，如图7-315和图7-316所示。

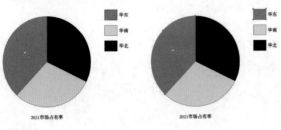

图7-313　　　　　　　　　　图7-314

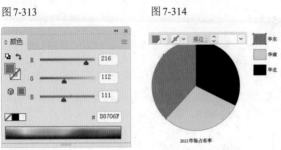

图7-315　　　　　　　　　　图7-316

04 使用同样的方法修改其他饼图的颜色，如图7-317和图7-318所示。

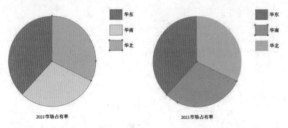

图7-317　　　　　　　　　　图7-318

05 按住Shift键并单击各个文字，将其选取，在"控制"面板中修改字体和文字大小，如图7-319和图7-320所示。

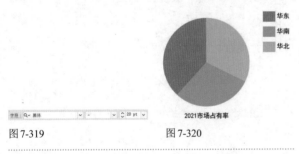

图7-319　　　　　　　　　　图7-320

7.13.2　制作立体图表

01 使用选择工具 ▶ 并按住Alt键拖曳图表，进行复制。连续执行几次"对象"|"取消编组"命令，将图表彻底解散编组。移动饼状图形，使其错开一些位置，如图7-321所示，也可以调一下大小，但各图形之间要做好衔接。将3个图形全选，将鼠标指针移动到定界框外，拖曳鼠标，将对象旋转90°，如图7-322所示。向下拖曳定界框顶部的控制点，将图形压扁，如图7-323所示。

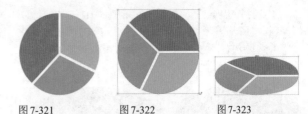

图7-321　　　　图7-322　　　　图7-323

02 按Ctrl+G快捷键编组。按Ctrl+C快捷键，将图形复制到剪贴板。按住Alt键和Shift键并向下拖曳鼠标，再次进行复制，如图7-324所示。按住Shift键拖曳控制点，将图形等比缩小，如图7-325所示。按Shift+Ctrl+[快捷键将图形调整到底层。选取这两组图形，如图7-326所示，按Alt+Ctrl+B快捷键创建混合。

图7-324　　　　图7-325　　　　图7-326

03 双击混合工具 ，打开"混合选项"对话框，参数设置如图7-327所示，混合效果如图7-328所示。

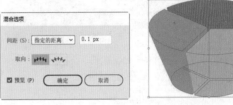

图7-327　　　　　　　　　图7-328

04 按Ctrl+F快捷键粘贴图形。执行"编辑"|"编辑颜色"|"重新着色图稿"命令，在弹出的对话框中拖曳色标，修改图形颜色，如图7-329和图7-330所示。在空白处单击，结束编辑。

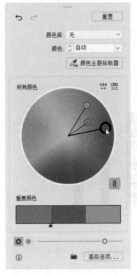

图7-329　　　　　　　　　图7-330

05 使用选择工具▶选取文字，按Shift+Ctrl+G快捷键取消编组并将文字拖曳到图形上方，如图7-331所示。保持文字的选取状态，选择倾斜工具，在离文字远一点的地方拖曳鼠标，进行扭曲，如图7-332所示。

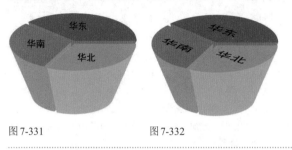

图 7-331

图 7-332

7.13.3 制作双轴图

01 选择柱形图工具，拖曳出矩形框，确定图表范围，如图7-333所示，释放鼠标左键，在弹出的图表数据界面中输入数据，如图7-334所示（在标签中创建换行符时，即输入“1季度|2021”时，“|”符号用Shift+\键输入）。

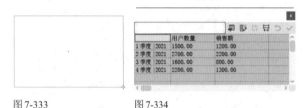

图 7-333

	用户数量	销售额
1 季度 | 2021	1500.00	1200.00
2 季度 | 2021	2700.00	2200.00
3 季度 | 2021	1600.00	800.00
4 季度 | 2021	2200.00	1300.00

图 7-334

02 单击✔按钮创建图表，如图7-335所示。

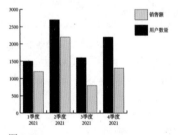

图 7-335

03 选择编组选择工具，将鼠标指针移动到黑色数据组上方，如图7-336所示，双击，将所有黑色数据组选取，如图7-337所示。

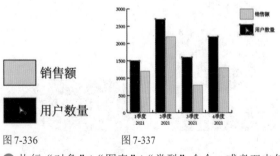

图 7-336

图 7-337

04 执行“对象”|“图表”|“类型”命令，或者双击任意图表工具，打开“图表类型”对话框。单击折线图按钮，如图7-338所示，单击“确定”按钮关闭对话框，将所选数据组改为折线图，如图7-339所示。

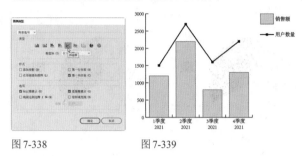

图 7-338

图 7-339

tip 双轴图可以更加直观地体现数据的走势，展现数据环比分析结果，应用的场合比较多。最常见的双轴图是柱形图+折线图的组合。在Illustrator中，除散点图外，可以将其他任何类型的图表组合成双轴图。

05 在折线图的数据点上双击，将其全选，如图7-340所示，修改描边粗细，如图7-341所示。

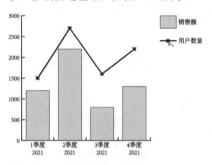

图 7-340

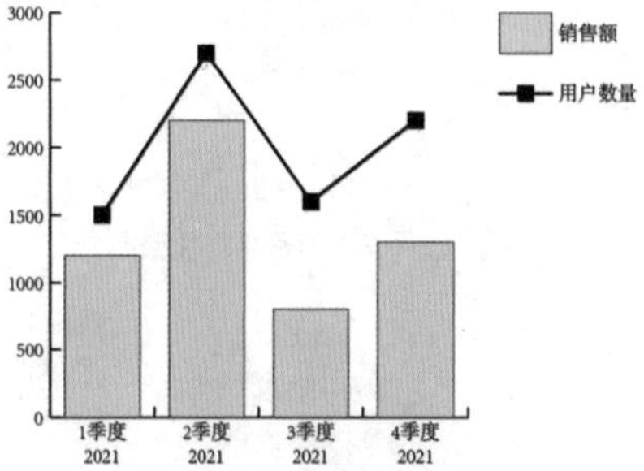

图 7-341

06 在浅灰色数据组上双击，选取数据组，如图7-342所示，修改填充颜色，无描边，如图7-343所示。

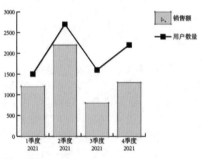

图 7-342

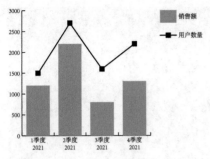

图 7-343

⑦ 拖曳出一个选框，将左侧的数据选取，如图7-344所示。按住Shift键在图表底部的文字周围拖曳鼠标，将这些文字也一同选取，如图7-345所示。

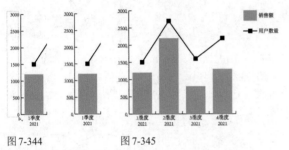

图 7-344　　　　图 7-345

⑧ 在"控制"面板中修改字体，如图7-346所示。

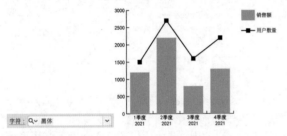

图 7-346

⑨ 选取图例右侧的文字，修改字体和文字大小，如图7-347所示。

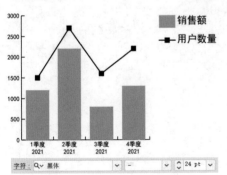

图 7-347

7.13.4　替换图例

① 按Ctrl+O快捷键，打开素材，如图7-348所示。使用选择工具▶单击房子图形，将其选取，如图7-349所示。

图 7-348　　　　　　　　图 7-349

② 执行"对象"|"图表"|"设计"命令，打开"图表设计"对话框，单击"新建设计"按钮，将所选图形定义为一个设计图案，如图7-350所示。单击"确定"按钮关闭对话框。

③ 选择柱形图工具📊，创建一个柱形图图表，如图7-351和图7-352所示。

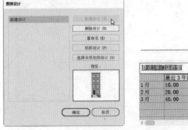

图 7-350　　　　　　　　图 7-351

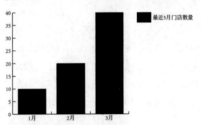

图 7-352

④ 选择图表对象，执行"对象"|"图表"|"柱形图"命令，打开"图表列"对话框，单击新创建的设计图案；在"列类型"选项下拉列表中选择"一致缩放"选项，取消勾选"旋转图例设计"复选框，如图7-353所示；单击"确定"按钮，即可用房子图形替换柱形图例，如图7-354所示。

图 7-353　　　　　　图 7-354

⑤ 使用编组选择工具▶选取文字，修改字体为黑体（图例右侧的文字调大），如图7-355所示。

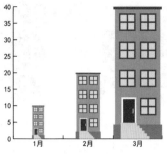

图 7-355

⑩ 使用选择工具 ▶ 将制作完成的几组图表拖曳到左侧画板上，如图7-356所示。

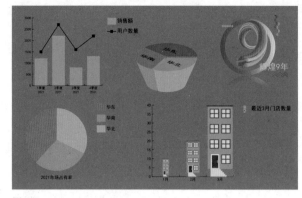

图 7-356

7.14 制作心房特效字

① 选择矩形工具 □，在画板上单击，弹出"矩形"对话框，设置宽度和高度均为50mm，如图7-357所示，单击"确定"按钮，创建一个矩形，如图7-358所示。

图 7-357　　　　　　图 7-358

② 将鼠标指针移动到矩形右上角，按住Shift+Ctrl键并拖曳鼠标，将矩形旋转45°，如图7-359所示。选择锚点工具 ▷，将鼠标指针移动到如图7-360所示的路径上方，按住Shift键并拖曳鼠标，将直线调整为曲线，如图7-361所示。

图 7-359　　　　图 7-360　　　　图 7-361

③ 按Ctrl+R快捷键显示标尺。从水平标尺上拖曳出参考线，放在曲线路径的边缘，如图7-362所示。将鼠标指针移动到如图7-363所示的路径上方，按住Shift键并拖曳鼠标，将该侧路径也调整为曲线，这样就得到了一个心形，如图7-364所示。

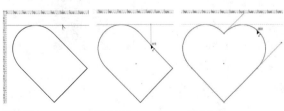

图 7-362　　　　图 7-363　　　　图 7-364

④ 按Ctrl+R快捷键隐藏标尺，按Ctrl+;快捷键隐藏参考线。选择钢笔工具 ✐，绘制一条曲线，如图7-365所示。使用选择工具 ▶，按住Alt键并拖曳曲线进行复制，如图7-366所示。

图 7-365　　　　　　图 7-366

⑤ 按Ctrl+A快捷键全选。选择形状生成器工具 ◉，在曲线划分出来的3个区域分别单击，将图形分割成3块，如图7-367～图7-369所示。使用选择工具 ▶ 将心形图形外的多余路径选取，按Del键删除，如图7-370所示。

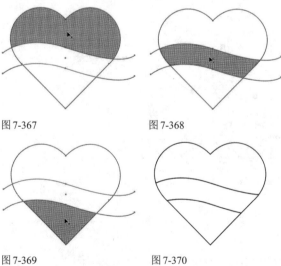

图 7-369　　　　　　图 7-370

⑥ 使用选择工具 ▶ 拖曳图形，将其分开，如图7-371所示。

图7-371

07 选择文字工具 T ，在画板上输入文字，如图7-372所示。按Esc键结束文字的编辑。再输入两段文字，如图7-373所示（字体和文字大小不变）。

图7-372

图7-377　　　　　　　　　图7-378

11 选择矩形工具 ■ ，创建一个矩形，填充径向渐变，按Shift+Ctrl+[快捷键调整到底层，如图7-379和图7-380所示。

图7-373

08 使用选择工具 ▶ 拖曳出一个选框，选取这3组文字，如图7-374所示，按Shift+Ctrl+[快捷键调整到底层。

图7-379　　　　　　　图7-380

12 选择光晕工具 ，将鼠标指针移动到字母"O"上方，拖曳鼠标，创建光晕图形，模拟镜头光晕效果，如图7-381和图7-382所示。

图7-374

09 在空白区域单击，取消选择。按住Shift键单击文字"ADOBE"及最上方的图形，如图7-375所示。执行"对象"|"封套扭曲"|"用顶层对象建立"命令，用图形扭曲文字，如图7-376所示。

图7-381

图7-375　　　　　　　图7-376

10 使用同样的方法扭曲另外两组文字，如图7-377和图7-378所示。

图7-382

tip 当光线在镜头中反射和散射时，会产生镜头眩光，并在图像中生成斑点或阳光光环，即镜头光晕。镜头光晕可以增添缥缈、梦幻的气氛，使画面呈现戏剧效果。

7.15 制作艺术花瓶

01 使用钢笔工具 🖊 绘制花瓶图形，如图7-383所示。按住Ctrl+Alt快捷键的同时，将花瓶向右侧拖曳，进行复制，原图形保留，后面制作封套扭曲时会用到。

02 选择网格工具 🔲，在花瓶左侧单击，添加网格点，单击"色板"面板中的红色，为网格点着色，如图7-384所示。在花瓶右侧单击添加网格点，如图7-385所示。

图7-383　　　　图7-384　　　　图7-385

03 继续添加网格点并设置填充颜色为橙色，如图7-386和图7-387所示。在位于花瓶中间的网格点上单击，将其选取，设置填充颜色为白色，如图7-388所示。

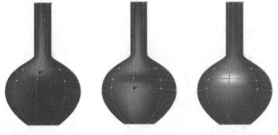

图7-386　　　　图7-387　　　　图7-388

04 按住Ctrl键并拖曳出选框，将瓶口的网格点选取，如图7-389所示，设置填充颜色为蓝色，如图7-390所示。选择瓶底的网格点，设置填充颜色为蓝色，如图7-391所示。

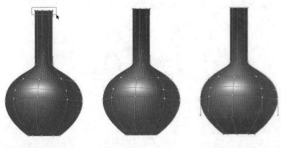

图7-389　　　　图7-390　　　　图7-391

05 选择圆角矩形工具 🔲，在瓶口创建一个圆角矩形，如图7-392所示。按住Ctrl键的同时单击瓶子及瓶口图形，将其选取，单击"控制"面板中的 🔳 按钮，进行水平居中对齐。选择瓶口的圆角矩形，使用网格工具 🔲 在图形上单击，添加一个网格点，设置填充颜色为橙色，如图

7-393所示。将瓶口图形复制并放置到瓶底，然后放大到适合瓶底的大小，如图7-394所示。将组成花瓶的3个图形选取，按Ctrl+G快捷键编组。

图7-392　　　　图7-393　　　　图7-394

06 执行"窗口"|"色板库"|"图案"|"装饰"|"装饰旧版"命令，打开"装饰旧版"面板。在花瓶图形（未应用渐变网格的图形）上面创建一个矩形，矩形应大于花瓶图形。单击如图7-395所示的图案，为图形填充该图案。按Shift+Ctrl+[快捷键，将其调整到花瓶下方，如图7-396所示。选择图案与花瓶，按Alt+Ctrl+C快捷键，用顶层对象创建封套扭曲，如图7-397所示。

图7-395　　　　图7-396　　　　图7-397

07 将扭曲后的图案移动到设置了渐变网格的花瓶上方。设置混合模式为"变暗"，如图7-398和图7-399所示。

图7-398　　　　　　　图7-399

08 执行"窗口"|"符号库"|"花朵"命令，打开"花朵"面板，如图7-400所示。将一些花朵符号从该面板中拖出来，放在花瓶中作为装饰，如图7-401所示。该花瓶具有立体感，放在照片中也非常自然、真实，如图7-402所示。

09 使用同样的方法制作一个绿色花瓶，为其添加投影，还可以使用光晕工具 🔆 在画面中增添闪光效果，如图7-403所示。

图 7-400　　　　　　　　　图 7-401

图 7-402

图 7-403

7.16　课后作业：大爱足球

　　混合可以在两个或多个对象之间生成一系列的中间对象，使之产生从颜色到形状的全面融合和过渡效果，即混合既能创建渐变颜色，也能生成大量的中间对象。利用好这两点，能制作出很多特效。

　　下面制作一个足球混合特效，如图 7-404 所示。首先打开素材，复制出两个足球，调小并降低不透明度，用这 3 个足球创建混合（步数为 10），之后用路径替换混合轴，并反转对象的堆叠顺序即可，如图 7-405 所示。

图 7-404

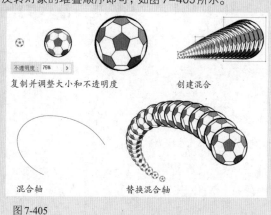

复制并调整大小和不透明度　　　　　创建混合

混合轴　　　　　　替换混合轴

图 7-405

7.17　复习题

1. 与选择工具 ▶ 相比，自由变换工具 除了可以移动、旋转和缩放对象外，还能进行哪些操作？
2. 哪些对象可以用来创建混合效果？
3. 封套扭曲有几种创建方法？
4. 什么样的对象不能用来创建封套扭曲？
5. 如果对象填充了图案并添加了效果，在进行封套扭曲时，怎样才能让图案一同扭曲？怎样取消效果和图形样式的扭曲？

第8章

UI设计

效果、外观与图形样式

本章简介

本章介绍Illustrator中与制作特效有关的功能，即效果、"外观"面板和图形样式。效果和图形样式都可以改变对象的外观，制作出绚丽的特效。效果由用户自己添加和设置，图形样式则是多种效果的集合，在使用时，只需单击一下，便可轻松地将效果应用于对象。通过"外观"面板可以修改、管理和删除效果，以及对象的其他外观属性。

8.1 UI设计

UI（User Interface）即用户界面，是指人和机器互动过程中的界面，如图8-1～图8-4所示。UI设计就是研究用户与界面之间的交互关系的一种职业，其包含3个方向，分别是：用户研究、交互设计和界面设计。

App界面

图8-1

写实图标

图8-2

渐变图标

图8-3

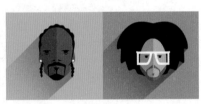

扁平化图标

图8-4

用户研究包括研究如何提高产品的可用性，使系统的设计更容易被人使用、学习和记忆，以及发掘潜在需求，为技术创新提供新的思路和方法。交互设计是通过设计来加强软件的易用性，让用户可以无障碍地使用。界面设计强调简易性，要符合用户的使用习惯，还要结构清晰、风格与设计目标一致、与元素外观一致、与交互行为一致。只有界面有序，才能让用户轻松地使用，即界面设计要和用户研究紧密结合，是一个不断地为用户设计满意视觉效果的过程。UI设计是一门结合了计算机科学、美学、心理学、行为学等学科的综合性艺术。

8.2 效果

效果是用于改变对象外观的功能，通过"效果"菜单来添加和使用。为对象添加效果后，"外观"面板会列出该效果，通过该面板可以编辑效果，也可删除效果以还原对象。

8.2.1 Illustrator效果

效果可以为对象添加投影、使对象扭曲、令其边缘产生羽化、让对象呈现线条状等。在 Illustrator 中，要想制作特效，一定离不开效果，如图8-5和图8-6所示。

圆形图形/使用"扭曲和变换"效果组中的效果制作小鸟
图8-5

使用渐变填充的图形/使用"风格化"效果组中的效果制作的UI图标
图8-6

"效果"菜单中包含两类效果，如图8-7所示。Illustrator效果是矢量效果，顾名思义，就是用于矢量对象的，但也可用于位图（即图像）的填色和描边。此外，"3D""SVG滤镜""变形"效果组，"风格化"效果组中的"投影""羽化""内发光""外发光"等也可以编辑位图。

选择对象后，执行"效果"菜单中的命令，或单击"外观"面板底部的 *fx* 按钮，打开下拉列表，选择一个命令即可为其添加效果。应用一个效果后（如使用"自由扭曲"效果），菜单中就会保存该命令，如图8-8所示。执行"效果"|"应用'自由扭曲'"命令，可以再次

应用该效果。如果想对参数做出修改，可以执行第2个命令。

图8-7

图8-8

8.2.2 Photoshop效果

Photoshop效果是栅格效果（与Photoshop滤镜相同），如图8-9所示，矢量对象和位图都可以使用。

插画/使用"木刻"效果制作的版画
图8-9

使用Photoshop效果时会弹出"效果画廊"面板，如图8-10所示，或者相应的对话框。"效果画廊"集成了"扭曲""画笔描边""素描"等多个效果组中的命令，单击其中一个命令即可使用该效果组，并可在预览区中预览，参数控制区可以调整参数。单击"效果画廊"

面板右下方的⊞按钮，可以创建一个效果图层，之后可单击其他效果，这样便可同时应用多个效果。

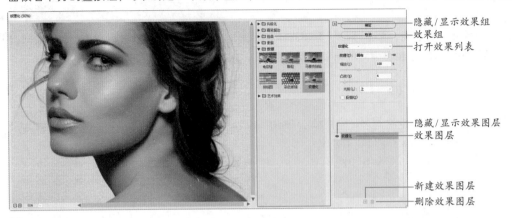

右侧标注：
- 隐藏/显示效果组
- 效果组
- 打开效果列表
- 隐藏/显示效果图层
- 效果图层
- 新建效果图层
- 删除效果图层

图 8-10

tip 使用Photoshop效果时，按住Alt键，相应对话框中的"取消"按钮会变成"重置"或"复位"按钮，单击即可将参数恢复到初始状态。如果在执行效果的过程中想要终止操作，可以按Esc键。

8.3 编辑外观属性

　　填色、描边、透明度和各种效果可以改变对象的外观，但并不影响对象的基础结构，统称为"外观属性"。外观属性具有可随时添加、修改和删除等特点。

8.3.1 "外观"面板

　　默认状态下，在 Illustrator 中创建的对象具有最基本的外观属性，即黑色描边、白色填色，如图8-11所示。当外观发生改变时，例如，添加了"3D绕转（映射）"效果，如图8-12所示，"外观"面板就会将其记录和保留下来，如图8-13所示。

图 8-11　　　　　　图 8-12

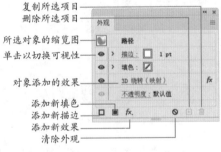

右侧标注：
- 复制所选项目
- 删除所选项目
- 所选对象的缩览图
- 单击以切换可视性
- 对象添加的效果
- 添加新填色
- 添加新描边
- 添加新效果
- 清除外观

图 8-13

● 所选对象的缩览图▣：当前选择对象的缩览图，右侧的名称显示了对象的类型，例如路径、文字、组、位图图像和图层等。

● 描边：显示并可修改对象的描边（包括描边颜色、粗细，也可使用渐变和图案描边）。

● 填色：显示并可修改对象的填色内容（包括颜色、渐变和图案）。

● 不透明度：显示并可修改对象的不透明度值和混合模式。

● 眼睛图标●：单击该图标，可以隐藏（或重新显示）效果。

● 添加新描边▢/添加新填色▣：单击按钮，可以为对象添加新的描边或填色属性。

● 添加新效果 fx.：单击该按钮，可在打开的下拉列表中选择一个效果。

● 清除外观◎：单击该按钮，可清除所选对象的外观，使其变为无描边、无填色状态。

● 复制所选项目⊞：选择面板中的一个外观属性（不透明度除外），单击该按钮可进行复制。

● 删除所选项目 🗑：选择面板中的一个外观属性（不透明度除外），单击该按钮可将其删除。

8.3.2　为图层和组添加外观

在一个图层的选择列单击，选取该图层，如图8-14和图8-15所示，可设置填色和描边属性，也可以添加一个效果，如图8-16所示，这时该图层中的所有对象都会添加这一效果，如图8-17所示。

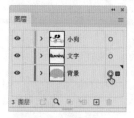

图8-14　　　　　　　　图8-15

图8-16　　　　　　　　图8-17

如果将其他图层中的对象拖曳到该图层中，其也会添加这一效果，如图8-18～图8-20所示。同理，将该图层中的对象拖曳出去，则其会自动失去这一效果（因为效果属于图层，而不属于其中的单个对象）。

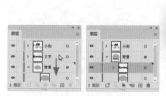

图8-18　　　　图8-19　　　　图8-20

如果要为组添加效果，可以使用选择工具 ▶ 单击编组对象，再执行"效果"菜单中的命令即可。

8.3.3　从对象上复制外观

选择一个图形，将"外观"面板顶部的缩览图拖曳到另外一个对象上，可将所选图形的外观复制给目标对象，如图8-21所示。

图8-21

选取一个图形后，选择吸管工具 🖋，在另一个图形上单击，则可将该图形的外观属性复制给所选对象，如图8-22所示。

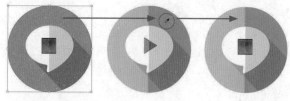

图8-22

8.3.4　修改外观

选择对象，如图8-23所示，单击"外观"面板中的一个外观属性，可对其外观属性进行修改，如图8-24～图8-26所示。

图8-23　　　　　　　　图8-24

图8-25　　　　　　　　图8-26

双击效果名称，如图8-27所示，可打开相应的效果对话框，对相关参数进行修改，如图8-28和图8-29所示。

图 8-27 图 8-28

图 8-29

tip 在"外观"面板中,外观属性是按照应用于对象的先后顺序堆叠排列的,这种形式称为堆栈。向上或向下拖曳外观属性,可以调整堆栈顺序。需要注意的是,这会影响对象的显示效果。

8.3.5 删除外观

为对象添加外观后,如图 8-30 所示,如果想要删除一种外观,可选取对象,在"外观"面板中将该外观属性拖曳到 🗑 按钮上,如图 8-31 ~图 8-33 所示。

图 8-30

图 8-31

图 8-32 图 8-33

如果只想保留填色和描边,删除其他外观,可以打开"外观"面板菜单,选择"简化至基本外观"命令,如图 8-34 和图 8-35 所示。如果要删除所有外观,将对象设置为无填色、无描边状态,可以单击 🚫 按钮。

图 8-34 图 8-35

8.3.6 扩展外观

如果想要将对象的外观扩展,即让描边、填色、效果等变成图形,可以使用编组选择工具 ▶ 将其选取,执行"对象"|"扩展外观"命令,扩展出来的对象会自动编组,如图 8-36 所示为将阴影图形外观扩展后的效果。

图 8-36

8.4 图形样式

图形样式是各种外观属性(填色、描边、不透明度、效果等)的集合,将其应用于对象时,可在瞬间改变对象的外观。

8.4.1 "图形样式"面板

"图形样式"面板保存了各种图形样式,可用于创建、重命名和应用外观属性。例如,选择一个对象,如图 8-37 所示,单击"新建图形样式"按钮 🔲,可将所选对象的外观属性保存到"图形样式"面板中,如图8-38 所示。

图 8-37

图 8-38

- 默认 🔲：单击该样式，可以将所选对象设置为默认的基本样式，即黑色描边、白色填色。
- 图形样式库菜单 📚：单击该按钮，可在打开的下拉列表中选择Illustrator中的图形样式库。
- 断开图形样式链接 🔗：用来断开当前对象使用的样式与面板中样式的链接。断开链接后，可单独修改应用于对象的样式，而不会影响面板中的样式。
- 删除图形样式 🗑：单击面板中的图形样式后单击该按钮，可将其删除。

8.4.2 添加图形样式

如果要为对象添加图形样式，如图8-39所示，可将其选择，然后单击"图形样式"面板中的一个样式，如图8-40和图8-41所示。如果再单击其他样式，则新样式会替换之前的样式。按住Alt键并单击新样式，可以在现有的样式上追加新的样式。

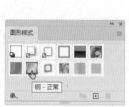

图8-39　　　图8-40　　　　　图8-41

未选取对象时，将一个样式拖曳到对象上，也可以为其添加样式。如果对象是由多个图形组成的，通过这种方法可以为各个图形添加不同的样式，如图8-42所示。

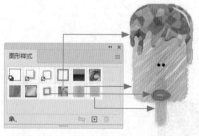

图8-42

技巧放送 预览对象添加样式后的效果

选取对象后，在样式的缩览图上右击，可以显示样式的大缩览图及对象添加样式后的效果预览。

图层和组也能添加图形样式，其意义与为图层和组添加外观属性一样。例如，在图层的选择列单击，如图8-43所示，之后单击一个图形样式，如图8-44所示，将其应用于该图层，此后凡在该图层中创建的对象或移入此图层的对象，都会自动添加这一图形样式，如图8-45和图8-46所示。如果将对象从该图层中移除，则自动删除图层所具有的样式。

图8-43　　　　　图8-44

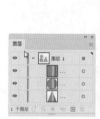

图8-45　　　　　图8-46

8.4.3 从其他文件中导入图形样式

单击"图形样式"面板中的 📚 按钮，打开下拉列表，选择"其他库"命令，如图8-47所示，在弹出的对话框中选择一个AI格式的文件，如图8-48所示，单击"打开"按钮，可以将该文件中的图形样式导入一个单独的面板中，如图8-49所示。

图8-47　　　　图8-48　　　　图8-49

8.4.4 重新定义图形样式

为对象添加图形样式后，如果想继续添加或修改外观，例如，添加一个效果，可以打开"外观"面板菜单，选择"重新定义图形样式"命令，就可以用修改后的样式替换"图形样式"面板中原有的样式。

8.5 制作线状艺术图形

01 按Ctrl+N快捷键，打开"新建文档"对话框，使用"移动设备"选项卡中的预设创建一个iPad屏幕大小的RGB模式文件，如图8-50所示。选择矩形工具 ▢，创建一个与画板大小相同的矩形，设置填充颜色为黑色，无描边，如图8-51所示。在眼睛图标 👁 右侧单击，将矩形锁定，如图8-52所示。

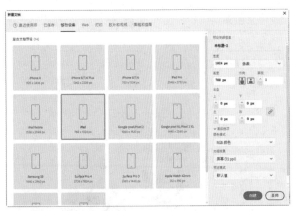

图 8-50

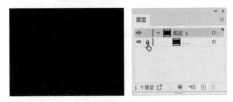

图 8-51   图 8-52

02 执行"窗口"|"色板库"|"渐变"|"季节"命令，打开"季节"面板。选择椭圆工具 ⬭，在画板上单击，弹出"椭圆"对话框，参数设置如图8-53所示，创建一个圆形，设置描边颜色为如图8-54所示的渐变，效果如图8-55所示。

图 8-53

图 8-54

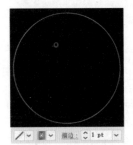

图 8-55

03 执行"效果"|"扭曲和变换"|"变换"命令，打开"变换效果"对话框，设置"移动""旋转"的参数，勾选"缩放描边和效果"复选框，将"副本"设置为30，如图8-56所示，图形效果如图8-57所示。

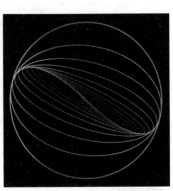

图 8-56   图 8-57

04 使用选择工具 ▶ 并按住Alt键拖曳圆形进行复制。双击"外观"面板中的"变换"属性，如图8-58所示，打开"变换效果"对话框，修改参数，如图8-59所示，图形效果如图8-60所示。

图 8-58   图 8-59

图 8-60

05 选择多边形工具 ⬡。在画板上单击，弹出"多边形"对话框，参数设置如图8-61所示，创建一个三角形（会自动添加渐变描边），如图8-62所示。

图 8-61　　　　　　　图 8-62

06 打开"效果"菜单，选择"变换"命令，弹出"变换效果"对话框，参数设置如图8-63所示，图形效果如图8-64所示。

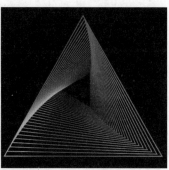

图 8-63　　　　　　　图 8-64

07 使用选择工具▶并按住Alt键拖曳图形进行复制。选择直接选择工具▷，将鼠标指针放在实时转角构件上，如图8-65所示，拖曳鼠标，将尖角改成圆角，如图8-66所示。

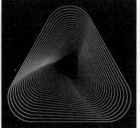

图 8-65　　　　　　　图 8-66

08 选择多边形工具◯，在画板上单击，创建一个六边形，如图8-67和图8-68所示。

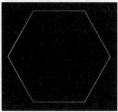

图 8-67　　　　　　　图 8-68

09 将鼠标指针放在右上角控制点外侧，如图8-69所示，单击，之后按住Shift键并拖曳控制点，将图形旋转，如图8-70所示。

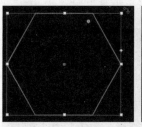
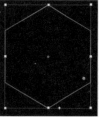

图 8-69　　　　　　　图 8-70

10 执行"效果"|"变换"命令，进行变换处理，如图8-71和图8-72所示。

图 8-71　　　　　　　图 8-72

11 使用选择工具▶并按住Alt键拖曳图形进行复制。选择直接选择工具▷，将鼠标指针放在实时转角构件上并拖曳鼠标，将图形尖角改成圆角，如图8-73和图8-74所示。

图 8-73　　　　　　　图 8-74

12 选择星形工具☆，在画板上单击，弹出"星形"对话框，创建一个星形图形，如图8-75和图8-76所示。使用"变换效果"编辑图形，如图8-77和图8-78所示。

图 8-75　　　　　　　图 8-76

图 8-77　　　　　　　　图 8-78

13 选择直接选择工具 ▷，将鼠标指针放在实时转角构件上并拖曳鼠标，修改图形的边角，如图8-79和图8-80所示。

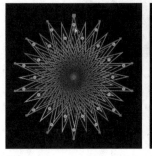
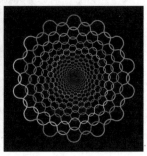

图 8-79　　　　　　　　图 8-80

8.6　制作彩色胶囊数字

01 按Ctrl+N快捷键，创建一个RGB模式的文档。选择圆角矩形工具 ▢，在画板上单击，弹出"圆角矩形"对话框，参数设置如图8-81所示，创建一个圆角矩形，如图8-82所示。

图 8-81　　　　　　　　图 8-82

02 执行"窗口"|"色板库"|"渐变"|"色彩调和"命令，打开"色彩调和"面板。为图形填充如图8-83所示的渐变，并取消描边，如图8-84所示。

图 8-83　　　　　　　　图 8-84

03 选择矩形工具 ▢，创建一个矩形，设置填充颜色为黑色。按Shift+Ctrl+[快捷键，将其移动到圆角矩形后方，作为背景，如图8-85所示。

图 8-85

04 执行"效果"|"风格化"|"内发光"命令，让图形中心变亮，呈现立体感，如图8-86和图8-87所示。

图 8-86　　　　　　　　图 8-87

05 执行"效果"|"风格化"|"外发光"命令，在图形周边制作出光晕效果，如图8-88和图8-89所示。

图 8-88　　　　　　　　图 8-89

06 执行"效果"|"纹理化"|"颗粒"命令，打开"效果画廊"面板，在图形中添加颗粒，如图8-90所示。

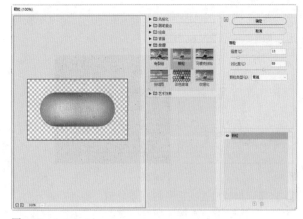

图 8-90

07 使用选择工具▶并按住Alt键拖曳图形，进行复制，如图8-91所示。将鼠标指针放在定界框外的边角处，如图8-92所示，按住Shift键并拖曳鼠标，将图形旋转90°，如图8-93所示。复制后图形放在原图形右侧，如图8-94所示。

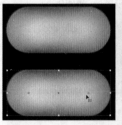

图8-91　　　　图8-92

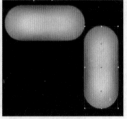

图8-93　　图8-94

08 按住Alt+Shift键向下拖曳鼠标，复制图形，制作出数字"7"，如图8-95所示。

09 使用同样的方法复制图形，组成数字"9"和"8"，之后使用如图8-96和图8-97所示的渐变颜色进行填充，效果如图8-98所示。

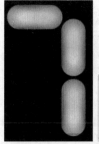
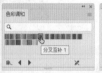

图8-95　　　　图8-96　　　　图8-97

图8-98

8.7　制作网点纸绘画效果美少女

01 按Ctrl+O快捷键，选择本实例的素材文件，将其打开后，会弹出如图8-99所示的对话框。这是一个PSD格式的分层文件，即美少女画稿是分层保存的。选取"将图层转换为对象"单选按钮，单击"确定"按钮，以保留各个图层，如图8-100所示。

半径"调整为7，如图8-105所示，使圆点变大，如图8-106所示。

图8-101　　　　图8-102

图8-99　　　　图8-100

02 使用选择工具▶在脸部单击，选取对象，如图8-101所示。执行"效果"|"像素化"|"彩色半调"命令，参数设置如图8-102所示，将脸部制作成网点效果，如图8-103所示。

03 在胳膊上单击，如图8-104所示。执行"效果"|"彩色半调"命令，打开"彩色半调"对话框后，将"最大

图8-103　　　　图8-104

图 8-105

图 8-106

tip 网点纸是漫画作品中常用的材料,可以表现明暗关系、制作阴影和特殊效果。

04 使用同样的方法处理衣服和头发(头发为3组),如图8-107所示。

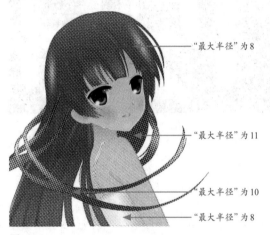

"最大半径"为8

"最大半径"为11

"最大半径"为10

"最大半径"为8

图 8-107

05 单击"图层"面板中的 🔲 按钮,新建一个图层,将其拖曳到所有图层下方,如图8-108和图8-109所示。

图 8-108　　　　图 8-109

06 选择矩形工具 🔲,创建一个与画板大小相同的矩形,作为背景。执行"窗口"|"色板库"|"图案"|"基本图形"|"基本图形_点"命令,打开"基本图形_点"面板,单击如图8-110所示的图案,用来填充矩形,如图8-111所示。

图 8-110　　　　图 8-111

07 双击比例缩放工具 🔳,弹出"比例缩放"对话框,设置等比缩放值为50%,只勾选"变换图案"复选框,如图8-112所示,将圆点图案缩小50%(不会影响矩形),如图8-113所示。

图 8-112　　　　图 8-113

08 以上是彩色网点纸美少女制作过程。如果想得到黑白效果,可以按Ctrl+A快捷键,选取所有对象,执行"编辑"|"编辑颜色"|"转换为灰度"命令,将色彩信息删除即可,如图8-114所示。

图 8-114

8.8　编辑外观制作海报字

01 按Ctrl+N快捷键,打开"新建文档"对话框,参数设置如图8-115所示,创建一个RGB模式的文件。

02 选择矩形工具 🔲,在画板上单击,弹出"矩形"对话框,参数设置如图8-116所示,单击"确定"按钮,创建一个矩形。设置描边粗细为2pt,填充颜色为白色,单击"圆头端点"按钮 🔳 和"圆角连接"按钮 🔳,如图8-117

和图8-118所示。

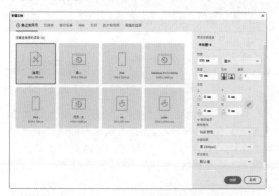

图 8-115

图 8-116   图 8-117   图 8-118

03 使用选择工具 ▶ 并按住Alt+Shift键拖曳图形进行复制，之后连续按两下Ctrl+D快捷键，继续复制图形，如图8-119所示。

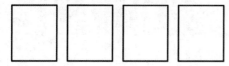

图 8-119

04 单击第1个图形，将其选取。选择直接选择工具 ▷，将鼠标指针放在实时转角构件上，如图8-120所示，拖曳鼠标，将尖角改成圆角，如图8-121所示。在旁边创建一个矩形，如图8-122所示。按住Ctrl键（临时切换为选择工具 ▶）拖曳出一个选框，将这两个图形选取，如图8-123所示。放开Ctrl键，单击"路径查找器"面板中的 □ 按钮，用前方图形减去后方图形，如图8-124和图8-125所示。

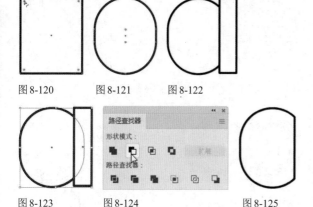

图 8-120   图 8-121   图 8-122

图 8-123   图 8-124   图 8-125

05 将鼠标指针放在如图8-126所示的路径段上，单击选取路径，如图8-127所示，按Del键删除，字母"C"就做好了，如图8-128所示。

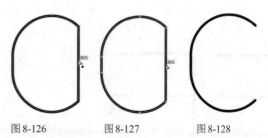

图 8-126   图 8-127   图 8-128

06 按住Ctrl键单击第2个矩形，将其选取。将鼠标指针放在实时转角构件上并拖曳鼠标，制作出字母"O"，如图8-129和图8-130所示。

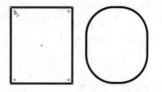

图 8-129   图 8-130

07 按住Ctrl键单击第3个矩形，将其选取。在"窗口"菜单中打开"属性"面板，单击 ••• 按钮，显示隐藏的选项。单击 ⑧ 按钮，取消各个圆角半径参数的链接，然后设置参数，将矩形的3个边角改成圆角，如图8-131和图8-132所示。

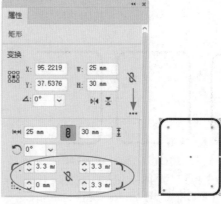

图 8-131   图 8-132

08 将鼠标指针移动到图形右下角，向左上方拖曳鼠标，如图8-133所示，选取如图8-134所示的锚点和路径，按Del键删除，如图8-135所示。

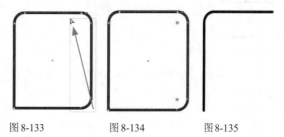

图 8-133   图 8-134   图 8-135

⑨ 选择直线段工具 ✏，按住Shift键并拖曳鼠标，绘制一条线段，与前一个图形组成字母"F"，如图8-136所示。使用选择工具 ▶ 将右侧的矩形移开，之后拖曳出一个选框，如图8-137所示，将字母"F"选取，按住Alt+Shift键拖曳图形进行复制，如图8-138所示。

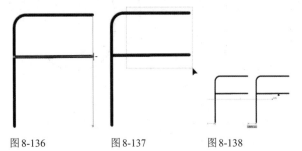

图8-136　　　　图8-137　　　　图8-138

⑩ 选择最右侧的矩形，如图8-139所示。单击工具栏中的描边按钮，将描边设置为当前可编辑状态，如图8-140所示，在"控制"面板中设置圆角半径为3.3mm，如图8-141所示。

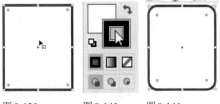

图8-139　　　图8-140　　　图8-141

⑪ 选择直接选择工具 ▷，拖曳出一个选框，如图8-142所示，选取如图8-143所示的锚点，按Del键删除，如图8-144所示。

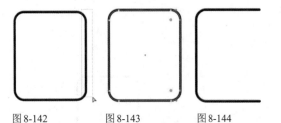

图8-142　　　图8-143　　　图8-144

⑫ 选择直线段工具 ✏，按住Shift键并拖曳鼠标，绘制一条线段，与前一个图形组成字母"E"，如图8-145所示。

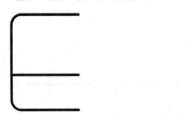

图8-145

⑬ 绘制一条线段，描边颜色设置为浅棕色，描边粗细设置为20pt，分别单击"圆头端点"按钮 ▣ 和"圆角连接"按钮 ▣，如图8-146～图8-148所示。

图8-146　　　　图8-147　　　　图8-148

⑭ 打开"外观"面板，将"描边"属性拖曳到 ▢ 按钮上，复制出新的描边属性，并修改描边粗细为12pt，如图8-149和图8-150所示。使用同样的方法继续复制描边并修改粗细，如图8-151所示。

图8-149　　　　图8-150　　　　图8-151

⑮ 单击"图形样式"面板中的 ▣ 按钮，将该图形的外观保存为图形样式。选取"COFFE"文字图形，单击保存的样式，将其应用到所选图形上，如图8-152和图8-153所示。

图8-152　　　　图8-153

⑯ 执行"对象"|"扩展外观"命令，然后再执行"对象"|"扩展"命令，弹出"扩展"对话框，如图8-154所示，单击"确定"按钮，将样式扩展。先在"控制"面板中将描边粗细设置为2pt，如图8-155所示，之后再设置图形的填充颜色为白色，效果如图8-156所示。

图8-154　　　　图8-155

图8-156

⑰ 选取组成文字的所有图形，执行"效果"|"风格化"|"投影"命令，添加投影，如图8-157和图8-158所示。

图 8-157　　　　　　图 8-158

⑱ 使用选择工具▶拖曳出一个选框，将字母"E"选取，按住Alt+Shift键拖曳进行复制。选择矩形工具▢，创建一个矩形。按Shift+Ctrl+[快捷键，移至底层作为背景，如图8-159所示。

图 8-159

8.9　制作纽扣风格 ICON 图标

⑴ 选择椭圆工具◯，在画板上单击，弹出"椭圆"对话框，设置椭圆形的大小，如图8-160所示，单击"确定"按钮，创建一个圆形。设置描边颜色为深绿色，无填充色，如图8-161所示。

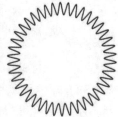

图 8-162　　　　　　　　　　　图 8-163

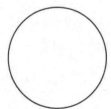

图 8-160　　　　　　图 8-161

⑵ 执行"效果"|"扭曲和变换"|"波纹效果"命令，参数设置如图8-162所示，在路径上生成有规律的波纹，如图8-163所示。

⑶ 按Ctrl+C快捷键复制该图形，按Ctrl+F快捷键粘贴到前面，将描边颜色设置为浅绿色，如图8-164所示。使用选择工具▶，将鼠标指针放在定界框的一角，轻轻拖曳鼠标，将图形旋转，如图8-165所示，两个波纹图形错开后，一深一浅的搭配使图形产生厚度感。

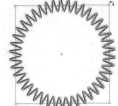

图 8-164　　　　　　　　　图 8-165

⑷ 选择椭圆工具◯，按住Shift键的同时拖曳鼠标，创建一个圆形，填充线性渐变，如图8-166和图8-167所示。

图 8-166　　　　　　　　　图 8-167

⑤ 执行"效果"|"风格化"|"投影"命令，为图形添加投影，使其产生立体感，如图8-168和图8-169所示。

图 8-168　　　　　　　　　图 8-169

⑥ 再创建一个圆形，如图8-170所示。执行"窗口"|"图形样式库"|"纹理"命令，打开"纹理"面板，单击"RGB石头3"纹理，为圆形添加该纹理图形样式，如图8-171和图8-172所示。

图 8-170　　　图 8-171　　　图 8-172

⑦ 设置混合模式为"柔光"，使纹理图形与绿色渐变图形融合，如图8-173和图8-174所示。

图 8-173　　　　　　　　　图 8-174

⑧ 在画板的空白处分别创建一大一小两个圆形，如图8-175所示。选取这两个圆形，分别单击"对齐"面板中的 🔲 按钮和 🔲 按钮，将图形对齐，再单击"路径查找器"面板中的 🔲 按钮，让两个圆形相减，得到一个环形，为其填充深绿色，如图8-176所示。

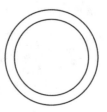

图 8-175　　　　　　　　　图 8-176

⑨ 执行"效果"|"风格化"|"投影"命令，为图形添加投影，如图8-177和图8-178所示。

图 8-177　　　　　　　　　图 8-178

⑩ 选择一开始制作的波纹图形，复制以后将其粘贴到最前面，设置描边颜色为浅绿色，描边粗细为0.75pt，效果如图8-179所示。双击"外观"面板中的"波纹效果"，如图8-180所示，弹出"波纹效果"对话框，修改参数，如图8-181所示，让波纹变得细密，如图8-182所示。

图 8-179　　　　　　　　　图 8-180

图 8-181　　　　　　　　　图 8-182

tip 当大小相近的图形重叠排列时，要选取位于最下方的图形就不太容易，尤其是某个图形添加了"投影"或"外发光"等效果，其范围比其他图形大许多，无论需要与否，在选取图形时总会将这样的对象误选。遇到这种情况时，可以单击"图层"面板中的 > 按钮，将图层展开以显示子图层，之后找到对象所在的子图层，在右侧的选择列单击，通过这种方法来进行选取即可。

⓫ 按Ctrl+F快捷键，再次在前面粘贴波纹图形，设置描边颜色为嫩绿色，描边粗细为0.4pt，同时调整波纹效果参数，如图8-183和图8-184所示。

图8-183

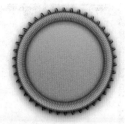
图8-184

⓬ 创建一个小一点的圆形，设置描边颜色为浅绿色，如图8-185所示。单击"描边"面板中的 ⊏ 按钮和 ⊏ 按钮，之后勾选"虚线"复选框，设置虚线参数为3pt，间隙参数为4pt，如图8-186所示，这样就制作出缝纫线的效果，且路径的端点皆为圆角，如图8-187所示。

图8-185

图8-186

图8-187

⓭ 执行"效果"|"风格化"|"外发光"命令，通过添加"外发光"效果，使缝纫线产生立体感，如图8-188和图8-189所示。

图8-188

图8-189

tip 制作到这里，需要将图形全部选取（单击"对齐"面板中的 按钮，将图形进行垂直与水平方向的居中对齐）。

⓮ 执行"窗口"|"符号库"|"网页图标"命令，打开"网页图标"面板，将"短信"符号拖曳到图标上，如图8-190所示。

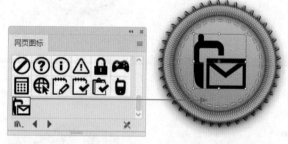
图8-190

⓯ 单击"符号"面板底部的 按钮，断开符号的链接，使符号成为可编辑的图形，如图8-191和图8-192所示。按Ctrl+G快捷键，将图形编组。

图8-191   图8-192

⓰ 按Ctrl+C快捷键复制该图形。设置混合模式为"柔光"，如图8-193和图8-194所示。

图8-193   图8-194

⓱ 按Ctrl+F快捷键在前面粘贴图形，设置描边颜色为白色，描边粗细为1.5pt，无填色。设置混合模式为"叠加"，如图8-195和图8-196所示。

图 8-195

图 8-196

18 执行"效果"|"风格化"|"投影"命令，打开"投影"对话框，参数设置如图8-197所示，使图形产生立体感，效果如图8-198所示。

图 8-197

图 8-198

19 打开素材，如图8-199所示。使用选择工具 ▶ 将图标拖入该文档。使用相同的方法可以制作出更多的彩色图标，如图8-200所示。

图 8-199 　　　　　　 图 8-200

8.10　课后作业：制作缝纫线效果图标

　　Illustrator 中的图形样式库是各种预设的图形样式集合，可以快速生成3D效果、图像效果和文字效果等。如图 8-201 所示的缝纫线效果图标，就是使用"纹理"样式库中的"RGB 细帆布"样式制作的。

　　本实例中的网页图标来源于符号，可以执行"窗口"|"符号库"|"网页图标"命令，打开"网页图标"面板，然后将需要的符号拖曳到画板上，如图8-202所示，再单击"符号"面板中的 按钮，断开画板上的符号实例与符号的链接，如图8-203所示。单击工具面板中的 按钮，互换填色和描边，如图8-204所示。双击比例缩放工具 ，弹出对话框后，设置缩放比例为300%（以便增加针孔密度），之后将描边粗细设置为1pt。使用选择工具 ▶ 单击图标图形，将其选取，执行"窗口"|"图形样式库"|"纹理"命令，打开"纹理"面板，单击"RGB 细帆布"样式，就能生成缝纫线效果，如图 8-205 所示。

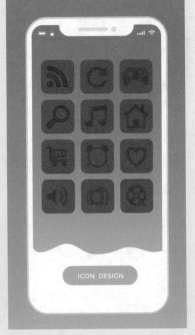

图 8-201

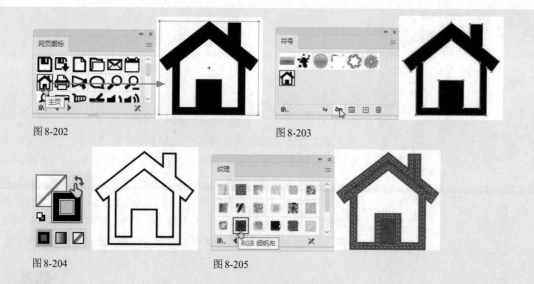

图 8-202　　　　　　　　　　　　　　　图 8-203

图 8-204　　　　　　　　　　　　　　　图 8-205

8.11　课后作业：模拟金属球反射效果

使用 Illustrator 制作金属的反射效果时，通常是把金属周边的环境作为贴图贴在其表面。其规律是金属的表面越光洁，反射度越高，贴图也就越清晰，如图 8-206 所示。

制作该效果时，首先打开背景素材，创建几个球体，填充径向渐变，如图 8-207 所示。然后输入文字，如图 8-208 所示，再执行"效果"|"变形"|"膨胀"命令对文字进行扭曲，之后移动到球体上即可，如图 8-209 所示。

图 8-206　　　　　　　　　　　　　　　图 8-207

图 8-208　　　　　　　　　　　　　　　图 8-209
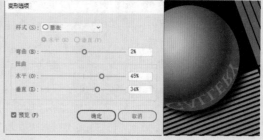

8.12　复习题

1. 默认状态下，在 Illustrator 中创建的图形是白色填色、黑色描边，怎样给图形添加更多的填色和描边属性？

2. "路径查找器"效果组对图形有何特殊要求？

3. 向对象应用效果后，怎样查看效果列表，编辑效果，或者删除效果以还原对象？

4. 外观属性具体包括哪些？

5. 外观属性（如效果、填充的图案等）及图形样式既可应用于所选对象，也能添加给图层，这两种使用方法有何区别？

第9章

包装设计

3D效果与透视图

本章简介

本章介绍Illustrator中的3D效果。3D效果是非常强大的功能，可通过挤压、绕转和旋转等方式让二维图形产生三维效果，还可以调整其角度、透视、光源和贴图，特别适合制作包装效果图和简单的模型。

本章还会介绍怎样在透视状态下绘制图稿。掌握这一技术后，可利用透视网格的限定，在平面上表现立体透视场景。

9.1 包装设计

包装设计是指选用合适的包装材料，运用巧妙的工艺手段，为商品进行容器结构造型和包装的美化装饰设计，如图9-1～图9-3所示。包装设计需要传递完整的信息，即这是一种什么样的商品，这种商品的特色是什么，适用于哪些消费群体。包装设计还应充分考虑消费者的定位，包括消费者的年龄、性别和文化层次。针对不同的消费阶层和消费群体进行设计，才能做到有的放矢，达到促进商品销售的目的。

图9-1　　　　　　　　图9-2　　　　　　　　图9-3

优秀的包装设计能巧妙地将色彩、文字和图形组合，形成有一定冲击力的视觉形象，突出品牌，并将产品的信息准确地传达给消费者。如图9-4所示为Gloji公司灯泡形枸杞子混合果汁的包装设计，其打破了饮料包装的常规形象，让人眼前一亮。灯泡形的包装与产品的定位高度契合，传达出的概念是：Gloji混合型果汁饮料让人感觉到的是能量的源泉，如同灯泡给人带来光明，Gloji灯泡饮料也能带给我们取之不尽的力量。

图9-4

9.2 3D效果

Illustrator中的3D效果可以通过3种方法使路径和矢量图形呈现3D外观，即挤压、绕转和旋转，并可调整透视角度，进行布光，以及将符号作为贴图投射到3D对象表面，以增强真实感。

9.2.1 凸出和斜角

"凸出和斜角"效果可以沿对象的z轴凸出并进行拉伸，即增加对

象深度，进而创建3D效果。如图9-5所示为一个机器人矢量图稿，将其选取后，执行"效果"|"3D和材质"|"3D（经典）"|"凸出和斜角（经典）"命令，在打开的对话框中设置参数，如图9-6所示，单击"确定"按钮，即可生成3D机器人，如图9-7所示。

图9-5

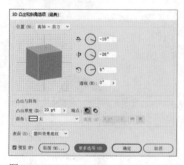

图9-6　　　　　　　　　图9-7

- 位置：可以通过3种方法设置对象的角度。第1种方法是在"位置"下拉列表中选择一个预设的角度；第2种方法是在水平（x）轴、垂直（y）轴和深度（z）轴文本框中输入介于−180°～180°之间的值来精确定义角度；第3种方法是拖曳左侧的立方体，自由调整角度，如图9-8和图9-9所示。在该立方体上，蓝色表面代表对象的前方，浅灰色表面代表对象的上表面和下表面，中灰色为两侧表面，深灰色是后方的表面。按住Shift键并沿水平方向拖曳鼠标，可以锁定y轴进行旋转，如图9-10所示；上下拖曳鼠标，则可以锁定x轴旋转，如图9-11所示。此外，将鼠标指针移动到立方体的边缘，边缘会改变颜色，以标识对象旋转时所围绕的轴，如图9-12所示。红色边缘表示对象的x轴，绿色边缘表示对象的y轴，蓝色边缘表示对象的z轴。

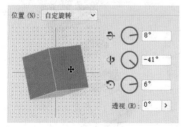

图9-8　　　　　　　　　图9-9

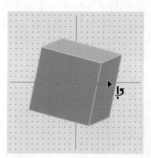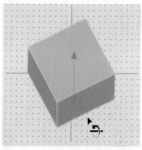

图9-10　　　　　　　　　图9-11

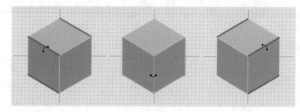

图9-12

- 透视：输入一个介于0°～160°的值，或单击该选项右侧的按钮，显示滑块后进行拖曳，可以调整透视。较小的透视角度类似相机的长焦镜头，如图9-13所示；较大的透视角度则类似广角镜头，如图9-14所示。

图9-13　　　　　　　　　图9-14

- 凸出厚度：用来设置挤压厚度，该值越高，对象越厚，如图9-15和图9-16所示是分别设置该值为20pt和60pt时的挤压效果。

- 端点：单击按钮，可以创建实心立体对象，如图9-17所示。单击按钮，可以创建空心立体对象，如图9-18所示。

图9-15　　　图9-16　　　图9-17　　　图9-18

- 斜角/高度：在"斜角"下拉列表中可以选择一种斜角样式，创建边缘为斜角的3D效果，如图9-19和图9-20所示。单击按钮，可以将斜角添加至对象的原始形状，如图9-21所示；单击按钮，则从原始形状中去掉斜角，如图9-22所示。添加斜角后，可以在"高度"选项中调整斜角的高度值。

图 9-19 　　　　图 9-20

图 9-21 　　　　图 9-22

9.2.2　绕转

　　"绕转"效果可以让图形沿自身的 Y 轴做圆周运动，进而生成 3D 效果。如图 9-23 所示为一个酒杯的剖面图形，将其选择，执行"效果"|"3D 和材质"|"3D（经典）"|"绕转（经典）"命令，打开"3D 绕转选项（经典）"对话框，如图 9-24 所示。

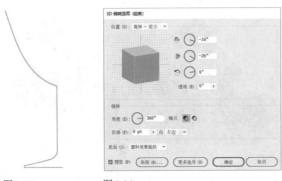

图 9-23 　　　　图 9-24

- 角度：用来设置绕转度数，360° 可生成完整对象，如图 9-25 所示。如果小于该值，则会出现断面，如图 9-26 所示（角度为 300°）。

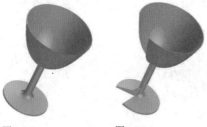

图 9-25 　　　　图 9-26

- 位移：用来设置对象与自身轴心的距离。该值越高，对象偏离轴心越远，如图 9-27 所示是设置"位移"值为 15pt 时的效果。
- 自：用来设置对象用于绕转的轴，包括"左边"和"右边"两个选项。如果用于绕转的图形是最终对象的左半部分，应该选择"右边"选项（效果见图 9-27）；选择"左边"选

项，则会出现错误的结果，如图 9-28 所示。

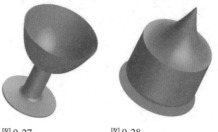

图 9-27 　　　　图 9-28

9.2.3　旋转

　　使用"旋转"效果可以在三维空间中以各种角度旋转对象，如图 9-29～图 9-31 所示。被旋转的对象可以是图形或图像，也可以是一个由"凸出和斜角（经典）"或"绕转（经典）"命令生成的 3D 对象，该效果没有特别的选项。使用时，适当提高"透视"值，可以增强空间感。

图 9-29

图 9-30  　　　　　　图 9-31

9.2.4　设置对象的表面底纹

　　使用 Illustrator 的 3D 效果时，可以在"表面"选项下拉列表中选择表面的显示方式，如图 9-32 所示。

- 线框：只显示线框结构，无颜色和贴图，如图 9-33 所示。此时屏幕的刷新速度最快。

图 9-32

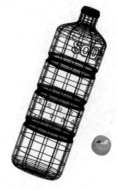

图 9-33

- 无底纹：不向对象添加任何新的表面属性，此时 3D 对象具有与原始 2D 对象相同的颜色，无光线的明暗变化，如图 9-34 所示。

- 扩散底纹：对象以一种柔和的、扩散的方式反射光，但光影的变化还不够真实和细腻，如图 9-35 所示。

- 塑料效果底纹：对象以一种闪烁的、光亮的材质模式反射光，可获得最佳的效果，但屏幕的刷新速度会变慢，如图 9-36 所示。

图 9-34   图 9-35   图 9-36

9.2.5 编辑光源

使用"凸出和斜角（经典）"和"绕转（经典）"命令时，单击对话框中的"更多选项"按钮，会显示光源设置选项，如图 9-37 所示。如果将对象的表面效果设置为"扩散底纹"或"塑料效果底纹"，可在 3D 场景中添加光源，生成更多的光影变化。

图 9-37

- 光源编辑预览框：默认状态下，3D 场景中只有一个光源。单击 ⊞ 按钮，可以在球体正前方中心位置添加光源，如图 9-38 所示。单击并拖曳鼠标，可以移动光源，如图 9-39 所示，单击一个光源可将其选择，如图 9-40 所示，选择后，单击 ⟳ 按钮，可将其移动到对象的后面，如图 9-41 所示；单击 ⟲ 按钮，可将其移动到对象的前面。如果要删除光源，可以选择光源，然后单击 🗑 按钮。

图 9-38   图 9-39

图 9-40

图 9-41

- 光源强度：用来设置光源的强度，范围为 0%～ 100%。

- 环境光：用来设置环境光的强度，可以影响对象表面的整体亮度。

- 高光强度：用来控制反射光。较低的值会产生黯淡的表面，较高的值会产生较为光亮的表面。

- 高光大小：用来设置高光区域的范围。

- 混合步骤：用来设置对象表面光色变化的混合步骤。该值越高，光色变化的过渡越细腻，但需要更多的内存来完成处理。

- 底纹颜色：用来控制对象的底纹颜色。选择"无"选项，表示不为底纹添加任何颜色，如图 9-42 所示；"黑色"为默认选项，通过在对象填充颜色的上方叠印黑色底纹来为对象添加底纹，如图 9-43 所示；选择"自定"选项，可单击选项右侧的颜色块，打开"拾色器"面板选择一种颜色，如图 9-44 所示是将颜色设置为橙色时的效果。

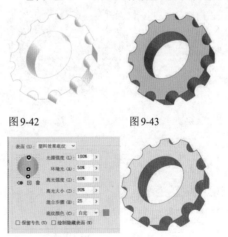

图 9-42   图 9-43

图 9-44

- 保留专色：如果对象使用了专色，勾选该复选框可确保专色不会发生改变。

- 绘制隐藏表面：可以显示对象的隐藏背面。对象透明或是展开对象并将其拉开时，能看到背面。如果对象具有透明度，并且要通过透明的前表面来显示隐藏的后表面，应

先使用"对象"|"编组"命令将对象编组,再添加3D效果。

9.2.6 将图稿映射到3D对象表面

　　Maya、3ds Max、Cinema 4D等三维软件大多通过给模型贴图来表现材质、纹理和质感,这样做既降低模型的复杂程度、节省渲染时间,也能令效果更加真实。在Illustrator中使用"凸出和斜角"和"绕转"命令创建3D对象时,也可以为对象的表面贴图。需要注意的是,只有符号能用作贴图,因此,在贴图前,先要将图稿保存为符号。

　　图9-45是一个使用"绕转"命令制作的3D碗(未贴图)。图9-46是用于贴图的符号。单击"3D绕转选项"对话框中的"贴图"按钮,打开"贴图"对话框。单击"表面"选项右侧的各个按钮,切换到需要贴图的表面,在画板上,所选表面会显示红色轮廓,如图9-47所示;之后在"符号"下拉列表中为其选取符号,符号会贴在表面的中心位置,通过定界框和控制点,可以进行移动、旋转和缩放。单击"缩放以适合"按钮,可以自动缩放符号,使其适合所选的表面边界,如图9-48所示。

图9-45

图9-46

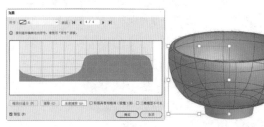
图9-47

图9-48

● 清除/全部清除:单击"清除"按钮,可清除当前设置的贴图;单击"全部清除"按钮,可清除所有表面的贴图。

● 贴图具有明暗调(较慢):勾选该复选框后,可以为贴图添加底纹或应用光照,使其表面产生与对象一致的明暗变化,如图9-49所示。

● 三维模型不可见:勾选该复选框后,3D对象会被隐藏起来,只显示贴图,如图9-50所示。

图9-49

图9-50

技巧放送 | 增加模型表面/更新贴图

为3D对象设置描边以后,可以增加模型的表面数量,可为描边贴图。此外,对符号进行编辑和修改时,所有用到贴图的表面都会自动更新。

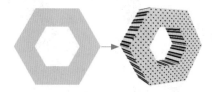
未添加描边的图形及生成的3D效果

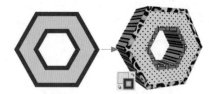
添加描边的图形及生成的3D效果

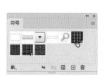
双击符号

修改符号颜色

自动更新各个表面

技巧放送 | 多图形同时创建为3D对象

编组对象使用"凸出和斜角(经典)"命令创建为3D模型后,组中的各个图形将被Illustrator视为一个对象,不能单独编辑。如果将其一同选取,但不编组,再使用"凸出和斜角(经典)"命令创建为3D模型,则可选取其中的单个对象进行修改。

编组的3D模型

未编组的3D模型

9.3　3D和材质面板

执行"窗口"|"3D和材质"命令，打开"3D和材质"面板，在面板中提供了对象、材质和光照等属性，如图9-51所示。执行"效果"|"3D和材质"菜单下的"凸出和斜角""绕转""膨胀""旋转""材质"等命令，也会弹出"3D和材质"面板，其中凸出 ⬛ 对应的是"凸出和斜角"命令，平面 ◼ 对应的是"旋转"命令，如图9-52所示。

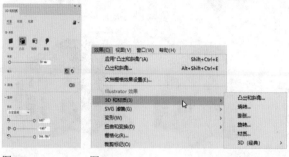

图9-51　　　　　图9-52

> **tip** 目前"3D和材质"功能处于技术预览阶段。通过技术预览，Illustrator提供了开发中功能的预览，可供试用。这些功能尚不能完全用于生产，因此使用时需要格外谨慎。

9.3.1　对象

在"对象"属性中可以设置4种3D类型：平面 ◼、凸出 ⬛、绕转 🔲 和膨胀 🔵，如图9-53和图9-54所示。

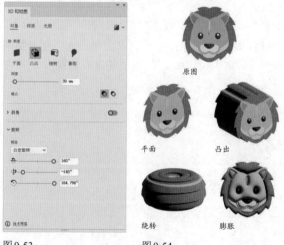

图9-53　　　　　图9-54

- 平面 ◼：创建扁平的3D对象。
- 凸出 ⬛：通过向路径增加线性深度来创建3D效果。
- 绕转 🔲：通过旋转路径来创建3D效果。
- 膨胀 🔵：通过向路径增加凸起厚度来创建3D效果。
- 深度：设置对象凸出的厚度，范围为0~2000。
- 端点：指定对象显示为实心 ⬤ 还是空心 ◯。
- 斜角：沿对象的深度应用有斜角的边缘。
- 预设：根据方向、轴和等角应用旋转预设。
- 垂直旋转 ➡：在垂直方向上旋转对象。

- 水平旋转 ↳：在水平方向上旋转对象。
- 圆形旋转 🔄：在圆形方向上旋转对象。

> **tip** 将光标放在3D对象中心位置的控制轴上，根据光标的提示，按住鼠标拖曳，可旋转对象。

9.3.2　材质

通过"材质"属性可以为对象添加纹理，创建出逼真的3D效果，如图9-55和图9-56所示。

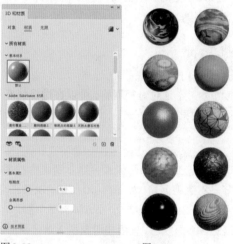

图9-55　　　　　图9-56

- 基本材质：应用默认预设材质。
- Adobe Substance材质：允许应用某些Adobe Substance材质。
- Substance 3D资源 🎨：从Adobe Substance资源添加材质。
- Substance社区资源 🎨：从Adobe Substance社区添加材质。
- 添加新材质 ⊞：将自己的新材质添加到面板。
- 材质属性：对基本材质应用粗糙度和金属质感属性，属性范围为0~1。每种Adobe Substance材质的属性各不相同。

9.3.3　光照

光照效果可以从不同角度照亮对象，形成逼真的深度和阴影，如图9-57和图9-58所示。

- 预设：将预先配置的光照效果（例如标准、扩散、左上或右）快速应用到对象中。
- 强度：更改选定光线的亮度，范围为0%~100%。
- 旋转：使用 −180°　~180° 的值旋转对象周围的光线焦点。

- **高度**：参数较大时产生的阴影较短，反之亦然，其范围均为0°~90°。
- **软化度**：确定光线的扩散程度。使用0%~100%的值覆盖扩散预设。
- **环境光强度**：使用0%~200%的值控制全局光照强度。
- **暗调**：在切换按钮处于开启状态时，将阴影应用于对象。
- **位置**：将阴影应用于"对象背面"或"对象下方"。
- **到对象的距离**：使用0~100%的值调整阴影到对象的距离。
- **阴影边界**：使用0%~200%的值定义相对于对象大小的阴影边界。

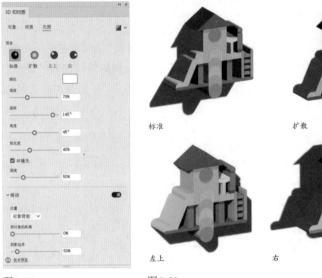

图 9-57　　　　　图 9-58

9.4　透视图

在 Illustrator 中，通过透视网格，可以在透视状态下绘制和编辑对象，而且文字和图形等也能加入透视网格中，并呈现透视效果。

9.4.1　透视网格

选择透视网格工具，画板上会显示两点透视网格，如图 9-59 所示。在"视图"|"透视网格"级联菜单中，还可以选择一点透视网格，如图 9-60 所示，以及三点透视网格，如图 9-61 所示。画板左上角是一个平面切换构件，如图 9-62 所示。这个小立方体有 3 个面，单击其中的一个面（也可按 1、2、3 快捷键来切换），便可在与其对应的透视平面绘图，或者将对象引入这一平面。

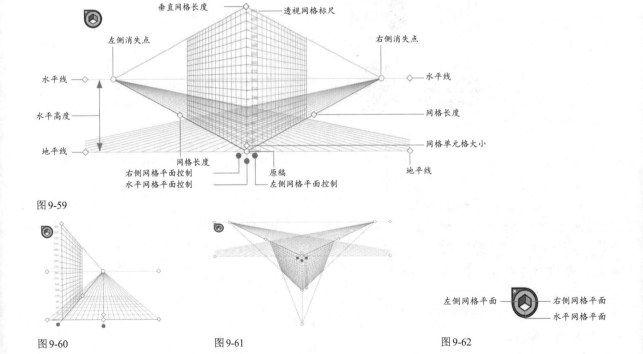

图 9-59

图 9-60　　　　图 9-61　　　　　　　　　　图 9-62

透视网格可以进行调整。以两点透视网格为例，选择透视网格工具 █，将鼠标指针移动到透视网格的构件上，单击并拖曳鼠标，可以移动网格，还可以调整消失点、网格平面、水平高度、网格单元格大小和网格范围，如图9-63所示。

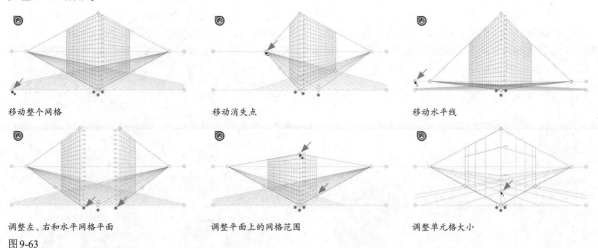

移动整个网格　　　　　　　　　　移动消失点　　　　　　　　　　移动水平线

调整左、右和水平网格平面　　　　调整平面上的网格范围　　　　调整单元格大小

图9-63

如果要隐藏透视网格，可以执行"视图"|"透视网格"|"隐藏网格"命令。如果要释放带透视视图的对象，可以选取对象，执行"对象"|"透视"|"通过透视释放"命令，所选对象就会从相关的透视平面中释放出来（外观并不改变），并可作为正常图稿使用。

9.4.2　在透视中变换对象

显示透视网格后，可以在各个平面上直接绘图（不支持光晕工具 █ ）。处于透视中的对象，可以复制和变换，如移动、缩放、旋转、扭曲等。

打开一个文件，如图9-64所示，使用透视选区工具 █ 单击窗子，如图9-65所示，拖曳鼠标即可在透视平面中进行移动，如图9-66所示。按住Alt键拖曳鼠标，则可以复制对象，如图9-67所示。

按住Ctrl键可以显示定界框，如图9-68所示，拖曳控制点可以缩放对象（按住Shift键可等比例缩放），如图9-69所示。此外，也可以使用变换类工具（如旋转工具 █ 、倾斜工具 █ ）或"对象"|"变换"级联菜单中的命令进行其他变换。

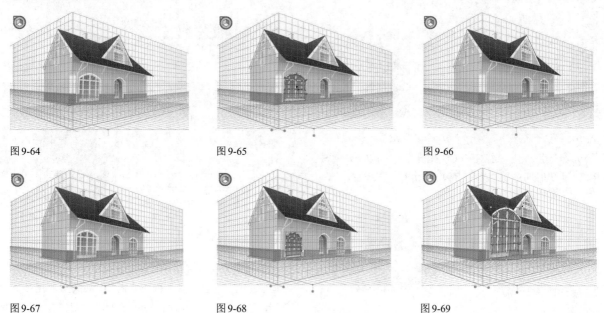

图9-64　　　　　　　　　　　　图9-65　　　　　　　　　　　　图9-66

图9-67　　　　　　　　　　　　图9-68　　　　　　　　　　　　图9-69

9.5 制作炫彩3D字

01 打开素材。选择数字"3",执行"效果"|"3D和材质"|"3D（经典）"|"凸出和斜角（经典）"命令,打开"3D凸出和斜角选项（经典）"对话框并设置参数,之后单击田按钮,添加新的光源并调整位置,制作出立体字,如图9-70和图9-71所示。

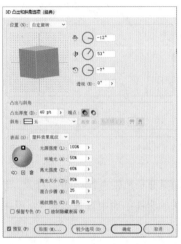

图9-70　　　　　　　　　　图9-71

02 选择字母"D",添加"凸出和斜角"效果,如图9-72和图9-73所示。

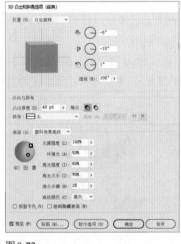

图9-72　　　　　　　　　　图9-73

03 选择数字"3",按Ctrl+C快捷键复制,按Ctrl+F快捷键粘贴到前面,如图9-74所示。将填充颜色设置为蓝色,如图9-75所示。

图9-74　　　　　　　　　　图9-75

04 在"外观"面板中单击"3D凸出和斜角（经典）"属性,如图9-76所示,打开对话框,将"凸出厚度"设置为0pt,如图9-77所示,效果如图9-78所示。将文字向左移动,与立体字对齐,如图9-79所示。

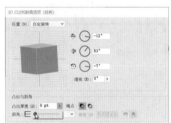

图9-76　　　　　　　　　　图9-77

图9-78　　　　　　　　　　图9-79

05 在"图层1"的眼睛图标◉右侧单击,锁定该图层。单击田按钮,新建一个图层,如图9-80所示。使用钢笔工具✎绘制如图9-81所示的图形,再分别绘制紫色、绿色和橙色的图形,如图9-82和图9-83所示。

图9-80　　　　图9-81　　　　图9-82　　　　图9-83

06 选择橙色图形,执行"效果"|"风格化"|"内发光"命令,在图形内部生成发光效果,如图9-84和图9-85所示。

图9-84　　　　　　　　　　图9-85

07 再绘制一个绿色图形,按Shift+Ctrl+E快捷键,应用"内发光"效果,如图9-86所示。选择橙色图形,按住Alt键并拖曳鼠标进行多次复制,调整角度和大小,并分别填充蓝色、紫色,使画面丰富起来,如图9-87所示。继续绘制花纹,丰富画面,如图9-88和图9-89所示。

图9-86

图9-87

图9-88

图9-89

图9-92

图9-93

08 在字母"D"上绘制一些花纹并填充不同的颜色，使用同样的方法，为部分图形添加内发光效果，如图9-90～图9-95所示。

图9-90

图9-91

图9-94

图9-95

9.6　制作3D饮料瓶

01 按Ctrl+N快捷键，打开"新建文档"对话框，单击"打印"选项卡，在其中选择"A4"选项，创建一个A4大小的文档。选择矩形工具口，在画板上单击，弹出"矩形"对话框，参数设置如图9-96所示，创建一个矩形，设置填充颜色为深红色，无描边，如图9-97所示。

图9-96　　　　　　图9-97

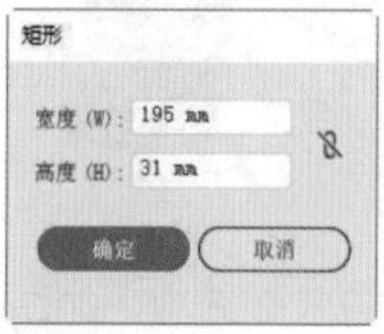

02 再创建一个矩形，设置填充颜色为浅绿色，如图9-98和图9-99所示。

图9-98　　　　　　图9-99

03 绘制4个小矩形，如图9-100所示。使用选择工具▶的同时按住Alt键并拖曳一个矩形，进行复制。将鼠标指针放在定界框外并拖曳矩形，调整角度，做成手臂的形状，如图9-101所示。

图9-100

图9-101

tip 需要绘制多个相同大小的图形时，可以先绘制一个图形，然后将图形选取，使用选择工具▶的同时按住Alt键拖曳图形，在拖曳过程中按Shift键可保持水平、垂直或45°的整数倍方向，复制出第二个图形后，按Ctrl+D快捷键（"再次变换"命令的快捷键），每按一次便生成一个图形。如果复制出第二个图形后，在空白处单击，取消图形的选取状态，则按Ctrl+D快捷键便无法复制出图形。

04 选取组成手臂的6个图形，按Ctrl+G快捷键编组，将编组后的图形复制3个并修改颜色，如图9-102所示。

图9-102

05 制作出一行手臂图形后，将其选取并再次编组。然后选择编组后的手臂图形，双击镜像工具▷◁，打开"镜像"对话框，选择"垂直"选项，单击"复制"按钮，镜像并复制出新的图形，如图9-103和图9-104所示。

图9-103

图9-104

06 向下拖曳手臂图形并修改填充颜色。选择第一组手臂图形，按住Alt键并向下拖曳进行复制，修改颜色，使其成为第3行手臂，如图9-105所示。

图 9-105

07 使用同样的方法复制手臂图形并修改颜色，排列成如图9-106所示的效果。

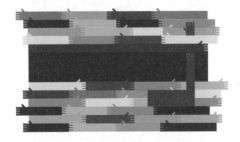

图 9-106

08 选择文字工具 T，输入两组文字，如图9-107所示。

图 9-107

09 在图案右侧输入其他文字信息（文字输入完成后，可按Shift+Ctrl+O快捷键转换为轮廓），如图9-108所示。按Ctrl+A快捷键全选，打开"符号"面板，使用选择工具 ▶ 将图稿拖曳到该面板中，创建为符号，如图9-109所示。

图 9-108

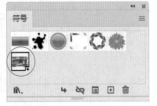

图 9-109

10 选择钢笔工具 ✐，绘制瓶子的左半边轮廓，设置描边颜色为白色，无填色，如图9-110所示。保持图形的选取状态，执行"效果"|"3D和材质"|"3D（经典）"|"绕转（经典）"命令，打开"3D绕转选项（经典）"对话框，将位移"自"选项设置为"右边"，其他的参数设

置如图9-111所示，勾选"预览"复选框，可以在文档窗口中观看瓶子效果，如图9-112所示。

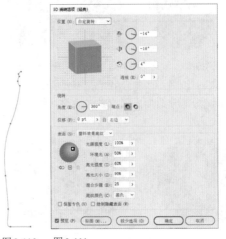

图 9-110　　图 9-111　　　　　　　　　　图 9-112

11 单击"贴图"按钮，打开"贴图"对话框，单击 ▶ 按钮，切换到7/9表面，如图9-113所示。瓶子与之对应的表面会显示为红色的线框，如图9-114所示。

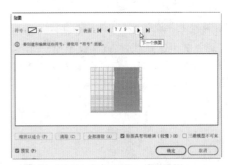

图 9-113　　　　　　　　　　　　图 9-114

12 在"符号"下拉列表中选择"新建符号"选项，如图9-115所示，单击"确定"按钮，完成3D效果的制作，如图9-116所示。

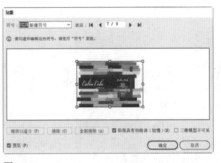

图 9-115　　　　　　　　　　　　图 9-116

13 使用选择工具 ▶ 选取瓶子，按住Alt键并向右拖曳鼠标进行复制。在"外观"面板中双击"3D绕转"属性，打开"3D绕转选项（经典）"对话框，通过调整X轴、Y轴和Z轴的数值，将瓶子转到另一面，显示出背面的图案，如图9-117和图9-118所示。

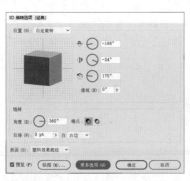

图 9-117　　　　　　　　图 9-118

⑭ 选择钢笔工具 ✐，绘制一条路径，如图9-119所示。按Alt+Shift+Ctrl+E快捷键，打开"3D绕转选项（经典）"对话框，并在其中设置参数，制作出瓶盖，如图9-120和图9-121所示。复制瓶盖，将描边颜色设置为黄色，按Ctrl+[快捷键后移，如图9-122所示。

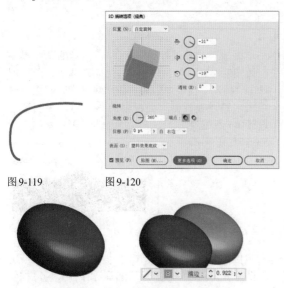

图 9-119　　　　　　图 9-120

图 9-121　　　　　　图 9-122

⑮ 单击"外观"面板中的"3D绕转"属性，可以打开"3D 绕转选项（经典）"对话框，调整黄色瓶盖的角度，如图9-123和图9-124所示。

图 9-123　　　　　　图 9-124

 技巧放送　**调整3D模型的外观**

为图形添加3D效果后，可通过编辑路径来改变模型的外形。例如，使用直接选择工具 ▷ 拖曳锚点，可以使模型产生不同的凹凸效果。

⑯ 选择椭圆工具 ◯，创建一个椭圆形，填充如图9-125所示的渐变，按Shift+Ctrl+[快捷键移至底层，作为瓶子的投影，如图9-126所示。

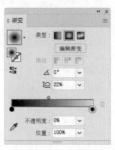 

图 9-125　　　　　　　图 9-126

⑰ 按Ctrl+C快捷键复制椭圆形，按Ctrl+F快捷键将其粘贴到前面，并将椭圆形缩小。在"渐变"面板中将左侧的滑块向中间拖曳，以此增加渐变中黑色的范围，如图9-127和图9-128所示。

图 9-127　　　　　　　图 9-128

⑱ 选取这两个投影图形，按Ctrl+G快捷键编组，分别复制到另外的瓶子和瓶盖底部，瓶盖底部的投影图形要缩小一些，如图9-129和图9-130所示。

图 9-129　　　　　　　图 9-130

9.7 制作调味品商标及包装效果图

9.7.1 绘制瓶贴

01 选择直线段工具 ✎，在画板上单击，弹出"直线段工具选项"对话框并设置参数，创建一条线段，如图9-131和图9-132所示。

图9-131　　　　　图9-132

02 执行"效果"|"扭曲和变换"|"波纹效果"命令，参数设置如图9-133所示，制作出折线效果，如图9-134所示。执行"对象"|"扩展外观"命令，将效果扩展为路径，以便进行编辑。

图9-133

图9-134

03 选择选择工具 ▶，按住Shift+Alt快捷键并向下拖曳折线，进行复制。将鼠标指针放在定界框外，按住Shift键并拖曳鼠标，将对象旋转180°，如图9-135所示。使用直接选择工具 ▷ 拖曳出一个选框，选取左侧的两个端点，如图9-136所示。

图9-135　　　　　图9-136

04 单击"控制"面板中的 ↗ 按钮，在两个端点之间连接线段，如图9-137所示。使用同样的方法连接右侧两个端点，得到一个闭合的路径，如图9-138所示。

图9-137　　　　　图9-138

05 选择多边形工具 ⬡，在画板上单击，弹出"多边形"对话框并设置参数，创建多边形，如图9-139和图9-140所示。

图9-139　　　　　图9-140

06 执行"效果"|"扭曲和变换"|"收缩和膨胀"命令，参数设置为9%，如图9-141和图9-142所示。

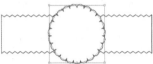

图9-141　　　　　图9-142

07 执行"对象"|"扩展外观"命令，基于当前效果扩展路径，如图9-143所示。按Ctrl+A快捷键选取这两个图形，单击"控制"面板中的 ⯀ 按钮和 ⯀ 按钮，将图形对齐。单击"路径查找器"面板中的 ⬛ 按钮，将图形合并。设置填充颜色为黑色，描边颜色为淡黄色，描边粗细为11pt，如图9-144所示。

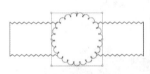

图9-143　　　　　图9-144

08 选择椭圆工具 ⬯，按住Shift键的同时拖曳鼠标，绘制圆形，设置填充颜色为淡黄色。选择选择工具 ▶，按住Alt键并拖曳圆形，进行复制，将其排列在图形的边缘，如图9-145所示。创建一个圆角矩形，如图9-146所示。

图9-145　　　　　图9-146

09 绘制一条线段。执行"窗口"|"画笔库"|"边框"|"边框_几何图形"命令，打开"边框_几何图形"面板。单击"三角形"画笔，用来描边路径，如图9-147和图9-148所示。

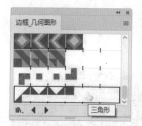

图9-147

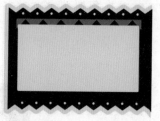

图9-148

⑩ 双击"画笔"面板中的"三角形"画笔，如图9-149所示，打开"图案画笔选项"对话框，在"方法"下拉列表中选择"色相转换"选项，如图9-150所示，单击"确定"按钮，弹出一个提示框，单击"应用于描边"按钮，如图9-151所示。将描边颜色设置为淡绿色，描边粗细设置为0.4pt，如图9-152所示。

⑪ 复制该直线到图形下方。按住Shift键并拖曳定界框，将其旋转180°，如图9-153所示。

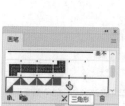

图9-149

图9-150

图9-151

图9-152

图9-153

⑫ 选择直线段工具 ∕，按住Shift键的同时拖曳鼠标，绘制一条竖线。执行"窗口"|"画笔库"|"边框"|"边框_新奇"命令，打开"边框_新奇"面板。单击"小丑"画笔，如图9-154和图9-155所示。

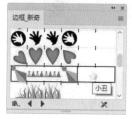

图9-154

图9-155

⑬ 双击"画笔"面板中的"小丑"画笔，打开"图案画笔选项"对话框，在"方法"下拉列表中选择"色相转换"选项，如图9-156所示，单击"确定"按钮，将描边颜色设置为淡绿色，描边粗细设置为0.25pt，如图9-157所示。使用同样的方法复制该直线到图形右侧。

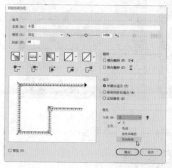

图9-156

图9-157

⑭ 使用选择工具 ▶ 并按住Shift键的同时单击淡黄色图形及4个图案边框，将其选取，按住Shift+Alt快捷键并拖曳鼠标，将其复制到瓶贴右侧，如图9-158所示。

图9-158

9.7.2 绘制卡通形象

① 选择钢笔工具 ✐，绘制一个卡通形象，如图9-159所示。这个形象可以很好地表达产品特性。选择椭圆工具 ◯，绘制眼睛。选择铅笔工具 ✐，绘制嘴巴，如图9-160所示。

图9-159

图9-160

② 绘制眼球和牙齿，让表情生动起来，如图9-161所示。绘制手及袖口图形，如图9-162所示。

图9-161

图9-162

03 使用铅笔工具 ✏️ 绘制一条曲线，连接手与身体，如图9-163所示。执行"对象"|"路径"|"轮廓化描边"命令，将路径转换为轮廓，然后应用与身体相同的填色和描边颜色，如图9-164所示。

图9-163　　　　　　　图9-164

04 使用同样的方法制作其他手臂，效果如图9-165所示。

图9-165

05 执行"窗口"|"符号库"|"其他库"命令，在弹出的对话框中选择本实例的符号库素材，将其打开，如图9-166所示。将该面板中的符号直接拖曳到画板上，放在卡通形象上做装饰，如图9-167所示。

图9-166　　　　　　　图9-167

9.7.3　制作商标上的文字

01 选择文字工具 T，打开"字符"面板，设置字体、大小及水平缩放参数，如图9-168所示。在画板上单击，输入文字"豆逗"，如图9-169所示。

图9-168　　　　　　　图9-169

02 输入文字"辣椒酱"（字体为黑体，大小为15pt，字距为200），如图9-170所示。输入文字"净含量：200克"，设置大小为7.3pt，如图9-171所示。

图9-170　　　　　　　图9-171

03 在瓶贴的左侧输入产品介绍，使用带有花纹的装饰线进行分割（花纹来自加载的面板），如图9-172所示。在右侧输入其他信息。可复制卡通形象装饰在文字后面。条码是使用矩形工具 ▢ 绘制的，如图9-173所示。按Ctrl+A快捷键，选取全部图形，按Ctrl+G快捷键编组。

图9-172　　　　　　　图9-173

04 使用同样的方法制作瓶口的小标签，以红色背景衬托，效果如图9-174所示。

图9-174

9.7.4　制作立体展示图

01 打开素材，红色玻璃瓶位于一个单独的图层中，并处于锁定状态，如图9-175所示。选择钢笔工具 ✏️，绘制瓶子的轮廓，如图9-176所示。

02 选取瓶贴，按Ctrl+C快捷键复制，然后粘贴到瓶子文档中，如图9-177所示。使用选择工具 ▶ 单击瓶子轮廓，按Shift+Ctrl+]快捷键移至顶层，如图9-178所示。

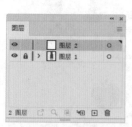

图9-175

图9-176

图9-181

图9-182

図9-182所示。

05 选择钢笔工具 ✍，根据瓶贴的外形绘制图形，填充线性渐变。渐变滑块的位置应依照瓶子的明暗来定位，如图9-183和图9-184所示。

图9-177

图9-178

图9-183

图9-184

03 单击"图层"面板底部的 ▣ 按钮，建立剪切蒙版，将瓶子以外的图形隐藏，如图9-179和图9-180所示。

06 设置混合模式为"正片叠底"，使瓶贴产生明暗变化，如图9-185和图9-186所示。

图9-179

图9-180

图9-185

图9-186

04 在瓶盖上绘制一个椭圆，设置填充颜色为灰色，设置不透明度值为50%，使瓶贴呈现明暗变化，如图9-181和

9.8 使用透视网格制作甜品包装盒

9.8.1 制作水果图案

01 选择钢笔工具 ✍，绘制苹果状图形，如图9-187和图9-188所示。

Shift键拖曳鼠标，将苹果等比缩小，如图9-189所示。选取大苹果图形，如图9-190所示，按Ctrl+C快捷键复制，按Ctrl+F快捷键粘贴到前面。

图9-187

图9-188

图9-189

图9-190

02 使用选择工具 ▶ 选取苹果和叶子图形，按住Alt键向左拖曳进行复制。将鼠标指针放在定界框的一角，按住

03 单击"色板"面板中的 ▣ 按钮，在打开的下拉列表中执行"图案"|"基本图形"|"基本图形_点"命令，打开面板后，单击如图9-191所示的图案，对苹果图形进

行填充，如图9-192所示。

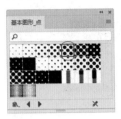
图9-191

图9-192

④ 右击，在弹出的快捷菜单中执行"变换"|"缩放"命令，打开"比例缩放"对话框，参数设置如图9-193所示，对图案进行缩放，如图9-194所示。

图9-193

图9-194

⑤ 执行"对象"|"扩展"命令，将图案扩展为可编辑的图形，如图9-195所示。选择魔棒工具 ⚲ ，在一个黑色圆形上单击，可将画面中的黑色圆形全都选取，如图9-196和图9-197所示。单击"色板"面板中的白色，将圆点颜色改为白色，在图形以外的区域单击，取消选择，如图9-198所示。

图9-195

图9-196

图9-197

图9-198

⑥ 使用同样的方法制作出香蕉、桔子、柠檬和梨等水果，排列好位置，如图9-199所示。

图9-199

⑦ 选取这些水果图形，执行"对象"|"图案"|"建立"命令，打开"图案选项"面板，设置"名称"为"水果图案"，拼贴类型为"砖形（按行）"，如图9-200所示。宽度和高度可根据实际绘制的图案大小进行调整（需要注意的是，如果参数太大，图案的间隙就会过大；如果参数太小，则图案会重叠在一起）。双击鼠标，完成图案的创建并将其保存到"色板"面板中，如图9-201所示。

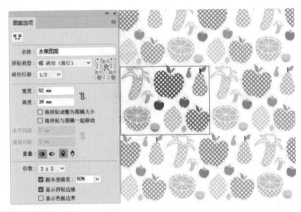
图9-200

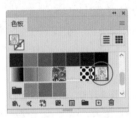
图9-201

9.8.2　制作包装盒平面图

① 打开素材，这是一个包装盒的平面图，如图9-202所示。在"结构图"的名称左侧单击（显示出 🔒 状图标），将该图层锁定。单击"图层"面板中的 ⊞ 按钮，新建一个图层，将该图层拖曳到"结构图"下方，如图9-203所示。

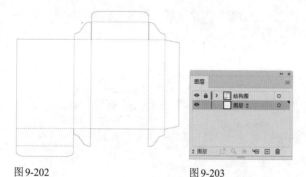

图9-202　　　　　　　　　　图9-203

02 选择矩形工具 ▢，根据结构图创建浅粉色图形，如图9-204所示。

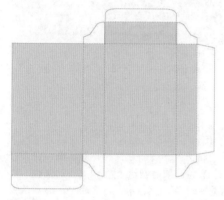

图9-204

03 根据结构图创建包装盒的正面与背面图形，单击"色板"面板中的"水果图案"进行填充，如图9-205所示。在图形上右击，在弹出的快捷菜单中执行"变换"|"缩放"命令，弹出对话框后调整参数，将图案缩小，如图9-206所示。

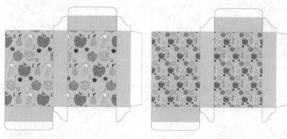

图9-205　　　　　　　　　图9-206

04 选择椭圆工具 ◯，绘制一个椭圆形，填充线性渐变，如图9-207和图9-208所示。

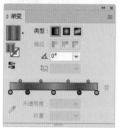

图9-207　　　　图9-208

05 双击比例缩放工具 ⊡，弹出"比例缩放"对话框，勾选"不等比"单选按钮并设置参数，单击"复制"按钮，如图9-209所示，缩小椭圆形，同时对其进行复制，如图9-210所示。

图9-209　　　　　　　　　图9-210

06 设置描边颜色为浅粉色，"粗细"为0.5pt，无填充，勾选"虚线"复选框，参数设置如图9-211所示，效果如图9-212所示。

图9-211　　　　　　　　　图9-212

07 选择文字工具 Ｔ，在"控制"面板中设置字体及大小，输入文字"果味甜甜圈"，如图9-213所示。

图9-213

08 使用钢笔工具 ✎ 绘制一个横幅，填充线性渐变，如图9-214和图9-215所示。

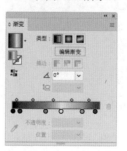

图9-214　　　　　　　　　图9-215

09 绘制左侧折叠的部分，如图9-216所示。双击镜像工具 ▷◁，弹出"镜像"对话框，选择"垂直"单选按钮，单击"复制"按钮，如图9-217所示，镜像并复制图形，将其移动到横幅右侧，如图9-218所示。

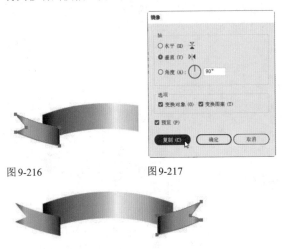

图 9-216　　　　　　图 9-217

图 9-218

⑩ 选择文字工具 **T**，设置文字大小为9pt，字距为25，输入文字，如图9-219和图9-220所示。

图 9-219　　　　　　图 9-220

⑪ 执行"对象"|"封套扭曲"|"用变形建立"命令，使文字向上弯曲，与横幅的弧度一致，如图9-221和图9-222所示。

图 9-221

图 9-222

⑫ 将产品名称及装饰图形复制到盒盖上，调整大小并旋转180°。在包装盒正面输入产品的口味、含量；在包装盒背面输入营养成分、配料和产地等其他信息，将包

装盒正面的芒果图案复制到侧面，完成后的效果如图9-223所示。

图 9-223

9.8.3　制作包装盒立体效果图

① 按Ctrl+N快捷键，打开"新建文档"对话框，在"打印"选项卡中选择A4选项，创建一个A4大小的文档。执行"视图"|"透视网格"|"显示网格"命令，显示透视网格，如图9-224所示。

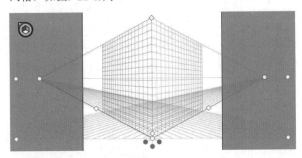

图 9-224

② 选择透视网格工具 ，拖曳网格上的控件，调整网格，如图9-225所示。

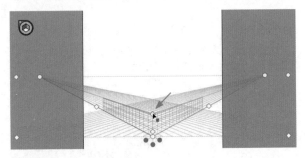

图 9-225

③ 按Ctrl+Tab快捷键，切换到包装盒文档。使用选择工具 选取包装盒的正面图稿，拖入新建的文档中，如图9-226所示。

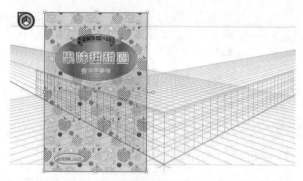

图9-226

④ 保持图稿的选取状态，执行"对象"|"扩展外观"命令，扩展图稿。执行"对象"|"扩展"命令，打开"扩展"对话框，如图9-227所示，将符号扩展为图形。执行"对象"|"路径"|"轮廓化描边"命令，将描边也扩展为图形，如图9-228所示。按Ctrl+G快捷键，将扩展后的图形编为一组。

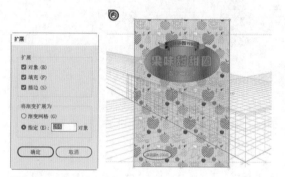

图9-227　　　　图9-228

⑤ 选择透视选区工具 ，单击平面切换构件中的右侧网格平面，如图9-229所示。单击包装盒正面图稿，将其选取，然后拖曳到网格上，如图9-230所示。

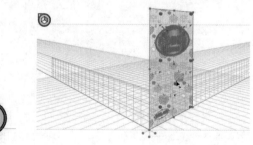

图9-229　　　　图9-230

⑥ 将鼠标指针移动到右上角的控制点上，按住Shift键并拖曳鼠标，将图稿等比缩小，如图9-231所示。效果如图9-232所示。

⑦ 按Ctrl+Tab快捷键，切换到包装盒文档。使用选择工具 选取包装盒的顶部图稿，拖入透视网格文档中。打开"对象"菜单，执行其中的"扩展外观"命令、"扩展"命令和"路径"|"轮廓化描边"命令，将图稿扩展，之后按Ctrl+G快捷键编组。执行"对象"|"变

换"|"旋转"命令，将图稿旋转-90°，如图9-233和图9-234所示。

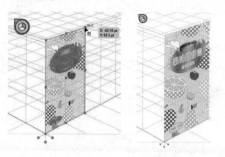

图9-231　　　　　　　　图9-232

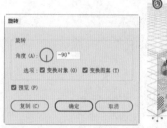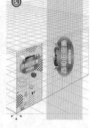

图9-233　　　　　　　　图9-234

⑧ 选择透视选区工具 ，单击水平网格平面，如图9-235所示，将图稿拖曳到透视网格中，如图9-236所示。将鼠标指针移动到右上角的控制点上，按住Shift键并拖曳鼠标，将图稿等比缩小，使其边缘与正面图稿对齐，如图9-237所示。

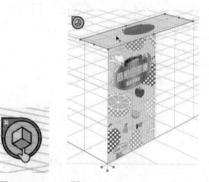

图9-235　　　　图9-236

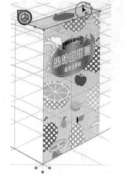

图9-237

175

09 切换到另一个文档，使用选择工具 ▶ 选取包装盒的侧面图稿，拖入透视网格文档中。使用同样的方法将图稿扩展。选择透视选区工具 ▶▫，单击左侧网格平面，如图9-238所示，之后将图稿拖入透视网格中，并调整大小，如图9-239所示。执行"视图"|"透视网格"|"隐藏网格"命令，隐藏透视网格。

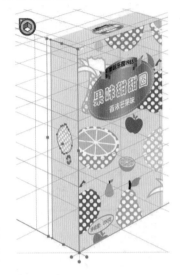

图 9-238   图 9-239

9.8.4　调整包装盒侧面亮度

01 使用选择工具 ▶ 单击侧面图稿，如图9-240所示。执行"编辑"|"编辑颜色"|"重新着色图稿"命令，打开对话框后，拖曳滑块，将图稿的亮度调暗，如图9-241和图9-242所示。在空白区域单击，关闭对话框。

02 选取顶部图稿，如图9-243所示，使用同样的方法调整亮度，如图9-244和图9-245所示。

图 9-240   图 9-241

图 9-242   图 9-243

图 9-244   图 9-245

9.8.5　制作背景

01 创建一个矩形，填充径向渐变，按Ctrl+[快捷键移至包装盒下方，如图9-246和图9-247所示。

图 9-246   图 9-247

02 使用椭圆工具 ⬭ 创建一个椭圆形，设置填充颜色为浅粉色到透明线性渐变，作为投影，如图9-248和图9-249所示。

图 9-248   图 9-249

03 执行"效果"|"风格化"|"羽化"命令，打开"羽化"对话框，设置羽化半径为2.7mm，使投影边缘变得柔和，如图9-250和图9-251所示。

图9-250　　　　　　　　图9-251

04 最后在画面右下角输入产品名称，用苹果图形作为装饰，如图9-252所示。

图9-252

9.9　课后作业：制作3D棒棒糖

使用Illustrator中的3D功能制作实物效果既真实、又省力。如图9-253所示的棒棒糖就是使用"绕转"效果做出来的。操作时先制作贴图。可以使用矩形工具 创建一个矩形，通过复制的方法得到一组矩形，然后为其填充不同的颜色，如图9-254所示，再将这组图形拖曳到"符号"面板中创建为符号。贴图完成之后，使用椭圆工具 创建一个椭圆形，删除一个锚点，得到半圆形，如图9-255所示，为其添加"绕转"效果并使用新创建的符号作为贴图，如图9-256和图9-257所示，这样就制作出球形棒棒糖。糖杆是用直线路径添加"绕转"效果制作的。有不清楚的地方，可以看一看教学视频。

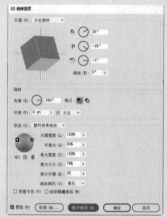

图9-253　　　　　　图9-254　　　　　　图9-255　图9-256　　　　　　图9-257

9.10　复习题

1. 使用"绕转"效果创建时，如果原始图形是最终对象的右半部分，应选择从哪边开始绕转？

2. 创建3D对象时，哪种表面能表现光亮材质的反射效果？

3. 只有一种对象可作为贴图使用，请问是哪种对象？

4. 在透视网格中绘图，或使用透视选区工具 移动对象时，对象将与单元格 1/4 距离内的网格线对齐。怎样禁用对齐网格功能？

5. 当符号实例包含透视网格不支持的图稿类型（如图像、非本机图稿、封套、旧版文字和渐变网格等）时，将无法添加到透视网格中。遇到此种情况该怎样处理？

10.1　海报设计表现手法

　　海报（Poster）即招贴，是指张贴在公共场所的告示和印刷广告。作为一种视觉传达艺术，海报最能体现平面设计的形式特征，其设计理念、表现手法较之其他广告媒介更具典型性。海报从用途上分为3类，即商业海报、艺术海报和公共海报，常用表现手法包括以下几种。

- 写实：一种直接展示对象的表现方法，能够有效地传达产品的最佳利益点。如图10-1所示为芬达饮料海报。

- 联想：一种婉转的艺术表现方法，即由一个事物联想到另外的事物，或将事物某一点与另外事物的相似点或相反点自然地联系起来的思维过程。如图10-2所示为Covergirl睫毛刷产品宣传海报——请选择加粗。

图10-1　　　　　　图10-2

- 情感：美国心理学家马斯诺指出："爱的需要是人类需要层次中最重要的一个层次"。情感是最能引起人们心理共鸣的一种心理感受，在海报中运用情感因素可以增强作品的感染力，达到以情动人的效果。如图10-3所示为里维斯牛仔裤海报——融合起来的爱，叫完美！

- 对比：将性质不同的要素放在一起相互比较。如图10-4所示为Schick Razors 舒适剃须刀海报，男子强壮的身体与婴儿般的脸蛋形成了强烈的对比，既新奇又极具幽默感。

- 夸张：通过一种夸张的、超出想象的画面内容来吸引受众的眼球，具有极强的吸引力和戏剧性。如图10-5所示为Nikol 纸巾广告——超强吸水。

 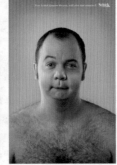 

图10-3　　　　　　图10-4　　　　　　图10-5

- 幽默：幽默的海报具有很强的戏剧性、故事性和趣味性，往往能够带给人会心的一笑，让人感觉到轻松愉快，并产生良好的说服效果。如图10-6所示为

第10章

海报设计

不透明度、混合模式与蒙版

本章简介

在 Illustrator 中制作合成效果时，会用到不透明度功能和各种蒙版。调整不透明度，可以让对象呈现透明效果；添加蒙版，可以遮盖对象使其不可见，或者令其呈现一定的透明效果。本章介绍的这些非破坏性的编辑功能，不会给对象造成真正的修改和破坏，可以让对象随时恢复为原状。

好运达 RO4541 吸尘器广告——打猎利器。如图10-7所示为富士相机广告。

● 拟人：将自然界的事物进行拟人化处理，赋予其人格和生命力。这种方法能让受众迅速地在心里产生共鸣。如图10-8所示为 Kiss FM 摇滚音乐电台海报——跟着 Kiss FM 的劲爆音乐跳舞。

● 名人：巧妙地运用名人效应会增加产品的亲切感，产生良好的社会效益。如图10-9所示为猎头公司广告——幸运之箭即将射向你。这则海报暗示了猎头公司会像丘比特一样为用户制定专属的目标，帮用户找到心仪的工作。

图10-6　　　　　　图10-7　　　　　　图10-8　　　　　　图10-9

10.2　不透明度与混合模式

当对象堆叠时，会互相形成遮挡，调整上方对象的不透明度和混合模式，可以让下方的对象显现出来并与之混合。

10.2.1　调整对象的不透明度

如果想让对象呈现透明效果，可将其选取，如图10-10所示，在"透明度"面板的"不透明度"选项中调整数值，如图10-11和图10-12所示。如果想更好地观察透明区域，可以执行"视图"|"显示透明度网格"命令，在透明度网格上，图稿的透明范围及程度一目了然，如图10-13所示。

图10-10　　　　图10-11

图10-12　　　　　　图10-13

10.2.2　单独调整填色和描边的不透明度

使用选择工具▶选取一组对象后，调整不透明度时，组中的所有对象会被视为单一对象来处理。如果只想调整个别对象的不透明度，可以使用编组选择工具▶选取其中的对象，再进行调整。此外，调整矢量图形的不透明度时，会影响其填色和描边，如图10-14和图10-15所示。

选取心形　　　　　　　　调整心形的不透明度
图10-14　　　　　　　　图10-15

如果想分开编辑，例如，只调整填色的不透明度，可选取对象，打开"外观"面板，单击"填色"属性左侧的▶按钮展开列表，单击"不透明度"选项并进行调整，如图10-16和图10-17所示。如果想修改描边的不透明度，可选取描边属性，再使用同样的方法操作。

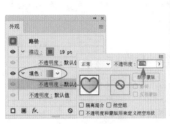

图10-16　　　　　　　　　　图10-17

"正常"模式　　　　　　　　以"正片叠底"模式混合

10.2.3　混合模式

当对象互相堆叠时，选取上方对象，单击"透明度"面板中的 ˅ 按钮，打开下拉列表，如图10-18所示，选择一种混合模式，所选对象就会采用这种模式与下方的对象混合。Illustrator中有16种混合模式，可以采用加深、减淡和反相等特殊方法处理颜色，如图10-19所示。

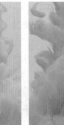

以"叠加"模式混合　　　　　　以"明度"模式混合

图10-19

图层也可以设置混合模式。操作时，先在图层的选择列单击，如图10-20所示，之后在"透明度"面板中进行修改即可，如图10-21所示。此后，凡添加到该图层中的对象都会受到这种混合模式的影响。

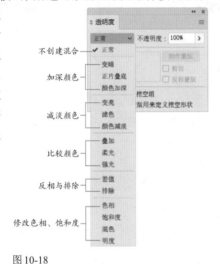

图10-18

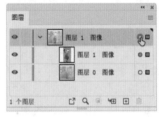

图10-20　　　　　　　　　　图10-21

10.3　蒙版

蒙版用于遮盖对象，但不会将其删除，常用来制作合成效果。Illustrator中有两种蒙版，剪切蒙版用来控制对象的显示范围；不透明度蒙版则用来控制对象的显示程度。

10.3.1　创建/释放不透明度蒙版

将蒙版对象放在被遮盖的对象上方，如图10-22和图10-23所示，将其选择，如图10-24所示，单击"透明度"面板中的"制作蒙版"按钮，即可创建不透明度蒙版。蒙版对象(上面的对象)中的黑色会遮盖下方的对象，使其完全透明；灰色会使对象呈现半透明效果；白色不会遮盖对象，如图10-25所示。

图10-22　　　　　　　　　　图10-23

图 10-24   图 10-25

如果要释放不透明度蒙版，可以选择对象，单击"透明度"面板中的"释放"按钮即可。

> **tip** 任何着色的矢量对象或位图图像都可用作不透明度蒙版。如果蒙版对象是彩色的，例如彩色照片，Illustrator会使用颜色的等效灰度来定义蒙版中的不透明度。

10.3.2 编辑不透明度蒙版

创建不透明度蒙版后，如图 10-26 所示，如果要修改蒙版，例如，修改渐变，需要先单击"透明度"面板中的蒙版缩览图，如图 10-27 所示，然后再进行编辑，如图 10-28 所示。完成之后，单击左侧的图稿缩览图来结束编辑，如图 10-29 所示。

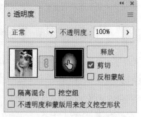

图 10-26   图 10-27

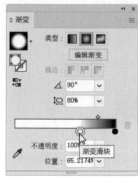

图 10-28   图 10-29

在这两个缩览图中间有一个链接图标，表示图

稿与蒙版处于链接状态，此时进行移动、旋转、缩放、扭曲等操作时，图稿和蒙版会同时变换，因此，遮盖区域不会出现变化。单击 图标可以取消链接，此后可单独对图稿或蒙版进行变换。需要重新建立链接时，可在原 图标处单击。"透明度"面板中其他选项参数如下。

- 剪切：在默认情况下，该复选框处于勾选状态，此时位于蒙版对象以外的图稿都被剪切掉，如果取消对该复选框的勾选，则蒙版以外的对象会显示出来。

- 反相蒙版：勾选该复选框，可以反转蒙版的遮盖范围。

- 隔离混合：在"图层"面板中选择一个图层或组，勾选该复选框，可以将混合模式与所选图层或组隔离，使其下方的对象不受混合模式的影响。

- 挖空组：勾选该复选框后，可以保证编组对象中单独的对象或图层在相互重叠的地方不能透过彼此而显示。

- 不透明度和蒙版用来定义挖空形状：用来创建与对象不透明度成比例的挖空效果。挖空是指下面的对象透过上方对象显示出来。要创建挖空，对象应使用除"正常"模式以外的其他混合模式。

10.3.3 创建剪切蒙版

剪切蒙版可以通过3种方法来创建，其效果也有所不同。例如，在人像上方创建一个图形，如图 10-30 所示，将其与人像一同选取，当使用"对象"|"剪切蒙版"|"建立"命令创建剪切蒙版时，蒙版图形只遮盖所选人像，如图 10-31 所示；如果通过单击"图层"面板中的 按钮的方法来创建，则蒙版图形会遮盖同一图层中的所有对象，如图 10-32 和图 10-33 所示。

图 10-30   图 10-31

图 10-32   图 10-33

tip 只有矢量对象能作剪切蒙版使用，但任何对象都可被剪切蒙版隐藏，包括位图图像和文字。

此外，也可使用内部绘图的方法来创建剪切蒙版。即选取一个矢量对象，如图 10-34 所示，然后单击工具栏中的"内部绘图"按钮 ⊙，如图 10-35 所示；此时图形周围会出现一个虚线框，如图 10-36 所示，在这种状态下绘制图稿，所创建的对象只在其内部显示，如图 10-37 所示。要结束这种内部绘图，单击工具栏中的"正常绘图"按钮 ⊙ 即可。

图 10-34　　　　　图 10-35

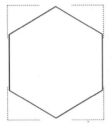

图 10-36　　　　　图 10-37

10.3.4　编辑/释放剪切蒙版

创建剪切蒙版后，剪切路径和被遮盖的对象都可编辑。例如，可以使用直接选择工具 ▷ 调整剪切路径的锚点，如图 10-38 所示；使用编组选择工具 ▷ 移动剪切路径或被遮盖的对象，如图 10-39 所示。如果剪切路径比较难选，可单击"控制"面板中的 ⊙ 按钮将其选取。单击 ⊡ 按钮，则可选取被蒙版遮盖的对象。

拖曳形状构件　　　　　向下移动剪贴路径

图 10-38　　　　　图 10-39

如果要释放剪切蒙版，即让被剪切路径遮盖的对象重新显示出来，可以选择剪切蒙版对象，执行"对象"|"剪切蒙版"|"释放"命令，或者单击"图层"面板中的 ⊡ 按钮。

tip 在"图层"面板中，将其他对象拖入剪切路径组时，蒙版会对其进行遮盖；如果将剪切蒙版中的对象拖至其他图层，则可将其释放，即重新显示出来。

10.4　制作艺术海报

① 按Ctrl+N快捷键，打开"新建文档"对话框，单击"打印"选项卡，选择"A4"选项，创建一个A4大小的CMYK模式文档。

② 选择文字工具 T，在画板中单击并输入文字，按Esc键结束编辑。在"控制"面板中设置字体及大小，如图10-40所示。再使用同样的方法输入其他文字，如图10-41所示。

③ 按Ctrl+A快捷键全选，按Shift+Ctrl+O快捷键，将文字转换为图形，如图10-42所示。按Shift+Ctrl+G快捷键取消编组。使用选择工具 ▶，分别选取各个文字并修改颜色，如图10-43所示。

图 10-42　　　　　图 10-43

④ 选取文字"平"，按Ctrl+C快捷键复制，按Ctrl+F快捷键粘贴在前面，如图10-44所示。执行"窗口"|"色板库"|"图案"|"基本图形"|"基本图形_纹理"命令，打开"基本图形_纹理"面板。打开该面板的菜单，选择

图 10-40　　　　　图 10-41

"小列表视图"命令，以方便查找图案。使用"点铜版雕刻"图案填充文字，如图10-45和图10-46所示。

图10-44　　　图10-45　　　图10-46

05 打开"透明度"面板，设置混合模式为"变亮"，如图10-47和图10-48所示。

图10-47　　　　　　图10-48

06 按住Shift键并单击文字"面""设"和"赛"，按Ctrl+C快捷键复制，按Ctrl+F快捷键粘贴在前面。单击"基本图形_纹理"面板底部的◀按钮，切换到"基本图形_点"面板，使用"波浪形粗网点"图案填充文字，如图10-49和图10-50所示。

图10-49　　　　　　图10-50

07 复制文字"计"并粘贴到前面，为其填充"波浪形细网点"图案，如图10-51和图10-52所示。

图10-51　　　　　　图10-52

08 复制文字"大"并粘贴到前面。单击"基本图形_点"面板底部的▶按钮，切换到"基本图形_线条"面板，为文字填充"波浪形粗线"图案，如图10-53和图10-54所示。使用同样的方法为字母填充"波浪形粗网点"图案，效果如图10-55所示。

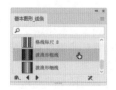

图10-53　　　图10-54　　　图10-55

09 使用椭圆工具 ⬭ 并按住Shift键创建圆形，设置填充颜色为黄色，使用青色描边（粗细为15pt），如图10-56所示。设置混合模式为"正片叠底"，如图10-57和图10-58所示。

图10-56　　　图10-57　　　图10-58

10 使用选择工具 ▶ 向右侧拖曳圆形，释放鼠标前按住Alt+Shift键，可在水平方向复制出一个新的圆形，如图10-59所示。将描边颜色设置为红色，如图10-60所示。使用同样的方法制作出更多的圆形，分别调整填充和描边的颜色，使效果更加丰富，如图10-61所示。

图10-59　　　　　　图10-60　　　　　　图10-61

11 打开"符号"面板，将如图10-62所示的符号拖曳到画板上。单击"符号"面板底部的 ⬭ 按钮，断开符号实例的链接，为图形填充品红色。按住Shift键拖曳右上角的控制点，将图形旋转90°，如图10-63所示。在画面左侧输入大赛的其他信息，最终效果如图10-64所示。

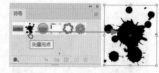

图10-62

图10-63　　　图10-64

10.5　制作多重曝光效果

01 按Ctrl+O快捷键，弹出"打开"对话框，选取本实例素材，如图10-65所示。这是一个PSD格式的文件，已经用Photoshop抠好图了（即将人像从背景中抠出来，并删除了背景）。按Enter键，弹出"Photoshop导入选项"对话框，选择"将图层转换为对象"单选按钮，以便保留透明区域，如图10-66所示。

图 10-67　　　　　　　　　图 10-68

图 10-65　　　　　　　图 10-66

02 单击"确定"按钮，打开文件，如图10-67所示。由于画板是白色的，所以看不到抠图效果。要想观察图像效果，可以执行"视图"|"显示透明度网格"命令，图像的透明区域会显示灰白相间的棋盘格，如图10-68所示。执行"视图"|"隐藏透明度网格"命令，隐藏网格。

03 执行"文件"|"置入"命令，在弹出的对话框中选取另一个素材，并取消"链接"复选框的勾选，如图10-69

所示。单击"置入"按钮，之后在画板上单击，将图像嵌入当前文档中，如图10-70所示。

图 10-69　　　　　　　　　图 10-70

04 按Ctrl+A快捷键全选，单击"透明度"面板中的"制作蒙版"按钮，创建不透明度蒙版，勾选"反相蒙版"复选框，对蒙版图像的明度进行反转，如图10-71和图10-72所示。

图 10-71　　　　　　　　　图 10-72

05 创建不透明度蒙版后，"透明度"面板会显示两个缩览图，左侧是被蒙版遮盖的图稿，右侧是蒙版对象，在上方单击，如图10-73所示，选取蒙版对象，使用选择工具▶可以调整位置，如图10-74所示。单击图稿缩览图，如图10-75所示，退出蒙版编辑状态，如图10-76所示。

图 10-73　　　　　　图 10-74

图 10-75　　　　　　图 10-76

执行"文件"|"置入"命令，可以将外部文件（AI、JPG、GIF、PSD等格式）置入Illustrator文档中。在置入时，如果取消勾选"链接"复选框，图稿就会嵌入Illustrator文档中，这样可编辑性更好。例如，嵌入AI格式文件时，图形中的路径、锚点等都可以编辑；嵌入PSD格式文件，Illustrator会保留其中的图层和组，并且文字也能修改。

如果勾选"链接"复选框，则只创建文件的链接副本，图稿并未真正存储于Illustrator文档，即便置入的是AI格式的矢量文件，也无法编辑锚点和路径，只能进行整体处理。但对其进行复制时，每个副本都与原始图稿链接，所以编辑原始图稿，就可以一次性地更新所有与之链接的副本，就像编辑符号一样方便。并且，图稿占用的存储空间也比较小。

置入的AI格式文件可编辑锚点　　　嵌入的文件类似于图像

10.6　制作生锈金属字

01 打开文字图形素材。执行"效果"|3D|"凸出和斜角"命令，打开对话框设置参数，拖曳光源预览框中的光源调整其位置。单击□按钮，添加一个光源，如图10-77所示，效果如图10-78所示。

图 10-77　　　　　　图 10-78

02 执行"文件"|"置入"命令，选择素材文件，取消对

"链接"复选框的勾选，如图10-79所示，单击"置入"按钮，置入图像，如图10-80所示。

图 10-79　　　　　　图 10-80

03 在如图10-81所示的选择列单击，将文字选取，按Ctrl+C快捷键复制。在空白处单击，取消选择。按Ctrl+F快捷键粘贴在前面，如图10-82所示。将文字的填充颜色设置为白色。打开"外观"面板，双击"3D凸出和斜角"属性，如图10-83所示，打开"3D凸出和斜角选项"对话框，单击光源预览框下方的按钮，删除一个光源，另一个光源移动到下方，如图10-84和图10-85所示。

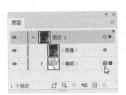

图 10-81　　　　　　　　图 10-82

图 10-83　　　　图 10-84　　　　图 10-85

04 按住Ctrl+Shift组合键的同时，在铁皮素材上单击，将其与立体字一同选取，单击"透明度"面板中的"制作蒙版"按钮，使用立体字对铁皮素材进行遮盖，将文字以外的图像隐藏。设置混合模式为"正片叠底"，让铁皮纹理融入立体字中，如图10-86和图10-87所示。

图 10-86　　　　　　　　图 10-87

05 创建一个能够将文字全部遮盖的矩形，填充金属质感的渐变，如图10-88和图10-89所示。

图 10-88　　　　　　　图 10-89

06 在"图像"图层的选择列单击，将铁皮纹理字选取，如图10-90所示。单击蒙版缩览图，如图10-91所示，选取蒙版中的立体字，按Ctrl+C快捷键复制。单击图稿缩览图，如图10-92所示。在空白处单击取消选择。

图 10-90　　　　图 10-91　　　　图 10-92

07 按Ctrl+F快捷键，将复制的立体字粘贴到前面，如图

10-93所示。选取当前的立体字和后面的渐变图形，单击"透明度"面板中的"制作蒙版"按钮。设置混合模式为"颜色加深"，不透明度值为45%，如图10-94和图10-95所示。

08 使用铅笔工具 ✏ 在文字上绘制高光图形，如图10-96所示。执行"效果"|"风格化"|"羽化"命令，设置羽化半径为2mm，如图10-97所示。在"透明度"面板中设置混合模式为"叠加"，效果如图10-98所示。

图 10-93　　　　　　　图 10-94

图 10-95　　　　　　　图 10-96

图 10-97　　　　　　　图 10-98

09 在文字的边缘绘制高光图形，如图10-99所示，添加相同的羽化效果与叠加模式，效果如图10-100所示。

图 10-99　　　　　　　图 10-100

10 依据文字的外形绘制投影图形，按Shift+Ctrl+[快捷键移至底层，如图10-101所示。按Alt+Shift+Ctrl+E快捷键，打开"羽化"对话框，修改"半径"为7mm，如图10-102和图10-103所示。

图10-101

图10-102

图10-103

10.7　制作装饰风格艺术字

01 打开素材，如图10-104所示。使用钢笔工具 ✏ 绘制一个雨点状图形，设置填充颜色为黄色，如图10-105所示，设置描边颜色为白色，宽度为1pt，如图10-106所示。

图10-104　　　图10-105　　　图10-106

02 使用选择工具 ▶ 的同时按住Alt键并拖曳图形进行复制，如图10-107所示，为其填充浅褐色，如图10-108和图10-109所示。

图10-107　　　图10-108　　　图10-109

03 再次复制图形，设置填充颜色为浅绿色。将鼠标指针放在定界框的右下角，当鼠标指针变为 ↻ 状时进行拖曳，将图形旋转，如图10-110所示。使用同样的方法复制雨点图形，将填充颜色分别修改为绿色、深蓝色、橘红色等，并适当调整角度，如图10-111和图10-112所示。

图10-110　　　图10-111　　　图10-112

04 下面将雨点制作为一个具有装饰感的图案。复制雨点图形，选择旋转工具 ↻，拖曳图形进行旋转，让尖角朝

下，如图10-113所示。将鼠标指针放在尖角的锚点上，如图10-114所示，按住Alt键并单击，将参考点定位到此处，弹出"旋转"对话框，设置旋转角度为5°，如图10-115所示，单击"复制"按钮，旋转并复制出一个新的图形，如图10-116所示。

图10-113　　图10-114　　图10-115　　　　　图10-116

05 连续按14次Ctrl+D快捷键，变换并复制出更多的图形，如图10-117所示。使用选择工具 ▶ 选取这些图形，按Ctrl+G快捷键编组。

06 将编组后的图形放在字母上面，如图10-118所示。按住Alt键并拖曳图形进行复制，之后调整角度并将填色设置为紫色，如图10-119所示。继续复制雨点图形，修改颜色，直到图形布满字母，如图10-120所示。

图10-117　　　　　　　图10-118

图10-119　　　　　　　图10-120

07 在"A"图层的选择列单击，通过这种方法将文字选

取，如图10-121所示，按Shift+Ctrl+]快捷键将其移至顶层，如图10-122所示。

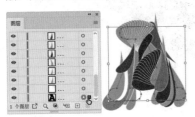

图10-121

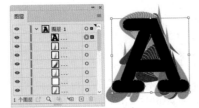

图10-122

⑧ 单击"图层1"，选取该图层，如图10-123所示，单击 🔳 按钮，创建剪切蒙版，将字符以外的图形隐藏，这样图形就被嵌入字母中了，如图10-124所示。保持当前文字的选取状态，按Ctrl+C快捷键复制，之后在空白的区域单击，取消选择。

图10-123   图10-124

⑨ 单击"图层"面板底部 🔳 按钮，新建"图层2"，如图10-125所示。按Ctrl+F快捷键，将复制的文字粘贴到该图层前面，如图10-126所示。

图10-125   图10-126

> **tip** 复制图形后，直接按Ctrl+F快捷键，图形将粘贴在原图形前面，并位于同一图层中。如在图形以外的区域单击，则取消选取状态，在"图层"面板中选择另一图层，再按Ctrl+F快捷键时，图形就会粘贴到所选图层前面。

⑩ 将填色设置为灰色，如图10-127所示。执行"效果"|"风格化"|"内发光"命令，打开"内发光"对话框，设置模式为"滤色"，不透明度值为100%，模糊参数为3.53mm，选择"中心"单选按钮，如图10-128和图10-129所示。

图10-127   图10-128   图10-129

⑪ 执行"效果"|"风格化"|"投影"命令，添加"投影"效果，如图10-130和图10-131所示。

图10-130   图10-131

> **tip** 为什么要在新的图层中制作内发光与投影效果呢？因为"图层1"设置了剪切蒙版，文字以外的区域都会隐藏起来，而投影效果是位于文字以外的，如果在"图层1"中制作，也将会被遮盖起来无法显示，因此，要在新建的"图层2"中制作。

⑫ 在"透明度"面板中设置混合模式为"正片叠底"，如图10-132所示，使当前图形与底层的彩色图形混合在一起。按Ctrl+C快捷键复制文字，按Ctrl+F快捷键，将其粘贴在前面，这样可以使立体感更强一些，如图10-133所示。在字符左侧绘制一个圆形，使用同样的方法制作成彩色的立体效果，再制作一个立体的彩色文字"I"，如图10-134所示。

图10-132   图10-133

图10-134

10.8 制作冰淇淋海报

01 打开素材，如图10-135所示。使用选择工具 ▶ 选取文字，按Ctrl+C快捷键复制，按Ctrl+F快捷键粘贴到前面。连续按4次 ↑ 键，将文字向上移动，再按1次 → 键，将文字向右移动，如图10-136所示。

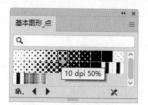
图10-135

图10-136

02 单击"色板"左下角的 🔳 按钮，打开下拉菜单，执行"图案"|"基本图形"|"基本图形_点"命令，打开"基本图形_点"面板，选择图10-137所示的图案，文字效果如图10-138所示。该图案同时会被载入到"色板"中。

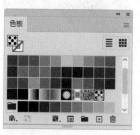
图10-137

图10-138

03 双击"色板"中的"10 dpi 50%"图案，如图10-139所示，进入到图案编辑状态，如图10-140所示。

图10-139

图10-140

04 按Ctrl+A快捷键全选，如图10-141所示，在"颜色"面板中调整颜色，如图10-142所示，为图案填充粉色，如图10-143所示。

图10-141

图10-142

图10-143

05 在画面空白处双击鼠标，结束图案的编辑状态，此修改可同步到"色板"的图案中，如图10-144所示，文字效果如图10-145所示。

06 保持文字的选取状态，右击，打开快捷菜单，执行"变换"|"缩放"命令，设置"等比"参数为45%，取

消"变换对象"复选框的勾选，使缩放仅对图案产生作用，如图10-146和图10-147所示。

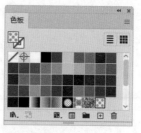
图10-144

图10-145

图10-146

图10-147

07 在"透明度"面板中设置混合模式为"滤色"，如图10-148和图10-149所示。

图10-148

图10-149

08 按Ctrl+F快捷键再次粘贴文字。连续按7次 ↑ 键，将文字向上移动，再按11次 → 键，将文字向右移动，如图10-150所示。设置描边颜色为白色，粗细为4pt，无填充，如图10-151所示。

图10-150

图10-151

09 按Ctrl+F快捷键再次粘贴文字。连续按7次 ↑ 键，将文字向上移动，再按12次 → 键，将文字向右移动，如图10-152所示。设置混合模式为"正片叠底"，如图10-153和图10-154所示。按Ctrl+A快捷键全选，按Ctrl+G快捷键将文字编组。

图 10-152

图 10-153

图 10-161

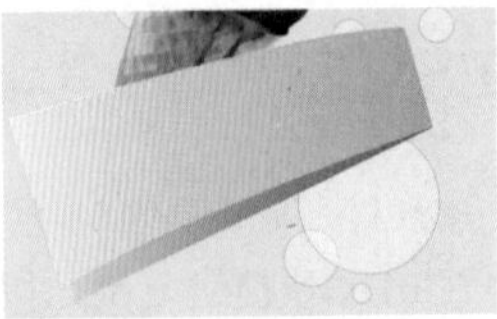

图 10-162

图 10-154

图 10-163

图 10-164

图 10-165

⑩ 打开素材，如图10-155所示，选择"图层2"，如图10-156所示。

⑭ 将文字拷贝粘贴到文档中，调整角度使其适应条幅，如图10-166所示。

图 10-166

图 10-155　　　　　图 10-156

⑪ 使用钢笔工具 ✐ 绘制条幅图形，在"渐变"面板中调整渐变颜色，填充为线性渐变，如图10-157~图10-160所示。

⑮ 执行"效果"|"扭曲和变换"|"自由扭曲"命令，在预览框中拖动控制点，将文字进行透视扭曲，如图10-167和图10-168所示。

图 10-157　　　　　图 10-158

图 10-167

图 10-168

图 10-159　　　　　图 10-160

⑯ 在"图层3"前面单击，显示该图层，如图10-169和图10-170所示。

⑫ 选中位于上面的图形，按Ctrl+[快捷键将其后移一层，作为投影，在"透明度"面板中设置混合模式为"正片叠底"，如图10-161和图10-162所示。

⑬ 继续绘制图形，如图10-163所示，按2次Ctrl+[快捷键，将其后移两层，如图10-164所示。再绘制一个小三角形，如图10-165所示。

图 10-169　　　　　图 10-170

10.9　制作美味汉堡海报

01 按Ctrl+N快捷键，打开"新建文档"对话框，在"打印"选项卡里选取"A4"选项，创建一个A4大小的文档。执行"文件"|"置入"命令，打开"置入"对话框，选择图像素材，取消对"链接"复选框的勾选，单击"置入"按钮，关闭对话框。在画板上拖曳鼠标，将图像嵌入当前文档，如图10-171所示。

图10-171

02 下面来抠图，即使用钢笔工具 ✐ 沿汉堡和盘子轮廓绘制路径，之后用剪切蒙版将背景遮挡住。首先使用钢笔工具 ✐ 绘制路径，无填色，如图10-172所示。按Ctrl+A快捷键全选，按Ctrl+7快捷键创建剪切蒙版，将路径外部的图像隐藏，完成抠图，如图10-173所示。

图10-172　　　　　　　　图10-173

03 选择矩形工具 ▭，在画板上单击，弹出"矩形"对话框，参数设置如图10-174所示，创建一个矩形并设置填充颜色为棕色，按Ctrl+[快捷键，将其移至抠好的图像后方，如图10-175所示。

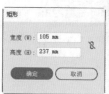

图10-174　　　　　　　　图10-175

04 使用选择工具 ▶ 并按住Shift+Alt键的同时拖曳矩形，进行复制，修改填充颜色，如图10-176所示。在页面下方创建一个矩形，如图10-177所示。

图10-176　　　　　　　　图10-177

05 执行"文件"|"置入"命令，将另一幅图像素材置入文档中。使用钢笔工具 ✐ 绘制盘子轮廓，如图10-178所示。按住Ctrl+Shift键并单击图像，将其与路径一同选取，如图10-179所示。按Ctrl+7快捷键创建剪切蒙版，如图10-180所示。

图10-178

图10-179　　　　　　　　图10-180

06 使用选择工具 ▶ 将其拖曳到如图10-181所示的位置。使用椭圆工具 ◯ 并按住Shift键的同时拖曳鼠标，创建一个圆形，如图10-182所示。

图10-181　　　　　　　　图10-182

07 使用文字工具 T 在空白区域单击并输入文字（两行文字间用Enter键换行），如图10-183和图10-184所示。在下方的文字上拖曳鼠标，将其选取，修改文字大小和段落间距，如图10-185所示。打开"控制"面板中的≡按钮，让文字居中对齐，如图10-186所示。

图10-183　　　　　　　　图10-184

图 10-185　　图 10-186

⑧ 单击选择工具 ▶，结束文字编辑，将其拖曳到圆环内，在"变换"面板设置角度为10°，如图10-187和图10-188所示。

图 10-187　　图 10-188

⑨ 使用直排文字工具 ⅠT 输入两组文字，如图10-189和图10-190所示。字体用粗黑体，以便更加醒目。

图 10-189　　图 10-190

⑩ 使用直排文字工具 ⅠT 在画面空白处输入两组文字，如图10-191所示。将其选取，使用"文字"|"创建轮廓"命令转换为路径。选择自由变换工具 ，在显示的面板中单击"透视扭曲"按钮 ，之后单击一组文字，拖曳右下角的控制点，进行扭曲处理，如图10-192所示。按住Ctrl键并单击另一组文字，将其选取，使用同样的方法对其进行扭曲。按住Ctrl键在空白处单击结束编辑，文字效果如图10-193所示。

图 10-191　　图 10-192　　图 10-193

⑪ 使用选择工具 ▶ 将其拖曳到汉堡上，并适当旋转角度，如图10-194所示。使用钢笔工具 在文字两侧绘制三角形，如图10-195所示。

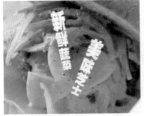

图 10-194　　　　图 10-195

⑫ 下面制作24小时营业图标。选择椭圆工具 ○，按住Shift键并拖曳鼠标，创建圆形，如图10-196所示。拖曳形状构件，调整为如图10-197所示的形状。使用直接选择工具 ▷ 单击如图10-198所示的锚点，按Del键删除，如图10-199所示。在"描边"面板中为路径端点添加箭头，如图10-200和图10-201所示。

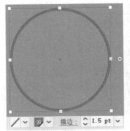

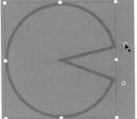

图 10-196　　　　图 10-197

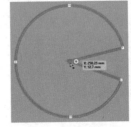

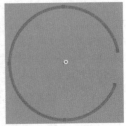

图 10-198　　　　图 10-199

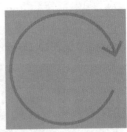

图 10-200　　　　图 10-201

⑬ 选择文字工具 T，输入文字24h，如图10-202和图10-203所示。

图10-202

图10-203

⑭ 输入两行文字（无描边）。执行"文字"|"创建轮廓"命令，将其转换为路径。创建一个橙色的矩形，按Ctrl+[快捷键移至文字下方，如图10-204所示。选取文字和矩形，执行"对象"|"复合路径"|"建立"命令，制作出挖空效果，如图10-205所示。将该图形及24小时营业图标拖曳到海报上，如图10-206所示。

⑮ 用文字工具 T 将其他文字补全，如图10-207所示。

图10-207

图10-204

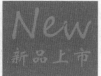

图10-205

图10-206

10.10 课后作业：百变潮鞋

本章介绍的不透明度、混合模式和蒙版是制作合成效果时常用的几种功能。其中，剪切蒙版由于可以通过路径来控制图稿的显示范围，定位准确、修改也非常方便，因而特别适合在马克杯、滑板、T恤、鞋子等表面贴图，表现图案效果。本章的课后作业就是这样的案例，如图10-208和图10-209所示（花纹素材在"符号"面板中）。在制作时要注意将鞋面、鞋底和鞋带等部分放在不同的图层中，鞋面则要与花纹位于同一图层。

用剪切蒙版控制图案范围，制作百变潮鞋

图10-208

鞋子和花纹素材

图10-209

虽然给对象贴图也可以通过将花纹创建为图案，然后用图案来填充鞋子图形的方法，但这样处理后，一旦需要修改图案，就要重新定义图案，比较麻烦，而使用剪切蒙版则要方便得多。

10.11 复习题

1. 怎样调整填色和描边的不透明度及混合模式？
2. 以置入 AI 格式文件为例，描述在 Illustrator 中嵌入和链接的区别。
3. 作为可以调整对象透明度的功能，"不透明度"选项与不透明度蒙版在效果上最大的区别是什么？
4. 怎样创建剪切蒙版？
5. 哪些对象可作为蒙版使用？

第11章
画笔、图案与符号
服装设计

本章简介

本章介绍画笔工具、画笔定义方法、图案和符号的使用方法。使用画笔描边路径，可以模拟绘画笔触。图案在服装设计、包装和插画中应用比较多。使用 Illustrator 中的 "图案选项" 面板可以很方便地创建和编辑图案，即使是复杂的无缝拼贴图案，也能轻松制作出来。符号在平面、网页设计工作中比较常用，通过符号可以快速生成大量相同的图稿，而且易于修改。

11.1 服装设计的绘画形式

服装设计的绘画形式有两种，即时装画和服装效果图。时装画是时装设计师表达设计思想的重要手段，传达的是一种理念，强调绘画技巧，突出整体的艺术气氛与视觉效果，主要用于宣传和推广。如图11-1和图11-2所示为时装插画大师David Downton的作品。时装画以其特殊的美感形式成为了一个专门的画种，如时装广告画、时装插画等。

图 11-1   图 11-2

服装设计效果图是服装设计用来预测服装流行趋势，表达设计意图的工具。服装设计效果图表现的是模特穿着服装所体现出来的着装状态。人体是设计效果图构成中的基础因素，通常，头高（从头顶到下颌骨）同身高的比值称为"头身"。标准的人体比例为1：8，而服装设计效果图中的人体可以在写实人体的基础上略夸张，使其更加完美，8.5至10个头身的比例都比较合适。图11-3所示为真实的人体比例与服装效果图人体的差异。即使是写实的时装画，其人物的比例也是夸张的，即头小身长，如图11-4所示。

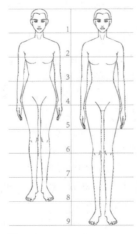

图 11-3   图 11-4

11.2 使用画笔描边

使用画笔描边路径，能让路径呈现不同的外观，也可以模拟毛笔、钢笔、油画笔等笔触效果。

11.2.1 画笔工具

画笔工具 可以在绘制线条的同时对路径应用画笔描边。选择该工具后，在"画笔"面板中选择一种画笔，如图11-5所示，拖曳鼠标即可进行绘制，如图11-6所示。如果要绘制闭合的路径，可在绘制的过程中按住Alt键（光标会变为 状），再释放鼠标左键。

图11-5　　　　　　图11-6

使用画笔工具 绘制路径后，保持路径的选取状态，将鼠标指针放在路径的端点，如图11-7所示，拖曳鼠标可延长路径，如图11-8所示；将鼠标指针放在路径段上进行拖曳，可以修改路径形状，如图11-9和图11-10所示。

图11-7　　　　　　图11-8

图11-9　　　　　　图11-10

> **tip** 使用画笔工具 绘制的线条是路径，可以使用锚点编辑工具对其进行编辑和修改，还可以在"描边"面板中调整描边粗细及其他属性。

11.2.2 "画笔"面板

选择图形，如图11-11所示，单击"画笔"面板中的一个画笔，可对其应用画笔描边，如图11-12和图11-13所示。单击其他画笔，则会替换之前的画笔。

图11-11

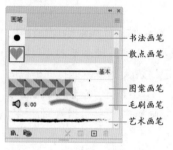

图11-12

图11-13

Illustrator中有5种画笔——书法画笔、散点画笔、毛刷画笔、图案画笔和艺术画笔，如图11-14所示。

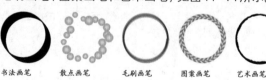

书法画笔　　散点画笔　　毛刷画笔　　图案画笔　　艺术画笔

图11-14

书法画笔可以模拟书法钢笔，绘制出扁平的、带有一定倾斜角度的描边；散点画笔能将一个对象（如一只瓢虫或一片树叶）沿着路径分布；毛刷画笔可以绘制出带有毛刷痕迹的绘画笔迹，能很好地模拟使用真实画笔和介质（如水彩）的绘画效果；图案画笔可以沿路径重复拼贴图案，并在路径的不同位置(起点、拐角、终点)应用不同的图案；艺术画笔可以沿路径的长度均匀地拉伸画笔形状，能惟妙惟肖地模拟水彩、毛笔、粉笔、炭笔、铅笔等绘画效果。

11.2.3 使用画笔库

Illustrator 中提供了不同类型的画笔库，单击"画笔"面板底部的 按钮，打开下拉列表，即可进行选择。如果想使用其他文档的画笔，可以执行"窗口"|"画笔库"|"其他库"命令，在打开的对话框中选择需要的文档，这样就能将其所使用的画笔加载到一个单独的面板中。

11.2.4 创建画笔

Illustrator 提供了丰富的画笔资源，但并不一定能满足所有人的个性化要求。如果需要一些特殊的画笔，可以使用图稿来创建。

创建画笔时，首先单击"画笔"面板中的 按钮，打开"新建画笔"对话框，选取一种画笔类型，如图 11-15 所示，单击"确定"按钮，这样就能打开相应的画笔选项对话框，如图 11-16 所示。设置选项后，单击"确定"按钮，即可创建画笔并保存到"画笔"面板中。

 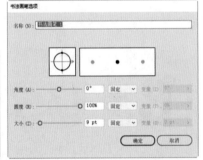

图 11-15　　　　图 11-16

不同类型的画笔的创建要求如下。

● 书法画笔：直接创建即可。

● 散点画笔：选取图稿，单击"画笔"面板中的 按钮进行创建，效果如图 11-17 所示。

图稿　　　　　　创建为散点画笔　　　　画笔效果

图 11-17

● 毛刷画笔：毛刷画笔是由一些重叠的、填充的透明路径

组成，这些路径就像 Illustrator 中的其他已填色路径一样，会与其他对象(包括其他毛刷画笔路径)中的颜色进行混合，但描边上的填色并不会自行混合，即分层的单个毛刷画笔描边之间会进行颜色混合，因此，色彩会逐渐增强。

● 图案画笔：选取图稿，单击"画笔"面板中的 按钮进行创建，效果如图 11-18 所示。

图稿　　　　　　创建为图案画笔　　　　画笔效果

图 11-18

● 艺术画笔：选取图稿，单击"画笔"面板中的 按钮进行创建，效果如图 11-19 所示。

图稿　　　　　　创建为艺术画笔　　　　画笔效果

图 11-19

> **tip** 创建散点画笔、图案画笔和艺术画笔前，先要制作完成相关图稿，并且图稿中不能包含渐变、混合、其他画笔描边、网格、图像、图表、置入的文件和蒙版。此外，图案画笔和艺术画笔的图稿中不能有文字。如果要包含文字，应先将其转换为轮廓，再使用轮廓图形创建画笔。

11.2.5 修改画笔

如果要修改一个画笔的参数，可双击画笔，如图 11-20 所示，在打开的"画笔"对话框中进行调整，如图 11-21 所示。之后单击"确定"按钮，此时会弹出一个提示信息，如图 11-22 所示，单击"应用于描边"按钮，表示确认修改，同时，使用该画笔进行描边的对象也会自动更新，如图 11-23 所示，单击"保留描边"按钮，则只更改参数，不会影响已添加到对象上的画笔描边。

 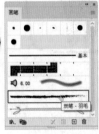

图 11-20

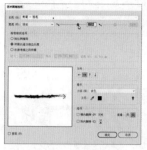

图 11-21　　　　　　　　　图 11-22

图 11-23

　　如果要修改画笔中的原始图形，可将其从"画笔"面板中拖曳到画板上，这样就成为一个可编辑的图形，如图 11-24 所示。使用选择工具 ▶ 单击，将其选取并进行修改，如图 11-25 所示，完成后，按住 Alt 键拖回原始画笔上方，如图 11-26 所示，释放鼠标左键，弹出一个对话框，如图 11-27 所示，单击"确定"按钮，之后会弹出一个提示信息，如图 11-28 所示，单击"应用于描边"按钮确认修改，修改后的对象如图 11-29 所示。

图 11-24　　　　　　　　　图 11-25

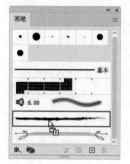

图 11-26　　　　　　　　　图 11-27

图 11-28　　　　　　　　　图 11-29

11.2.6　缩放画笔描边

　　为对象添加画笔描边后，如果画笔图形较大或较小，可以通过缩放的方法，将其调整到合适大小。

● 仅缩放描边：选择对象，如图 11-30 所示，单击"画笔"面板中的 ▦ 按钮，在打开的对话框中设置缩放比例，可以单独缩放描边，不会影响对象，如图 11-31 和图 11-32 所示。

● 仅缩放对象：选择对象，双击比例缩放工具 ↺，打开"比例缩放"对话框，取消"比例缩放描边和效果"复选框的勾选，可以只缩放对象，描边保持不变，如图 11-33 和图 11-34 所示。拖曳定界框上的控制点，将对象放大或缩小时，不会影响描边。

● 同时缩放对象和描边：在"比例缩放"对话框中，设置缩放参数后，勾选"比例缩放描边和效果"复选框，可同时缩放对象和描边，如图 11-35 所示。

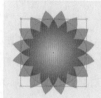

图 11-30　　　　　　　　　图 11-31

图 11-32　　　　　　　　　图 11-33

图 11-34　　　　　　　　　图 11-35

11.2.7　取消画笔描边

　　选取对象，如图 11-36 所示，单击"画笔"面板中的"移去画笔描边"按钮 ✕，可以取消为其添加的画笔描边，如图 11-37 所示。

图 11-36　　　　　　图 11-37

11.2.8　扩展画笔描边

选择对象，执行"对象"|"扩展外观"命令，可以将画笔描边扩展为可编辑的矢量对象。

11.3　使用图案填色/描边

图案可用于填色和描边，在服装设计、包装和插画中应用比较多。Illustrator中既有预设的图案，也允许用户创建自定义的图案。

11.3.1　使用图案

选择对象，如图11-38所示，将填色或描边设置为当前状态，单击"色板"面板中的图案色板，如图11-39所示，即可将其应用于所选对象，如图11-40和图11-41所示。

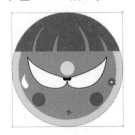

图 11-38　　　　　　图 11-39

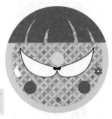
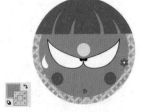

图 11-40　　　　　　图 11-41

11.3.2　创建图案

在 Illustrator 中创建的任何图形、图像等都可以定义为图案。并且，用作图案的基本图形可以使用渐变、混合和蒙版等效果。

如果想将某个对象创建为图案，可将其选择，如图11-42所示，执行"对象"|"图案"|"建立"命令，弹出"图案选项"面板，如图11-43所示。设置参数后，单击画

板左上角的 ✔完成 按钮，即可创建图案，并将其保存到"色板"面板中。

图 11-42　　　　　图 11-43

● 图案拼贴工具 ：单击该工具后，画板中央的基本图案周围会出现定界框，如图11-44所示，拖曳控制点可以调整拼贴间距，如图11-45所示。

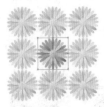
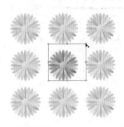

图 11-44　　　　　　　图 11-45

● 名称：可以为图案设置名称。

● 拼贴类型：可以选择图案的拼贴方式，效果如图11-46所示。如果选择"砖形"，还可以在"砖形位移"选项中设置图形的位移距离。

拼贴类型

网格

砖形（按行）

砖形（按列）

十六进制（按列）

十六进制（按行）

图11-46

- 宽度/高度：可以设置拼贴图案的宽度和高度。如果要进行等比缩放，可单击 ⒏ 按钮。
- 将拼贴调整为图稿大小/重叠：勾选"将拼贴调整为图稿大小"复选框，可以将拼贴缩放到与所选图形相同的大小。如果要设置拼贴间距的精确数值，可以在"水平间距"和"垂直间距"选项中设置。这两个值为负值，对象会重叠，单击重叠选项后的按钮，可以设置重叠方式，包括左侧在前 ◈，右侧在前 ◈，顶部在前 ⬙，底部在前 ⬙，效果如图11-47所示。

左侧在前

右侧在前

顶部在前

底部在前

图11-47

- 份数：可以设置拼贴数量。
- 副本变暗至：可以设置图案副本的显示程度。
- 显示拼贴边缘：在基本图案周围显示定界框。

- 显示色板边界：勾选该复选框，可以显示图案中的单位区域，单位区域重复出现即构成图案。

tip 如果对拼贴方法没有特殊要求，可将对象拖曳到"色板"面板中，直接保存为图案色板。

11.3.3 变换图案

如果对象填充了图案，则使用选择工具 ▶、旋转工具 ↻、比例缩放工具 ⬚ 进行变换操作时，图案保持不变。如果想让对象保持不变，只变换图案，可在画板中单击后，按住~键并拖曳鼠标，如图11-48和图11-49所示。如果要精确变换图案，可以选择对象，双击任意变换工具，打开相应对话框，勾选"变换图案"复选框，如图11-50和图11-51所示。

原图形

图11-48

单独旋转图案

图11-49

图案缩放参数

图11-50

按照预设参数单独缩放图案

图11-51

11.3.4 使用标尺调整图案位置

如果要调整图案在图稿上的位置，可以按Ctrl+R快捷键显示标尺，如图11-52所示；之后执行"视图"|"标尺"|"更改为全局标尺"命令，启用全局标尺；再将鼠标指针放在窗口左上角，拖曳出十字线，并移动到希望作为图案起始点的位置上，如图11-53所示。

图11-52

图11-53

tip 如果要将图案恢复为之前默认的拼贴位置，可以在窗口左上角，即水平、垂直标尺相交处双击。

11.4 符号

符号适合创建需要大量重复的对象，例如花草、纹样和地图上的标记等，这样可以简化复杂对象的制作和编辑过程，节省绘图时间，并能显著地减小文件占用的存储空间。

11.4.1 什么是符号

符号是能够大量复制并可自动更新的对象。例如，使用选择工具 ▶ 将一条鱼拖曳到"符号"面板中，将其创建为符号，如图11-54所示，然后只需简单操作，便可得到一群鱼，如图11-55所示。这要比通过复制进行的方法容易得多。

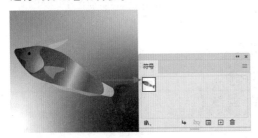

图11-54

图11-55

从符号中创建的对象称为符号实例。每个符号实例都与"符号"面板中的符号进行了链接。当符号被修改时，如图11-56所示，所有与之链接的符号实例也会自动更新效果，如图11-57所示。

图11-56

图11-57

11.4.2 创建符号组

Illustrator中有8个符号工具，如图11-58所示。其中，符号喷枪工具 ⬚ 用于创建和删除符号实例，其他工具用于编辑符号实例。这些工具通过单击或拖曳

的方法使用。例如，在"符号"面板中选择一个符号，如图11-59所示。使用符号喷枪工具 ⬚ 在画板中单击，可以创建一个符号实例，如图11-60示。单击并按住鼠标左键不放，或者拖曳鼠标，可创建一个符号组，如图11-61所示。

图11-58

图11-59

图11-60

图11-61

一个符号组中可以包含不同的符号实例。如果要在组中添加新的符号实例，可以先选择该符号组，然后在"符号"面板中选择另外的符号，如图11-62所示，再使用符号喷枪工具 ⬚ 创建符号即可，如图11-63所示。如果要删除符号，按住Alt键并在上方单击即可。

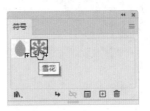

图11-62

图11-63

11.4.3 编辑符号实例

在编辑符号实例前，首先要使用选择工具 ▶ 单击符号组，将其选择，如图11-64所示；然后在"符号"面板中单击符号实例所对应的符号，如图11-65所示；这样就可以在画板上修改符号实例了，如图11-66所示。当符号组中包含多种符号创建的符号实例时，如果想同时编辑，则先要在"符号"面板中按住Ctrl键并单击所对应的符号，将其一同选取，之后再进

行编辑。

图11-64 图11-65 图11-66

● 删除符号实例：选择符号喷枪工具 🔫，按住Alt键并单击符号实例，可将其删除。按住Alt键拖曳鼠标，则可删除鼠标指针下方的所有符号实例。

● 移动符号实例：符号位移器工具 🔧 可以对符号实例进行移动。按住Shift键并单击一个符号实例，则可将其调整到其他符号实例的前方，如图11-67和图11-68所示。按住Shift+Alt键并单击，可将其调整到其他符号实例后方。

图11-67 图11-68

● 调整符号实例密度：符号紧缩器工具 🔧 可以让符号实例聚拢在一起，如图11-69所示。按住Alt键操作，可以使符号实例扩散开，如图11-70所示。

图11-69 图11-70

● 调整符号实例大小：符号缩放器工具 🔧 可以对符号实例进行放大，如图11-71所示。按住Alt键操作，则可缩小符号实例。

● 旋转符号实例：符号旋转器工具 🔧 可以对符号实例进行旋转，如图11-72所示。

图11-71 图11-72

● 修改符号实例颜色：在"色板"面板或"颜色"面板中选取一种颜色，如图11-73所示，然后选择符号着色器工具 🔧，在符号上单击，可为其着色，如图11-74所示。连续单击，可增加颜色的浓度，直至将符号实例改为上色的颜色，如图11-75所示。如果要还原颜色，可按住Alt键操作。

● 调整符号实例的透明度：符号滤色器工具 🔧 可以让符号呈现透明效果，如图11-76所示。需要还原透明度时，可按住Alt键操作。

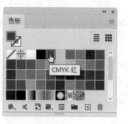

图11-73 图11-74

图11-75 图11-76

● 给符号实例添加图形样式：选择符号样式器工具 🔧，单击一个符号，如图11-77所示，在"图形样式"面板中选取一种样式，如图11-78所示，在符号实例上单击或拖曳鼠标，即可添加图形样式，如图11-79所示。样式的应用量会随着鼠标的单击或拖曳次数的增加而增加。如果要减少样式的应用量或清除样式，可按住Alt键操作。

图11-77 图11-78 图11-79

> **tip** 使用任意一个符号工具时，按]键，可增加工具的直径；按[键，则减小工具的直径；按Shift+]键，可增加符号的创建强度；按Shift+[键，则减小强度。

11.4.4 重新定义符号

如果符号组中使用了不同的符号，想要替换其中的一种符号，可通过重新定义符号的方法来操作。首先，将符号从"符号"面板拖曳到画板上，如图11-80

所示。单击  按钮，断开符号实例与符号的链接，即可对符号实例进行编辑和修改，如图11-81所示。修改完成后，执行面板菜单中的"重新定义符号"命令，将其重新定义为符号，文档中所有使用该样本创建的符号实例都会更新，其他符号实例则保持不变，如图11-82所示。

图 11-80　　　　图 11-81　　　　图 11-82

11.5　制作豹纹面料

01 按Ctrl+O快捷键，打开素材，如图11-83所示。使用选择工具 ▶ 单击一个女孩的裙子，如图11-84所示。

图 11-83　　　　　　　　　图 11-84

图 11-85

02 在"窗口"|"色板库"|"图案"|"自然"下拉列表中选择一个图案库（"自然_动物皮"），将其打开。单击"美洲虎"图案，为图形填充该图案，如图11-85所示。

03 选取其他图形，填充不同的图案，效果如图11-86所示。

图 11-86

11.6　制作单独纹样

01 新建一个文档。选择多边形工具 ，在画板上单击，弹出"多边形"对话框，设置半径为36mm，如图11-87所示，单击"确定"按钮，创建一个多边形，如图11-88所示。

02 执行"效果"|"扭曲和变换"|"收缩和膨胀"命令，参数设置为30%，使多边形向外膨胀，外形如花朵一般，如图11-89和图11-90所示。

图 11-87

图 11-88

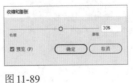

图 11-89

图 11-90

03 执行"窗口"|"画笔库"|"边框"|"边框_几何图
形"命令，打开"边框_几何图形"面板，单击"几何图
形6"画笔，设置描边粗细为0.75pt，如图11-91和图
11-92所示。

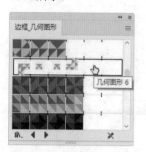
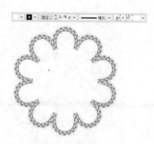

图11-91　　　　　　　　　图11-92

04 保持图形的选取状态。双击比例缩放工具，打开
"比例缩放"对话框，设置"等比"缩放参数为85%，
单击"复制"按钮，如图11-93所示，缩放并复制出一个
图形，如图11-94所示。

图11-93　　　　　　　　　图11-94

05 设置填充颜色为黄色，单击"几何图形2"画笔，设
置描边粗细为0.25pt，如图11-95和图11-96所示。

图11-95　　　　　　　　　图11-96

06 重复步骤4的操作，缩放并复制出一个图形，如图
11-97所示。设置填充颜色为蓝色，单击"几何图形6"
画笔，用来描边路径，如图11-98所示。

图11-97　　　　　　　　　图11-98

07 单击"外观"面板中的"收缩和膨胀"属性，如图11-99
所示，打开"收缩和膨胀"对话框，参数设置为-50%，使
图形向内收缩，如图11-100和图11-101所示。

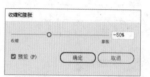

图11-99　　　　　　　　　图11-100

图11-101

08 保持图形的选取状态，双击比例缩放工具，在打开
的"比例缩放"对话框中设置等比缩放参数为80%，单
击"复制"按钮缩小并复制图形，如图11-102和图11-103
所示。连续按8次Ctrl+D快捷键，缩放并复制图形，制作
出网状图案，如图11-104所示。

图11-102　　　　　　　　　图11-103

图 11-104

⑨ 绘制一个圆形，单击"菱形2"画笔，设置描边粗细为1pt，如图11-105和图11-106所示。

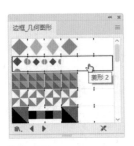

图 11-105

图 11-106

技巧放送｜单独纹样的种类

单独纹样分为对称式纹样和均衡式纹样两种类型。单独纹样不受轮廓限制，外形完整独立，是服饰图案的基础，通过复制与排列单独纹样，可以构成二方连续、四方连续，以及独幅式综合图案。

对称式纹样

均衡式纹样

11.7 制作四方连续图案

① 按Ctrl+O快捷键，打开素材，如图11-107所示。

② 使用选择工具 ▶ 选取图形，执行"对象"|"图案"|"建立"命令，打开"图案选项"面板，将"拼贴类型"设置为"网格"，"份数"设置为"3×3"，如图11-108所示。

③ 单击窗口左上角的"完成"按钮，创建的四方连续图案如图11-109所示。与此同时，该图案会保存到"色板"面板中，如图11-110所示。图11-111所示为图案在模特衣服上的展示效果。

图 11-109

图 11-107

图 11-108

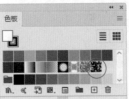

图 11-110

图 11-111

tip 四方连续图案是服饰图案的重要构成形式之一，被广泛地应用于服装面料设计中。其最大的特点是图案的上、下、左、右都能连续构成循环图案。

11.8 制作书法风格海报字

01 打开素材，如图11-112所示。在"图层1"左侧单击，将其锁定。单击面板底部的⊞按钮，新建"图层2"，如图11-113所示。执行"窗口"|"画笔库"|"艺术效果"|"艺术效果_画笔"命令，打开"艺术效果_画笔"面板，如图11-114所示。

图 11-112 图 11-113 图 11-114

02 选择画笔工具 ✐，单击"画笔1"，如图11-115所示，拖曳鼠标，书写"秋"字的一撇，设置描边颜色为白色，粗细为2pt，如图11-116所示。

图 11-115 图 11-116

03 按住Ctrl键并在空白处单击，取消路径的选取状态。单击"画笔3"，如图11-117所示，书写短横，笔势略向上挑。手写字要自然一些，切忌呆板。设置描边粗细为1pt，如图11-118所示。继续书写其他笔画，如图11-119所示。在书写时要借鉴行书的写法，注重文字的动态表现，不要像书写楷书那样横平竖直、端正肃穆。

图 11-117 图 11-118 图 11-119

04 单击"画笔2"，如图11-120所示。将"火"字旁的两点连起来书写，如图11-121所示。单击"画笔1"，写撇和捺，如图11-122所示。这样书写的文字，笔画富于变化，姿态生动，如图11-123所示。

图 11-120 图 11-121 图 11-122

图 11-123

05 将文字全部选取，执行"效果"|"风格化"|"投影"命令，添加投影，如图11-124和图11-125所示。其他文字使用文字工具 **T** 输入即可，如图11-126所示。

图 11-124 图 11-125

图 11-126

11.9 制作丝织蝴蝶结

01 打开素材，这是一个蝴蝶结图形，如图11-127所示。使用选择工具▶将其选取，按Ctrl+C快捷键复制，后面操作中会用到。

图11-127

02 使用矩形工具▢绘制一个矩形，设置描边为洋红色。单击如图11-128所示的色板，用该图案填充矩形。按Ctrl+[快捷键，将矩形移动到蝴蝶结后面，如图11-129所示。

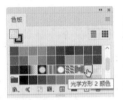

图11-128   图11-129

03 按Ctrl+A快捷键全选，按Alt+Ctrl+C快捷键创建封套扭曲，如图11-130所示。现在蝴蝶结内的纹理没有立体感，下面来修改纹理。单击"控制"面板中的▦按钮，打开"封套选项"对话框，勾选"扭曲图案填充"复选框，让纹理产生扭曲，如图11-131和图11-132所示。

04 按Ctrl+B快捷键，将01步骤复制的图形粘贴到蝴蝶结后面，设置填充颜色为洋红色，无描边。按→键和↓键，向右向下移动，使投影与蝴蝶结保持一段距离，如图11-133所示。执行"效果"|"风格化"|"羽化"命令，添加羽化效果，如图11-134和图11-135所示。

图11-130   图11-131

图11-132   图11-133

图11-134   图11-135

05 执行"窗口"|"色板库"|"图案"|"自然"|"自然_叶子"命令，打开"自然_叶子"面板。使用选择工具▶并按住Alt键的同时，拖曳蝴蝶结和投影进行复制。选择对象，如图11-136所示，单击"控制"面板中的"编辑内容"按钮▦，单击面板中的一个图案来替换原有的纹理，如图11-137和图11-138所示。修改内容后，单击"编辑封套"按钮▦，重新恢复为封套扭曲状态。

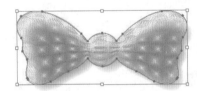

图11-136   图11-137

图11-138

06 使用同样的方法制作出不同纹理样式的蝴蝶结。需要注意的是，投影颜色应该与图案的主色匹配，以使其效果更加真实。此外，使用"装饰_旧版"图案库中的样本还可以制作出布纹效果的蝴蝶结，如图11-139所示。使用"自然_动物皮"图案库中的样本，则可以制作出兽皮效果的蝴蝶结，如图11-140所示。

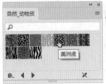

图11-139

图11-140

11.10　时装杂志封面设计

01 按Ctrl+N快捷键，打开"新建文档"对话框，新建一个大小为297mm×210mm、颜色模式为CMYK的文件。

02 使用钢笔工具 ✐ 绘制头部图形，填充为黑色，无描边，如图11-141所示。绘制发髻，填充为棕色，无描边，如图11-142所示。

图11-141　　　　　　　　图11-142

03 使用椭圆工具 ⬭ 绘制两个不同大小的椭圆形，填充为枣红色，作为嘴唇，如图11-143所示。

图11-143

04 设置描边颜色为黑色，粗细为0.5pt，无填充，在"变量宽度配置文件"下拉列表中选择"宽度配置文件1"，如图11-144所示，绘制下巴路径，如图11-145所示。

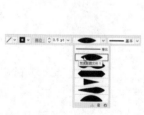

图11-144　　　　　　　　图11-145

05 绘制脖子和头发的路径，使线条与色块的位置交错，视觉上有所变化，如图11-146所示。继续绘制脖子的路径，设置描边粗细为1pt，如图11-147所示。

图11-146　　　　　　　　图11-147

06 绘制手臂和手指的路径，以高度简洁概括的线条体现设计感，如图11-148所示。绘制指甲，填充为枣红色，与嘴唇颜色相呼应，如图11-149所示。

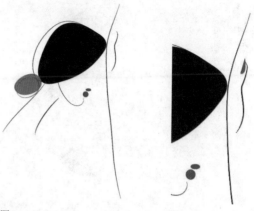

图11-148　　　　　　　　图11-149

07 绘制飘扬的衣袖，如图11-150所示。绘制手臂图形，填充为皮肤色，如图11-151所示。

图11-150　　　　　　　　图11-151

08 用大色块表现衣裙，腰肢部分纤细一些，体现出女性特有的柔美与轻盈，如图11-152和图11-153所示。

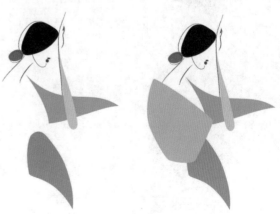

图11-152　　　　　　　　图11-153

09 再绘制一个深蓝色的图形，如图11-154所示。使用选择工具 ▶ 选取组成衣服的4个图形，如图11-155所示，在"透明度"面板中设置混合模式为"正片叠底"，使颜色之间相互交叠，如图11-156和图11-157所示。

图11-154

图11-155

图11-156　　　　　图11-157

⑩ 用钢笔工具 绘制一条曲折回旋的路径线，体现人物身姿的动感和婀娜，设置描边粗细为2pt，如图11-158所示。

图11-158

⑪ 选择文字工具 **T**，在控制面板中设置字体及大小，在画面中单击并输入文字，如图11-159所示。

⑫ 执行"文字"|"创建轮廓"命令，将文字转换为轮廓图形。执行"对象"|"取消编组"命令，使文字成为单独的个体。使用选择工具 ▶ 选取文字，在工具箱中选择吸管工具 ✐，将光标放在艾绿色的衣服上，单击鼠标，可拾取衣服的属性（颜色与混合模式）到文字上，用这种方法填充文字的颜色，如图11-160所示。

服装
设计

图11-159

服装
设计

图11-160

⑬ 调整文字的位置，如图11-161所示。使用矩形工具 ▢ 按住Shift键创建一个矩形，设置描边粗细为2pt，如图11-162所示。创建一个与画板大小相同的矩形，填充为浅黄色，按Shift+Ctrl+[快捷键，将其移至底层作为背景，效果如图11-163所示。

图11-161　　　　　图11-162

图11-163

11.11 马克笔效果时装画

01 新建一个文档。使用钢笔工具 ✒ 绘制模特，使用"5点椭圆形"画笔进行描边，设置描边颜色为黑色，粗细为0.25pt，无填充，如图11-164和图11-165所示。

图 11-164

图 11-165

02 单击"图层"面板中的 ⊞ 按钮，新建一个图层，如图11-166所示，将其拖曳到"图层1"下方。在"图层1"左侧单击，将该图层锁定，如图11-167所示。

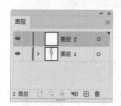 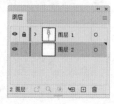

图 11-166　　　　　　　图 11-167

03 绘制人物面部、胳膊、腿、帽子和靴子，如图11-168所示。

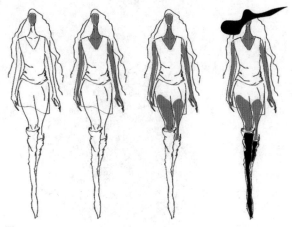

图 11-168

04 在背心和裙子上绘制图形，如图11-169所示。选择这

两个图形，按Ctrl+G快捷键编组，如图11-170所示。

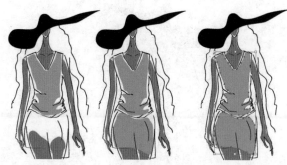

图 11-169　　　　　　　　　　　图 11-170

05 执行"窗口"|"色板库"|"其他库"命令，弹出"打开"对话框，选择本实例的色板文件，如图11-171所示，将其打开，如图11-172所示。

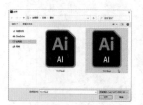 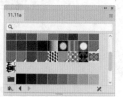

图 11-171　　　　　　　　　图 11-172

06 单击如图11-173所示的图案，为所选图形填充图案，如图11-174所示。

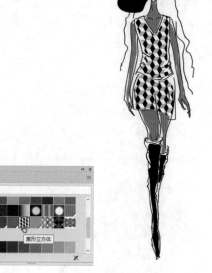

图 11-173　　　　　　　　　图 11-174

tip 马克笔又称麦克笔，风格洒脱、豪放，适合快速表现构思。模拟马克笔绘画效果时，要把运笔的力度、笔触的果断效果表现出来。

07 打开背景素材，将其拖入模特文档中，放在底层，作为背景，如图11-175所示。

08 尝试用"色板"中不同的图案进行填充并变换背景，效果如图11-176所示。

图 11-175

图 11-176

技巧放送 | **笔迹的透明和重叠技巧**

马克笔、水彩画笔等具有透明特征，即对下方的图画和画纸不会形成完全遮盖，当绘画笔迹重叠时，颜料还会渗透、融合，这既是一种自然现象，也是绘画效果的表现技巧。在Illustrator需要表现透明效果，以及笔触叠加、相互融合效果时，可以选择对象，然后在"透明度"面板中将"不透明度"值调低，这样便能赋予"绘画颜料"透明属性了。此外，也可修改混合模式。

选择路径

修改不透明度值

笔迹透明并互相叠加

11.12 制作花样高跟鞋

01 打开素材，如图11-177所示。选择鞋面图形，单击"色板"面板中的图案，为鞋面图形填充图案，无描边，如图11-178和图11-179所示。

图11-177

图11-178

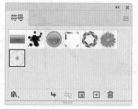

图11-184

图11-185

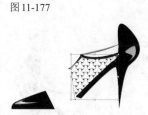

图11-179

02 双击比例缩放工具，打开"比例缩放"对话框，设置缩放比例为50%，仅勾选"变换图案"复选框，如图11-180所示，对图案进行缩小，如图11-181所示。选择鞋帮，也为其填充图案，如图11-182和图11-183所示。

图11-180

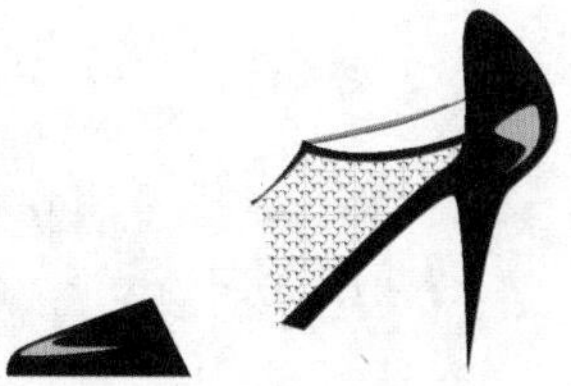

图11-181

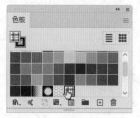

图11-182

图11-183

03 鞋样制作完成后，就可以使用符号工具制作花团用来装饰鞋子。执行"窗口"|"符号库"|"花朵"命令，打开面板后，在白色雏菊符号上单击，该符号会加载到"符号"面板中，如图11-184和图11-185所示。

04 选择符号喷枪工具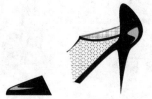，在鞋子上面单击并按住鼠标左键不放，创建符号组，如图11-186所示。按住Ctrl键并在空白处单击，取消选择。在鞋子上方再创建一组符号，如图11-187所示。

图11-186

图11-187

05 选取这两个符号组，如图11-188所示。单击"花朵"面板中的紫菀符号，如图11-189所示，将该符号加载到"符号"面板中。打开"符号"面板菜单，执行"替换符号"命令，用紫菀符号替换画板中的雏菊符号，如图11-190所示。

06 选择符号紧缩器工具，在符号上单击，调整符号密度，使符号排列更加紧密，如图11-191所示。使用符号喷枪工具在符号组中添加符号，如图11-192所示。符号组编辑完成后，根据符号的颜色，将鞋子的黑色改为紫色，如图11-193所示。

图11-188

图11-189

图11-190

图11-191

图 11-192 图 11-193

07 "花朵"面板中有各种花朵符号，如图11-194所示，用这些可以组成一个鞋子。制作时将面板中的花朵符号直接拖曳到画板上，之后调整角度与位置即可，如图11-195所示。

08 加载其他符号库，可以制作出不同风格样式的高跟鞋，如图11-196～图11-199所示。

图 11-196 图 11-197

图 11-194 图 11-195

图 11-198 图 11-199

11.13 课后作业：制作水彩画

Illustrator 中的画笔库提供了丰富的画笔样式，可以模拟各种绘画效果。如图 11-200 所示的小鸟模拟的是水彩画效果，使用的是"毛刷画笔库"中的画笔。可以看到，作为矢量对象的路径也惟妙惟肖地再现了绘画笔触和色彩效果。

图 11-200

制作该实例时，先使用钢笔工具 ✎ 绘制出小鸟的轮廓，如图 11-201 所示。执行"窗口"|"画笔库"|"毛刷画笔"|"毛刷画笔库"命令，打开"毛刷画笔库"面板。打开该面板菜单，选择"列表视图"选项，如图 11-202 所示，这样可以显示画笔名称，单击"画线"画笔，将其添加到"画笔"面板中。使用"画笔"面板中的"拖把"和"画线"画笔对路径进行描边，如图 11-203 和图 11-204 所示。有不清楚的地方，可以看一看教学视频。

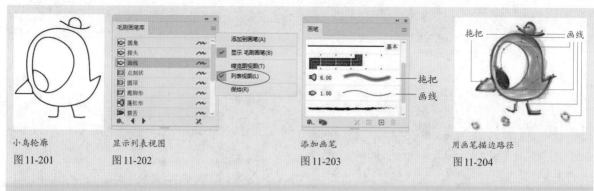

小鸟轮廓
图11-201

显示列表视图
图11-202

添加画笔
图11-203

用画笔描边路径
图11-204

11.14　课后作业：制作迷彩面料

在 Illustrator 中，效果也常用于制作纹理、材质和服装面料，如图 11-205 所示的迷彩面料即是。

图11-205

制作时，先创建一个矩形，设置填充颜色为绿色，描边为黑色，如图 11-206 所示。执行"效果"|"像素化"|"点状化"命令，将图形处理为彩色圆点，如图 11-207 所示。在该图形下方创建一个浅绿色矩形，在"透明度"面板中将上方图形的混合模式设置为"正片叠底"，让两个的颜色和纹理叠加。使用铅笔工具 ✐ 绘制一些随意的图形。创建一个浅绿色矩形，如图 11-208 所示，使用"效果"|"纹理"|"纹理化"命令添加纹理效果，如图 11-209 所示，将混合模式设置为"正片叠底"即可。有不清楚的地方，可以看一看教学视频。

图11-206

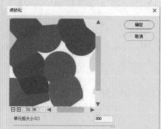

图11-207

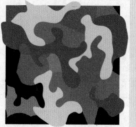

图11-208

图11-209

11.15　复习题

1. 使用画笔工具 ✐ 将画笔描边应用于路径，与将画笔描边应用到其他绘图工具绘制的路径上有什么区别？
2. 从效果上看，图案画笔与散点画笔有哪些不同？
3. 哪些对象不能用于创建散点画笔、艺术画笔和图案画笔？
4. 创建自定义图案后，用什么方法可以修改图案？
5. 请列举符号的3个优点。
6. 如果要编辑一个符号组，或在符号组添加新的符号，该怎样操作？

复习题答案

第1章

1. 位图由像素组成，其最大优点是可以展现丰富的颜色变化、细微的色调过渡和清晰的图像细节，完整地呈现真实世界中的所有色彩和景物，这也是其成为照片标准格式的原因。位图占用的存储空间一般都比较大，不过文件的兼容性比矢量图好，各种软件几乎都支持位图。位图的缺点是会受到分辨率的制约，导致缩放图像时，清晰度会出现明显的下降。矢量图是由数学对象定义的直线和曲线构成的，因而占用的存储空间较小，且与分辨率无关，所以无论怎样旋转和缩放，图形都会保持清晰，边缘也不会出现锯齿，因此，矢量图常用于制作图标和Logo等需要经常变换尺寸或以不同分辨率印刷的对象。

2. 可以通过多种方法减少面板对图稿的遮挡。例如，可以将面板全都停放到Illustrator窗口右侧；也可以按Shift+Tab快捷键，将面板隐藏，需要时，再使用同样的快捷键重新显示面板；可以单击工具栏中的 按钮，打开菜单，选择一种屏幕模式；如果画布上的图稿也需要隐藏，可以执行"视图"|"显示文稿模式"命令，切换到演示文稿模式，这样可以将画布上的图稿、面板、工具栏等全都隐藏，如果文档中有多个画板，还可按→键和←键来进行切换，按Esc键则退出该模式。

3. 如果图稿用于打印或商业印刷，可以单击"打印"选项卡并选取其中的预设文件，相应的颜色模式会自动设定为CMYK模式；如果用于网络，可单击"Web"选项卡并选取其中的预设文件，相应的颜色模式会设定为RGB模式；如果用于ipad、iPhone等，可在"移动设备"选项卡中选取预设文件；如果用于视频，可在"胶片和视频"选项卡中选取预设文件。

4. Illustrator本机格式可以保留所有Illustrator数据，包括AI、PDF、EPS和SVG格式。

5. Illustrator中的图稿保存为AI格式以后，可以随时编辑、随时修改。与Photoshop交换文件时，可以保存为PSD格式，这样图层、文字、蒙版等都可在Photoshop中编辑。

第2章

1. 图层类似于计算机中的文件夹，子图层则相当于文件夹中的文件，即图层对子图层起到管理作用。对图层进行隐藏和锁定操作时，会影响其中包含的所有子图层。删除图层，也会同时删除其中的子图层。

2. 要选择被遮挡的对象，可以使用选择工具 ▶ 并按住Ctrl键在对象的重叠区域重复单击，这样便可依次选取鼠标指针下方的各个对象。此外，也可以在"图层"面板中找到对象，在选择列单击，将其选取。

3. 使用编组选择工具 ▶ 可以选取组中的各个对象。

4. 选择对象后，使用选择工具 ▶ 拖曳定界框，可进行水平、垂直拉伸；拖曳边角的控制点可动态拉伸，按住Shift键操作，可进行等比缩放；中心点标识了对象的中心；进行变换操作时，对象以参考点为基准旋转、缩放和扭曲。

5. 需要进行精确变换时，可以选择对象，在"变换"面板中输入变换数值，之后按Enter键即可。也可以使用"对象"|"变换"|"分别变换"命令操作。

第3章

1. 在取消选择的状态下，图形将不可见，也不能打印出来。

2. 如果在非HSB颜色模型下选取颜色，可按住Shift键并拖曳"颜色"面板中的一个滑块，同时移动与之关联的其他滑块，这样便能将当前颜色调深或调浅。

3. "色板"面板用于存储颜色。如果在"颜色"面板中选取颜色，单击"色板"面板中的 按钮，便可将颜色保存；如果选取了一个矢量对象，则单击 按钮，可将其填色或描边颜色保存到"色板"面板中。

4. 如果要调整路径的整体粗细值，可以在"控制"面板中的"描边"选项中进行设置；如果要让描边出现粗细变化，可以选取一个宽度配置文件；如果要自由调整描边粗细，可以使用宽度工具 处理。

5. 选取路径，单击"路径"面板中的 按钮，可以让虚线与边角及路径的端点对齐。

第4章

1. 执行"编辑"|"首选项"|"选择和锚点显示"命令，在"为以下对象启用橡皮筋"选项中设置。

2. 使用直接选择工具 ▷ 和锚点工具 ▶ 拖曳曲线路径段时，可调整曲线的位置和形状，拖曳角点上的方向点，只影响与方向线同侧的路径段，这是二者的相同之处。不同之处体现在处理平滑点上，当拖曳平滑点上的方向点时，直接选择工具 ▷ 会同时调整该点两侧的路径段，而锚点工具 ▶ 只影响单侧路径。

3. 使用直接选择工具 ▷ 单击角点将其选择，拖曳实时转角构件进行转换，或者单击控制面板中的 按钮进行转换；也可以使用锚点工具 ▶ 拖曳角点，完成转换。

4. 剪刀工具 ✂ 可以将路径剪为两断，断开处会生成两个重叠的锚点。美工刀工具 ✐ 可以将图形分割开，生成的形状是闭合路径。路径橡皮擦工具 ✐ 可以将路径段擦短或完全擦除。橡皮擦工具 ◆ 可以将路径和图形擦除（擦除范围更大）。

5. 图形、路径、编组对象、混合、文本、封套扭曲对象、变形对象、复合路径、其他复合形状等都可用来创建复合形状。

第5章

1. 单击工具面板底部的填色按钮，切换到填色可编辑状态，即可选择网格点或网格片面进行着色。

2. 网格点可以接受颜色，锚点不能。

3. 选择对象，执行"对象"|"扩展"命令，在打开的对话框中勾选"填充"和"渐变网格"两个复选框。

4. 如果是文字，可以使用"文字"|"创建轮廓"命令，将其转换为轮廓，再转换为实时上色组。对于其他对象，可以先执行"对象"|"扩展"命令，再转换为实时上色组。

5. 可以向实时上色组中添加路径，生成新的表面和边缘。

6. 可以对图形应用全局色。修改全局色时，画板中所有使用了全局色的对象都会自动更新到与之相同的状态。

第6章

1. 如果直接复制其他软件中的文字，再将其粘贴到 Illustrator 文档中，无法保留文本的格式。要保留格式，应使用"文件"|"打开"命令或"文件"|"置入"命令操作。

2. 选择文本对象，执行"文字"|"创建轮廓"命令，将文字转换为轮廓，之后使用渐变填充和描边。

3. 在"字符"面板中，字距微调📐选项用来调整两个文字间的距离；字距调整📐选项可以对多段文字，或所有文字的间距作出调整；比例间距📐选项可以按照一定的比例统一调整文字间距。其中，比例间距📐选项只能收缩字符间距，而字距微调📐和字距调整📐两个选项既可以收缩间距，也能扩展间距。

4. 溢流文本是指在区域文本和路径文本中，由于文字数量较多，使得一部分文字超出文本框或路径的容纳量而被隐藏。出现溢流文本时，文本框右下角或路径边缘会显示⊞状图标。使用移动工具▶选择文本对象，在⊞状图标上单击，之后可以通过3种方法将溢流文本导出，包括在画板空白处单击，将文字导出到一个与原始对象形状和大小相同的文本框中；拖曳出一个矩形框，将文字导出到该文本框中；单击一个图形，将文字导入该图形中。

5. 创建文本绕排时，要将文字与用于绕排的对象放到同一个图层中，且文字位于绕排对象下方。

第7章

1. 自由变换工具📐可以进行移动、旋转、缩放、拉伸、扭曲和透视扭曲。

2. 图形、文字、路径和混合路径，以及使用渐变和图案填充的对象都可用来创建混合。

3. 封套扭曲可以通过3种方法创建：用变形方法（Illustrator 提供的15种封套样式）创建、用变形网格创建，以及用顶层对象扭曲下方对象进行创建。

4. 图表、参考线和链接的对象不能创建封套扭曲。

5. 选择对象，执行"对象"|"封套扭曲"|"封套选项"命令，打开"封套选项"对话框，勾选"扭曲图案填充"复选框，可以让图案与对象一同扭曲。取消"扭曲外观"复选框的勾选，可以取消效果和图形样式的扭曲。

第8章

1. 选取对象后，单击"外观"面板中的"添加新描边"按钮□，可以为对象添加第2种或更多的描边属性。单击"添加新填色"按钮■，则可添加新的填色属性。

2. 选择要进行组合或分割的多个图形，按Ctrl+G快捷键编组，之后才能使用路径查找器效果。

3. 为对象添加效果后，可以通过"外观"面板或"属性"面板查看效果列表。双击效果名称，可打开相应的对话框修改效果参数。将一个效果拖曳到🗑按钮上，可将其删除。

4. 包括填色、描边、透明度和各种效果。

5. 在图层的选择列单击后，可以将外观属性，如"投影"效果等应用于图层，此时该图层中的所有对象都会添加这一效果。将其他对象移入该图层时，会自动添加"投影"效果。将该图层中的对象移出去，则对象会取消"投影"效果。为图层添加图形样式时也是如此。而将外观，如"投影"效果应用于单个对象时，不会影响同一图层中的其他对象。图形样式也是如此。

第9章

1. 从左边开始绕转。

2. 在"表面"下拉列表中选择"塑料效果底纹"选项。

3. 只有符号能作为贴图使用。因此，需要先将图稿保存在"符号"面板中创建为符号，之后才能用作贴图。

4. 打开"视图"|"透视网格"子菜单，取消"对齐网格"命令的勾选，可禁用对齐网格功能。

5. 选取符号实例，执行"对象"|"扩展"命令，将符号实例扩展为图形，再使用透视选区工具▶拖曳到透视网格中。

第10章

1. 选择对象，在"外观"面板中单击"填色"或"描边"属性，之后在"透明度"面板中修改不透明度和混合模式。

2. 嵌入图稿时，图稿成为Illustrator文件的一部分，因而文件会占用较多的存储空间，但可使编辑性更好。例如，AI格式的文件嵌入之后，路径是可以编辑的。

如果以链接的方式置入AI格式文件，对象将是一个整体，类似于图像，不包含路径。因图稿与外部独立的文件链接，所以，不会显著地增加Illustrator文件的大小，而且，编辑原始图稿时，可以自动更新与之链接的图稿。

3. 在控制不透明度方面，"不透明度"选项只能对图稿进行统一调整。而不透明度蒙版可依据蒙版对象中的灰度信息来控制被遮盖的对象如何显示，因此，当灰度变化丰富时（如使用黑白渐变），可以让对象呈现出不同程度的透明效果。

4. 可以通过3种方法创建剪切蒙版。第1种方法是在对象上方创建矢量图形，之后单击"图层"面板中的🔳按钮；第2种方法是选取该矢量图形及下方对象，之后执行"对象"|"剪切蒙版"|"建立"命令；第3种方法是单击工具栏中的"内部绘图"按钮◎，之后绘制图稿，让所创建的对象只在图形内部显示。

5. 对于不透明度蒙版，任何着色的矢量对象，以及位图图像都可用作蒙版。对于剪切蒙版，则只有路径和复合路径可用作蒙版。

第11章

1. 在"画笔"面板中选择一种画笔，之后使用画笔工具✏绘制路径，可在绘制路径的同时添加画笔描边。用其他绘图工具绘制的路径不会自动添加画笔描边。需要添加时，应先选择路径，之后再单击"画笔"面板中的画笔。

2. 图案画笔会完全依循路径排布画笔图案，而散点画笔则会沿路径散布图案。此外，在曲线路径上，图案画笔的箭头会沿曲线弯曲，而散点画笔的箭头始终保持直线方向。

3. 包含渐变、混合、画笔描边、网格、位图图像、图表，以及置入的文件和蒙版对象。

4. 单击"色板"面板中需要修改的图案，执行"对象"|"图案"|"编辑图案"命令，打开"图案选项"面板，在该面板中可以重新编辑图案。

5. 使用符号可以快速创建重复的图稿，节省绘图时间。每个符号实例都与"符号"面板中的符号建立链接，当符号被修改时，符号实例会自动更新效果。使用符号还可以减小文件大小。

6. 先选择该符号组，然后在"符号"面板中单击相应的符号，再进行编辑操作。如果一个符号组中包含多种符号，则应选择不同的符号，再分别对其进行处理。